数は科学の言葉

トビアス・ダンツィク
水谷 淳 訳

筑摩書房

Number: The Language of Science
by Tobias Dantzig
Edited by Joseph Mazur
Foreword by Barry Mazur

Foreword, Notes, Afterword, and Further Readings
copyright © Pearson Education, Inc., 2005.
All rights reserved including the right of
reproduction in whole or in part in any form.
This edition published by arrangement with Dutton,
an imprint of Penguin Publishing Group,
a division of Penguin Random House LLC
through Tuttle-Mori Agency, Inc., Tokyo.

本書をコピー、スキャニング等の方法により無許諾で複製することは、法令に規定された場合を除いて禁止されています。請負業者等の第三者によるデジタル化は一切認められていませんので、ご注意ください。

目　次

まえがき（バリー・メイザー）　007
編者メモ（ジョセフ・メイザー）　017
第4版への序文　019
初版への序文　022

第1章　指　紋 …………………………………… 024
第2章　空 白 欄 …………………………………… 046
第3章　数の伝説 …………………………………… 066
第4章　最後の数 …………………………………… 091
第5章　記　号 …………………………………… 115
第6章　口に出してはならないもの ……………… 144
第7章　この移ろいゆく世界 ……………………… 170
第8章　生成の技術 ………………………………… 194
第9章　隙間を埋める ……………………………… 224
第10章　数の領域 …………………………………… 243
第11章　無限の構造 ………………………………… 275
第12章　二つの現実 ………………………………… 304

付録A　数の記録について ………………………… 329
付録B　整数に関するトピック …………………… 349
付録C　方程式の解と累乗根について …………… 380
付録D　原理と論証について ……………………… 407

編者あとがき（ジョセフ・メイザー）　425
編者注　435
参考文献　451
文庫版訳者あとがき　461
索　引　464

数は科学の言葉

まえがき

　読者がいま手にしている本は，数に関して何度も遠回りしながら考え抜いた産物であり，また数学の美に対する頌歌でもある．

　この名著は，数の概念の進化に関する本である．数はこれまでも，そしてこれからも"進化"しつづける．数はどのようにして誕生したのか？　それは推測するしかない．

　はたして数は最初，形容詞として言語の中に登場したのだろうか？　3頭の牛，3日間，3マイルというように．もしあなたが，"3頭の牛"と"3日間"は統一的な糸で結びつけられていて，それらに共通する"3"という性質は注目に値するのではないか，という驚くべき考えに至った最初の人間だったとしたら，はたしてどんな爽快感を感じたか，想像してみよう．それがたった一人の人物に一度しか起こらなかったとしても，3という性質，つまり名詞の"3"という実体のない概念は，牛や日にちよりもはるかに多くの事柄を包含しているのだから，それは画期的な飛躍だったに違いない．またそれによって，たとえば1日間と3日間を比較して後者は前者の3倍の長さだと考えるための土台が整い，また"3"はもう一つ，3倍するという行為とし

ての役割を持つようになって,"3倍する"という動詞の中にも姿を現すようになった.

あるいはもしかしたら数は,たとえば「ひとつ,ふたつ,靴履いて……」といった子供の歌のように,ある種のおまじないといったまた別の道筋から生まれたのかもしれない.

数がどうやって生まれたにせよ,その物語は今でも続いており,単なる数は我々が物事を考える上でますます中心的な役割を果たすようになっている.かつてのピタゴラス学派の人々は,墓穴の中で浮かれ踊っているに違いない.

もし私が,数学を学びたいと思ってもそのための時間がなく,しかも言い伝えにある「無人島」に取り残されていたとしたら,そばに欲しいと思う本は正直言って優れた泳ぎ方の本だろう.しかし二番目に欲しいのは本書かもしれない.なぜならダンツィクは,科学を説明する上で欠かせないいくつかの課題を達成しているからだ.その課題とは,読者は一般的な教育しか受けていないという前提に立つこと,話の中でもっとも肝心なテーマを明快かつ生き生きと説明すること,重要な話を綴っていくこと,そしてもっとも達成しにくい課題として,さまざまな概念をただ紹介するだけでなくきちんと説明することだ.

数の物語の中でももっとも美しいストーリーの一つが,数学者が数の共和国を拡張していくたびに数の概念がどのように変化してきたかである.自然数

1, 2, 3,

から，負の数や0を含んだ領域

…, −3, −2, −1, 0, +1, +2, +3, …

そして分数や実数や複素数，さらに別の植民のしかたとして，無限や，いくつもの無限が作る階層へと，数の共和国は拡大していった．ダンツィクは，これらの領土拡張それぞれの動機を解き明かしている．実はそれら個別のステップはすべて，ただ一つの物語へ結びつけることができる．ダンツィクは数の概念の拡張について述べる中で，ルイ14世の言葉を引用している．外交政策の指針原理は何かと尋ねられたルイ14世は，「併合だ！ その行為を正当化させられる賢い法律家なんて，必ず見つけられるさ」と答えた．しかしダンツィク自身は，何一つ弁護士には委ねていない．数学の産みの苦しみをじかに垣間見せてくれるとともに，この物語に付きまとうある重要な疑問につねに焦点を当てている．その疑問とは，数学的対象が存在するとはどういう意味か，というものだ．ダンツィクは，複素数の誕生に関して論じる中で，「何百年ものあいだ，[複素数の概念は]道理と空想とを結びつける神秘的存在だった」とつぶやいている．そしてその知性の混乱を読者に伝えるために，ライプニッツの次の言葉を引用している．

「神の御霊は，この解析学の驚異，理想世界の兆し，存在と非存在との両生，すなわち我々が負の単位の虚数根と呼ぶものの中に，崇高なるはけ口を見出した」（273ページ）．

ダンツィクはまた，自分自身が当初抱いていた困惑についても語っている．

「私自身の思い出を語ってみよう．ちょうど複素数の謎について教わりはじめたところだった．私は戸惑った．明らかに不可能なのに，演算によって具体的な答を導くことができる量なのだ．私は不満や不安という感情を抱いて，この架空の産物，無意味な記号を，何か実体のあるもので満たしたいと思った．やがて，これらの存在を幾何学によって具体的に解釈する方法を学んだ．するとすぐに安堵感が訪れて，まるで一つの謎を解いたかのように感じた．私を不安がらせてきた幽霊が実は幽霊でも何でもなく，見慣れた身の回りの一部だったと分かったかのように感じたのだ」(323 ページ)．

代数学と幾何学の相互関係は，数学の大きなテーマの一つである．高校で教わる解析幾何学という魔法を使えば，幾何学的に興味深い曲線を単純な代数式で記述したり，単純な方程式を解いて幾何学の隠された性質を導いたりできる．その魔法は現代数学において花開き，それによって代数学的な洞察と幾何学的な洞察とが混ざり合い，互いに支え合って力を発揮している．ルネ・デカルトは，「幾何学の神髄と代数学の神髄を拝借し，一方を使ってもう一方の欠点を残らず修正したい」と言いきっている．現代の数学者であるマイケル・アティヤ卿は，幾何学的な洞察の荘厳さ

と代数学的な方法の並はずれた有効性とを比較して，次のように書いている．

「代数学は，悪魔から数学者に与えられたものだ．悪魔は言う．おまえにこの強力な機械を与えよう．そいつはどんな問題でも答えてしまう．おまえは魂を差し出しさえすればいい．幾何学をあきらめれば，この驚くべき機械はおまえのものになる」(Atiyah, Sir Michael. Special Article: Mathematics in the 20th Century. Page 7. Bulletin of the London Mathematical Society, 34 (2002) 1-15.)

ダンツィクは持ち前の表現力で，1000年にわたる算術と幾何学との愛の行く末を，そのファウスト的側面をうやむやにすることなく語っている．

エウクレイデスの『原論』には，線の定義が次のように記されている．「定義2．線とは幅を持たない長さである」．今日我々は，平面幾何学の中心的要素である直線をそれとは違う見方でとらえている．我々は数直線を知っている．それは両方向に無限に伸びる水平の直線として描かれ，正の数，負の数，整数，分数，無理数といったあらゆる数がその上に位置している．また時間の変化を表すために我々は，年表というおおざっぱなモデルを使う．それもまた両方向に無限に伸びる水平の直線として描かれ，それによって，過去，現在，未来という，つねに不可解でつね

に流れつづけていて，自分たちが住んでいると考えられる深遠な枠組みを表現している．"直線"に対するこれらの相異なる考え方をどのように折り合わせるかが，ダンツィクの語る物語におけるもう一つのストーリーである．

　ダンツィクがその真価を発揮しているのは，時間と数学との関係に関する議論である．ダンツィクは，無限プロセスに満ちあふれたカントルの理論を「あからさまに動的」と評し，デデキントの理論は「静的」と呼ぶことで，両者を対比している．ダンツィクいわく，デデキントは実数の定義の中で，「"無限"という言葉を一度も明示的には使っていないし，"傾向がある"，"測れないほど大きくなる"，"収束する"，"極限"，"与えられたどんな量よりも小さい"などといった言葉も用いていない」．

　ダンツィクの説明を読んでいくと，ここでいったん話が完結するように思える．というのも，ダンツィクは次のように述べているからだ．

　　「そのため一見したところ，［デデキントによる実数の
　　定式化によって］時間という足枷から，数の概念をよう
　　やく完全に解放できたように思える」（237ページ）．

　もちろんこの"完全な解放"は，ダンツィクが次に目を向けると通用しなくなる．時間とその数学的表現，および連続体とその物理的時間や生物学的時間との関係性をめぐる永遠の問題（ゼノン以来我々が意識してきた問題）が，

本書でなされる数の進化に関する説明につねに付きまとってくるのだ．

ダンツィクは問いかける．この世界，科学的世界は，数学的世界にどの程度決定的な影響を及ぼしているのか，またその逆はどうかと．

「科学者は，この世界は自分の思考や行動から独立した法則に支配される絶対的統一体であるかのように"みなして"，そのように振る舞うものだ．しかし，驚くべき単純さや圧倒的な普遍性を持った法則，あるいは宇宙の完全な調和を指し示す法則を発見したときにはつねに，その発見に際して自分の心がどんな役割を果たしたのか，そして，永遠の水たまりの中に自分が見た美しい姿はその永遠の本性を暴き出すものなのか，それとも自分の心を映し出しただけなのかという疑いを持つのが賢明だろう」（307〜8 ページ）．

ダンツィクは次のように書いている．

「数学者は，自分の作った服がどんな人に合うかまったく気にしない衣装デザイナーにたとえることができる．その衣装デザイナーの技術は，本来は人に着せる必要性がおおもとにあるが，それはもはや遠い過去のことだ．今日では，逆に体型のほうが服にぴたり合って，まるで服のほうをあつらえたかのように見えることもあ

る.そして驚きと喜びが尽きることはないのだ!」(306ページ).

この考え方には,物理学者ユージーン・ウィグナーの有名な小論『自然科学における数学の過度な有効性』とある程度の共通点があるが,ダンツィクはさらに推し進めて,"主観的現実"と"客観的現実"というきわめて個人的な概念を提唱している.ダンツィクによれば,客観的現実とは,(たとえば科学機器を利用することで)人類が獲得してきたあらゆるデータを蓄えた,壮大な貯蔵庫のことである.ダンツィクは,「理性を持つ多くの人間に共通で,すべての人間に共通になりうるもの」というポアンカレによる客観的現実の定義を採用し,それを使って数と客観的現実との関係を調べるための舞台を整えている.

イマニュエル・カントは"主観"と"客観"という二つの強力な言葉を定義しなおす中で,"共通感覚"という微妙な概念に大きな役割を担わせている.共通感覚とは内なる"一般の声"のことで,我々一人一人が何らかの形で構築するものであり,そこから他人が物事をどのように判断するかを予想することができる.

同様に,ポアンカレやダンツィクの言う客観的現実にも,ある種の内なる声,我々の中に備わった能力,他人について教えてくれる何かが必要であるように思える.ポアンカレとダンツィクによる客観的現実とは,共通して何を客観的であると認識するか,あるいは認識しうるかに関す

る，本質的に主観的な総意のことだ．このとらえ方は，客観性と数に関する数多くの議論，とりわけウィグナーの小論に記された見解の裏に循環論法が潜んでいることを気づかせてくれる．そしてダンツィクは，その循環論法を軽やかに回避している．

父エイブが70代前半のとき，私と弟のジョセフは父に"Number: The Language of Science"を一冊プレゼントした．父は高校までしか数学教育を受けていなかったが，そのとき学んだ代数学には深い愛情を持ちつづけていた．私と弟が小さかった頃，父は代数学の不思議をいくつか教えてくれた．父はいわくありげな口調で「おまえたちに秘密を教えてあげよう」と切り出した．そして，謎の記号Xが持つ魔法の力を使えば「2倍して1を足すと11になる数」を見つけられると言った．私はほとほと想像力に欠けた子供で，Xを家族の秘密だと本気で思っていたが，ようやく何年かのちに数学の授業でその誤解は解けた．

父にダンツィクの本をプレゼントしたのは，驚くほどの大成功だった．父はそれを苦労しながら読み通し，余白をメモや計算や注釈で真っ黒にして，さらに何度も繰り返し読んだ．父は数を通じて本書の精神に取り憑かれ，ゴールドバッハ予想を自分なりに変形してそれを検証し，それを「ゴールドバッハ変奏曲」と呼んだ．要するに父は酔いしれていたのだ．

しかしそれは一つも驚くことではない．ダンツィクの本は，魂と知性の両方をとらえて離さないからだ．本書は，

数学の解説書として誰にでも手が出せる数少ない古典の一つである．

バリー・メイザー

編者メモ

　この版の文章は，1954年出版の第4版をもとにしている．そこに新たに編者まえがき，編者あとがき，編者巻末注，そして注釈付きの参考文献一覧を加え，またオリジナルの図版は新たに書きなおした．

　第4版は2部構成になっていた．第1部『数の概念の進化』は12の章から構成されており，この版では本文として扱った．第2部『新旧の問題』はより専門的で，具体的な概念を深く扱っていた．第1部，第2部ともこの版には収録したが，第2部だけは本文から切り離して付録とし，いずれからも「部」という言葉は外した．

　第2部では説明よりも記号が多くなり，概念自体は減って方法論が増え，専門的な詳細がより簡潔な形で表現されている．第2部では編者による注やさらなる解説は必要ないと思われる．半世紀にわたる数学の進歩を考えると，第2部『新旧の問題』はすでに変質しているはずだと思われるかもしれないが，実はこのタイトルは誤解を生みかねない．第2部に掲載された問題は新しくも古くもなく，数学の営みを説明するためにダンツィクが選び出した典型的な概念である．

以前の版では，各章の中で節ごとに番号が振られていた．その番号付けには，段落のたびに思考がいったん途切れることを示す以外には何の役割もなかったため，節の番号は省いてそこに1行空白を入れることにした．

ジョゼフ・メイザー

第4版への序文

　初めて本書を書いた四半世紀前に私は，この著作は先駆的な取り組みであると確信していた．というのも，専門の数学者，論理学者，哲学者のあいだで活発に議論されている「数の概念の進化」というテーマが，一つの文化的問題として一般の人々に紹介されたことはなかったからだ．実は当時，このような問題に興味を持つ一般読者がどれほどいるか，はたして本書の出版が認められるほどの人数いるか，まったく確信は持てなかった．しかしこの著作が国内外で受け入れられ，続いて同様の一般的テーマを扱った本が数多く出版されたことで，そのような疑念は払拭された．数学やそれに基づく科学の文化的側面に関心を持つ読者がかなりの数いるというのは，今日では動かしがたい事実となっている．

　初老を迎えた著者にとって，自分の初の著作が相変わらず読まれつづけて新たな版の出版が認められるというのは，何とも刺激的な経験であり，そのような気分の中で私は本書の改訂に手を付けた．しかし作業を進めるにつれて，前の版の出版以降に起こった驚くべき変化をますます意識するようになっていった．技術の進歩，統計的手法の

普及，電子工学の出現，核物理学の登場，そして何より自動コンピュータの重要性の拡大によって，数学的活動の周辺領域に生きる人々の数はどんな予想をも超えて増えている．それと同時に一般的な数学教育のレベルも上がっている．そのため，読者数が大きく膨れあがるだけでなく，二十数年前に相手にした人たちよりも豊富な知識や厳しい目を持つ読者に向かい合うことになった．彼らの真摯な意見が，この新たな版の大筋に決定的な影響を与えた．このような時代の変遷の要求に私がどれだけ応えることができたか，その判断は読者に委ねよう．

　この版の第1部『数の概念の進化』では，時代に合わせて変更したいくつかの部分を除いて，オリジナルの文章を一言一句再録した．それに対して第2部『新旧の問題』は，あらゆる点で新しい本となっている．第1部はおもに概念や考え方を扱っている一方で，第2部は第1部の文章に対する解説としてではなく，"数の分野における方法論や論証の発展"という一貫した物語としてとらえてほしい．それを聞いて，『新旧の問題』の四つの章は第1部の12の章より専門的であると推察されただろうが，事実そうである．他方で，扱ったテーマの中には一般的な興味を惹きつける題材もたくさん含まれており，"読み飛ばす"技術に長けた読者なら，本筋から逸れることなしに専門的な節を難なく省いていけるはずだ．

1953年9月1日

トビアス・ダンツィク
カリフォルニア州パシフィック・パリセーズ

初版への序文

　本書は，方法論でなく考え方を採り上げている．無関係な専門的詳細はすべて慎重に外してあるし，採り上げたテーマを理解する上で，標準的な高校の授業で教わる以上の数学的知識は必要ない．

　しかし，数学教育を受けていることは前提としていないものの，それと同じく貴重な，考え方を吸収して評価する能力を読者が持っていることは前提としている．

　さらに本書は，このテーマに関する専門的な側面は避けているものの，記号に対してどうしようもない恐怖心を持つ人や，そもそも形式的概念が理解できない人向けには書かれていない．これは数学の本であって，記号や形式，そしてそれらの裏に潜む考え方を扱っている．

　著者が考えるに，我が国の教育カリキュラムでは，数学からその文化的内容が剥ぎ取られて専門的な細部だけがむき出しで残されているせいで，大勢の優れた人が数学を遠ざけてしまっている．本書の目的は，その文化的内容を取り戻して，数の進化を奥深い人間物語としてありのままに紹介することである．

　本書はこのテーマの歴史に関する本ではない．しかし，

数学的概念の進化において直観が果たした役割を説明するために，歴史的手法は進んで活用した．そのため本書では，数の物語が，さまざまな考え方を編み出した人たち，そして彼らを生み出した時代と絡み合いながら，思考の歴史劇として展開していく．

　数の科学における基本的問題を，科学の複雑な道具を丸ごと使わなくても説明することはできるのか？　本書は，それは可能であるという著者の信念の告白だ．ぜひ読者が判断してほしい！

1930 年 5 月 3 日

トビアス・ダンツィク

ワシントン DC

第1章

指　　紋

ローマの1年は10回の月の満ち欠けからなっていた．
当時この数は高く重んじられていた．
それはきっと，人がいつも指で数を数えるからだろう．
あるいは，女性が10か月で出産するからかもしれない．
あるいは，数は10まで大きくなると
再び1から周期を繰り返すからかもしれない．
　　　　　　——オウィディウス，『祭暦』，第3節

　人間は成長の初期段階からある能力を持っているが，それを指す良い言葉がないので，私はそれを"数感覚"と呼ぶことにする．この能力によって人は，ある小集合から対象が取り除かれたり，あるいはそれに付け足されたりしたときに，その集合に何かが変化したことを，直接的な知識がなくても認識することができる．

　数感覚と数える行為とを混同してはならない．数を数える行為はおそらくもっとずっと成長してから生まれるもので，お分かりのとおり，それにはかなり複雑な精神活動が関係している．数を数える行為は，知られている限り人間だけが持つ特徴だが，一部の動物も我々に近い原始的な数感覚を持っているらしい．少なくとも，動物行動の観察に長けた人はそのように考えており，数多くの証拠がその説を支持している．

たとえば，多くの鳥がそのような数感覚を持っている．巣に卵が4個あると，その中から1個を取り除いても問題はないが，2個持ち去られると鳥はたいていその巣を放棄してしまう．鳥はある未知の方法によって2と3を区別できるのだ注1)．しかしこの能力は鳥に限ったものではない．知られている中でもっとも印象的な例は，"単生スズメバチ"と呼ばれる昆虫である．母バチは巣室ごとに1個ずつ卵を産み，卵が孵ると生きた毛虫を与える．餌の数は種ごとに驚くほど一定で，巣室あたり5匹の毛虫を与える種もいれば，12匹，あるいは24匹もの毛虫を与える種もいる．しかしもっとも驚くべきは，メスよりもオスのほうがはるかに小さいトックリバチ属のケースだ．母バチは何らかの謎めいた方法で，卵からオスメスどちらが生まれるかを判断し，それに応じて餌の量を変える．餌の種類や大きさは変えないが，卵がオスなら餌を5匹与え，メスなら10匹与えるのだ．

ハチの行動に見られるこの規則性と，この行動がハチの生活の基本的機能と結びついているという事実を考え合わせると，この最後の例よりもさらに説得力が高いのが次の例である．以下に紹介する鳥の行動は，意識と無意識の境界線上に位置していると思われる．

ある名士が，屋敷の望楼に巣をかけた1羽のカラスを撃ち落とすことにした．そこで何度もカラスを驚かそうとしたが，うまくいかなかった．彼が近づくと，カラスは巣から離れる．カラスは遠くの木で警戒して待ち，彼が塔から

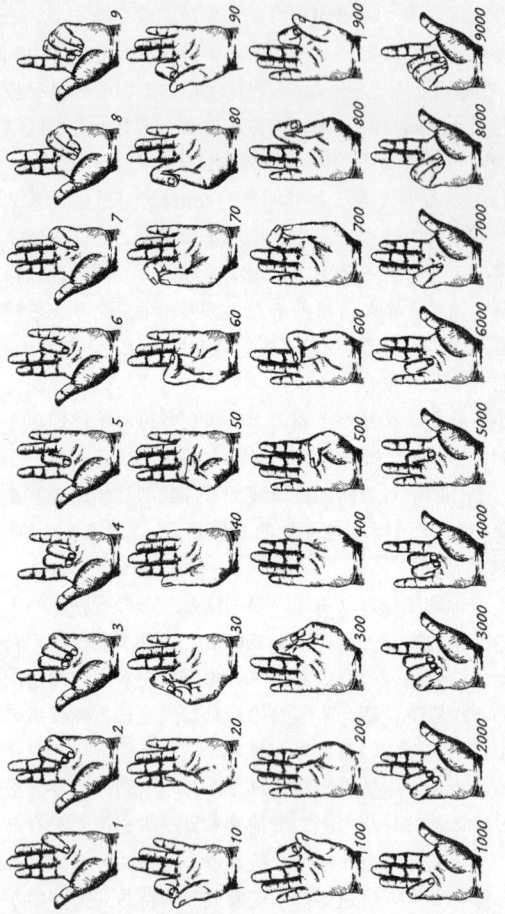

指を使った数の表し方（1520年出版の手引書より）

出ると巣に戻る．ある日，名士は策略を思いついた．2人の人間が塔に入り，1人は中に残ってもう1人は外へ出ていったのだ．しかしカラスはだまされなかった．中に残った人が外に出るまで，巣には近寄らなかったのだ．その後何日も，同じことを2人，3人，4人で繰り返し試してみたが，それでもうまくいかなかった．最後には5人の人間が送り込まれた．以前と同じく全員が塔に入り，1人は残って4人は外へ出ていった．するとカラスは数が分からなくなった．4と5の区別ができず，すぐに巣へ戻ってきたのだ．

このような証拠に対しては，2通りの反論を示すことができる．第一の反論は，このような数感覚を持っている種はきわめて少ないし，哺乳類の中ではそのような能力は見つかっておらず[注2]，サルでさえ数感覚は持っていないらしいというものである．第二の反論は，知られているどんな例でも動物の数感覚は対象範囲が限られているので，無視できるというものだ[注3]．

第一の指摘は正しい．何らかの形の数の認識能力が，一部の昆虫と鳥，そして人間に限られているらしいというのは，確かに驚くべき事実である．イヌやウマなど飼育動物の観察や実験では，どんな数感覚も見つかっていない．

第二の反論にはほとんど価値がない．なぜなら，人間の数感覚の範囲もまたきわめて限られているからだ．文明人が数を認識するときには必ず，自分の直接的な数感覚を補

うために，対称的なパターンを読み取るとか，頭の中でグループ分けしたり一個一個数えたりするといった技巧を，意識的にせよ無意識にせよ利用する．とりわけ"数える"という行為は人間の精神構造と不可分であるため，人間の数感覚を心理学的に検証しようとするとさまざまな困難が付きまとう．それでもある程度は進展している．細心の注意を払っておこなわれた実験によって，平均的な文明人の持つ直接の"視覚的"数感覚が4より大きい数に対して通用することはほとんどなく，触覚的な数感覚の通用範囲はさらに限られているという結論が導かれている．

未開の人々に関する人類学的研究によって，この結論はかなりの程度裏付けられている．そのような研究によって，"指で数を数える段階に達していない"未開の人々は，数に対する認識をほとんど持っていないことが明らかとなった．そのような例は，オーストラリア，南洋諸島，南アメリカ，アフリカの数多くの種族に当てはまる．オーストラリアの未開の地を大規模に調査したカーは，4を識別できる原住民はほとんどいないし，原始の生活を送るオーストラリア人で7を理解できるものは一人もいないと考えている．南アフリカに住むサン族（ブッシュマン）は，"1"，"2"，"たくさん"以外の数詞を持っていないし，これらの単語も意味が曖昧で，彼らがそれに明確な意味を結びつけているかどうかは疑わしい．

事実上すべてのヨーロッパの言語に，そのような古代の能力の限界が痕跡として残っている．そのため，我々の遠

い祖先がもっと高い能力を持っていたと信じられる根拠はないし，逆にそうでなかったと考えられる根拠は数多くある．英語の"thrice"という単語はラテン語の"ter"と同様に，"3回"と"たくさん"という二つの意味を持っている．ラテン語の"tres"（3）と"trans"（……以上に）のあいだにはおそらく関係性があるし，同じことはフランス語の"très"（とても）と"trois"（3）に関しても言える．

　数の起源は，長い先史時代の不透明なベールで覆い隠されている．はたして数の概念は経験から生まれたのか，それとも原始の心にすでに潜んでいた概念が経験によって表面化しただけなのか．それは形而上学的な思索としては魅力的なテーマだが，まさにそれゆえに本書の範囲を超えている．

　遠い祖先の進化を現代の未開種族の精神状態から判断する限り，数の起源はきわめてささやかなものだったと結論せざるをえない．鳥をも凌げない原始的な数感覚がもとになって，数の概念が生まれたのだ．数に対するその直接的な感覚がなかったら，人間はほぼ間違いなく，鳥の持つ計算技術より先に進歩することはできなかっただろう．しかし人間はいくつもの重要な出来事を通じて，自らのきわめて限定的な数感覚を補う技巧を学び，それが未来の人類に計り知れない影響を与えることとなった．その技巧こそが数えるという行為である．この宇宙を数を使って表現する上で我々が途方もなく進歩できたのは，まさに"数えるという行為"のおかげなのだ．

原始的な言語の中には、虹のすべての色を表す単語はあっても、色そのものを意味する単語は持っていないものがいくつもある。また、さまざまな数を表す単語はあっても、数そのものを意味する単語がない言語もある。同じことはほかの概念についても言える。英語には、特定の種類の集合を表す古い表現がきわめて豊富にある。"flock"（羊などの群れ）、"herd"（動物の群れ）、"set"（人間の集団）、"lot"（人や物の群れ）、"bunch"（人の集まり）はいずれも特別なケースに使われる。一方、"collection"（集まり）や"aggregate"（集合体）という単語は外国語に起源を持つ。

抽象的な事柄は具体的な事柄の後に続く。バートランド・ラッセルは、「キジのつがいと2日間がどちらも2という数の実例であることが発見されるまでには、いくつもの時代が必要だったに違いない」と言っている。今日でも2という概念を表現する方法は、"pair"（一対）、"couple"（一対）、"set"（一組）、"team"（一組）、"twin"（双子）、"brace"（つがい）など数多くある。

初期の数の概念がきわめて具体的だったことを物語る好例が、カナダのブリティッシュコロンビア州に住むティムシャン族の言語である。この言語には7種類の数詞がある。一つは平たい物体や動物を数えるためのもの、一つは丸い物体や時間を数えるためのもの、一つは人を数えるためのもの、一つは長い物体や木を数えるためのもの、一つはカヌーを数えるためのもの、そして一つは特定の物体を指さない場合に使われるものである。最後の数詞はおそら

く後になってから発達したもので，それ以外の数詞は，かつてこの種族がまだ数を数える術を身に付けていなかったときの名残に違いない．

　古代人に特有の具体的で多種多様な数多性（「いくつあるか」という意味）の概念が，"単一で抽象的な数の概念"にまとめられ，それによって数学が可能となったのは，数えるという行為のおかげなのだ．

　しかし奇妙に思われるかもしれないが，数えるという技巧を持ち出さなくても，論理的で明確な数の概念にたどり着くことは可能である．

　あるホールに入ったとする．目の前には二種類の集合がある．観客席の椅子と観客だ．この二つの集合が等しいかどうか，もし等しくないとしたらどちらが大きいかは，"数えなくても"確かめられる．席がすべて埋まっていて，立っている人が一人もいなければ，二つの集合が等しいことは"数えなくても分かる"．すべての席が埋まっていて，観客が何人か立っていれば，椅子より人のほうが多いことは"数えなくても分かる"．

　この知識は，あらゆる数学を支配する，「1対1対応」という名前で呼ばれているプロセスを通じて導かれる．そのプロセスとは，一つの集合に含まれるすべての物をもう一つの集合に含まれる物に割り当て，その操作をどちらかの集合，または両方の集合が尽きるまで続けていくというものだ．

未開の多くの人々が持っている数に関する技術は，ちょうどそのようなマッチングや一致付けといったものに限定されている．彼らは自分たちの家畜や軍勢を，木に切れ込みを入れたりや小石を山積みにしたりして記録する．我々の祖先がそのような方法に熟達していたことは，"tally"（勘定）や"calculate"（計算）という単語の語源から証明できる．前者はラテン語で"切ること"を意味する"talea"に由来しており，後者は同じく小石を意味する"calculus"から来ているのだ．

一見したところ，対応させていくというプロセスは二つの集合を比較する手段でしかなく，厳密な意味で数を生み出すことはできないと思われるかもしれない．しかし，相対的な数を絶対的な数へ変えるのは難しくない．そのためには単に，存在しうる集合一つ一つを代表する"モデル集合"を作ればいい．そうすれば，ある集合の数を見積もるという作業は，手元にあるモデルの中からその集合の要素と一つ一つマッチするものを選び出すという行為へ単純化される．

未開の人々は，そのようなモデルを身の回りから見つける．鳥の翼が2という数を，クローバーの葉が3を，動物の脚が4を，自分の手の指が5を象徴するということだ．数詞がこのような起源を持っている証拠は，多くの原始的な言語で見つかっている．もちろんひとたび"数詞"が考え出されて受け入れられれば，それが本来指し示していた物と同様に，それは優れたモデルとなる．しかし借用した

物の名前と数の記号そのものとを区別する必要があるために，自然と発音が変化していって，最後には時の流れの中で両者のつながり自体は記憶から失われてしまう．人間が言語に多く頼るにつれて，単語の発音はそれが表現するもののイメージに取って代わり，もともと具体的だったモデルが数詞という抽象的な形式を帯びてくる．記憶や慣習によってそのような抽象的な形式に具体性が与えられ，それによって単なる単語が数多性の尺度になるのだ．

　いま説明した概念は，"基数"（あるいは集合数）と呼ばれる．基数は対応付けの原理に基づいており，"数える行為"という意味合いは含んでいない．数を数えるプロセスを生み出すには，たとえ包括的なものであっても種々雑多なモデルの集まりでは不十分だ．そのためには"数体系"を作り出さなければならない．一連のモデルを，大きさが大きくなっていく順序，つまり 1, 2, 3, … という"自然数列"に並べなければならないのだ．そのような数体系が作られれば，"集合を数える"という行為は，そのすべての要素に自然数列の項を"順序ごとに"一つ一つ当てはめ，それを要素がなくなるまで続けていくという意味になる．その集合の"最後の"要素に当てはめられた自然数列の項は，その集合の"序数"（あるいは順序数）と呼ばれる．

　序数体系は，数珠のような具体的な物を使って表現することもできるが，もちろん必ずしもそうする必要はない．"序数体系"を構築するには，その"順序"の最初のほうの

いくつかの数詞を暗記して、どんな大きな数からでもその"次の数"（後者）を作れるような音声的体系を構築すればいい．

我々は、基数から序数を導いて、その二つを一つに見せる力を身に付けた．ある集合の数多性、つまり基数を決定するために、もはやそれとマッチさせられるモデル集合をわざわざ見つけてくる必要はない．ただ"数えさえすれば"いいのだ．我々が数の持つこの二つの側面を同一視する術を学んだことで、数学は進歩した．というのも、我々が実際に興味を持っているのは基数だが、そこから算術を構築することはできないからだ．算術演算は、"どんな数からも必ずその次の数に移ることができる"という暗黙の前提に基づいており、それこそが序数という概念の本質である．

そのため、モデル集合とマッチさせるだけでは、計算技術を構築することはできない．物を順序に並べる能力がなかったら、ほとんど進歩できなかっただろう．対応と順序という、あらゆる数学に（それどころかあらゆる厳密な思考体系に）浸透している二つの原理は、我々の数体系という織物に織り込まれているのだ．

ここで当然ながら、はたして基数と序数の微妙な違いは、数の概念における初期の歴史に何らかの役割を果たしたのだろうか、という疑問が浮かんでくる．どうしても、マッチングと順序づけの両方が必要となる序数よりも、マ

ッチングのみに基づいている基数のほうが先に生まれたと推測したくなる．しかし，原始の文化や言語をどんなに入念に調査しても，そのような時間的な前後関係は明らかにならない．数の技術が存在する場所では必ず，数の両方の側面が見つかるのだ．

しかしまた，数える技術が存在する場所では必ず，その名のとおり"指を使った数え方"が，それ以前かまたは同時期に見つかっている．そして指には，基数から序数へ無意識に移行させてくれる仕掛けがある．ある集合に四つの物が含まれていることを示そうとしたら，4本の指を"同時に"曲げたり伸ばしたりする．一方，同じ集合を数え上げていこうとする場合には，指を"順番に"曲げたり伸ばしたりする[注4]．第一の場合，その人は自分の指を基数のモデルとして使ったことになり，第二の場合は序数体系として使ったことになる．数える行為の起源を物語るこのような明確な痕跡は，事実上すべての原始的な言語で見つかっている．そのような言語の多くでは，"5"という数は"手"と表現され，"10"は"二つの手"や"人間"と表現される．さらに，多くの原始的な言語では，4までの数詞は4本の指の名前とまったく同じである．

もっと文明的な言語では，単語が"すり減って"その本来の意味は消えてしまっている．しかしその場合でも，その「指紋」は残っている．サンスクリット語で"5"を意味する"pantcha"とペルシャ語で"手"を意味する"pentcha"，あるいはロシア語で"5"を意味する"piat"と

"開いた手"を意味する"piast"を比較してみてほしい．

人が正しく数を数えるには，"10本の指を言葉で表さなければならない"．指を使えば数を数えることができ，数の範囲は限りなく広がっていく．もしこの道具がなければ，数に関する人間の技術は初歩的な数感覚から大きくは進歩できなかっただろう．そしてもし指がなかったら，数の発展，そして我々の物質的知的進歩をもたらした精密科学の発展は，どうしようもなく貧弱だっただろうと予想できる．

しかし，子供たちは今でも指を使って数えることを学び，我々もときには強調表現としてそれを使うことがあるものの，現代の文明人にとって指を使って数える技術は過去のものである．文字の出現，記数法の単純化，そして教育の普及によって，その技術は時代遅れで不必要なものとなった．そのような状況では，指で数える方法が計算の歴史の中で果たした役割は過小評価されてもしかたがない．わずか数百年前には，西ヨーロッパでも指を使った数え方が広く使われており，その方法を詳しく教えていない算術の教科書など考えられなかったのだ[注5]（26ページを参照）．

当時，指を使って数えたり単純な算術演算をしたりするという技術は，教養人の心得の一つだった．中でももっとも巧妙な技術が，指を使って数を足したり掛けたりするための規則に見られる．今日でもフランス中部（オーヴェル

ニュ）の農民は，5より大きい数を掛けるのに面白い方法を使っている．9と8を掛けるには，左手の4本の指（9は5より4多い）と右手の3本の指（8−5＝3）を折り曲げる．すると，折り曲げた指の本数（4＋3＝7）が答の10の位となり，左右の折り曲げていない指の本数を掛け算したもの（1×2＝2）が答の1の位となる．

同様の技術は，ベッサラビア（モルドバ共和国の一地方）やセルビアやシリアといった互いに遠く離れた地でも観察されている．その驚くべき類似性と，これらの地方がすべて同時期に神聖ローマ帝国の一部だったことを考えると，これらの技術はローマで生まれたのではないかと考えられる．しかしそれと同じくらいもっともらしい説として，これらの手法はそれぞれ別々に発展したが，条件が似ていたために似たような結果をもたらしたのだとも言えるかもしれない．

今日でも，人類の大部分は指を使って数を数えている．未開の人々にとってそれが日常生活で単純な計算をするための唯一の方法だということを，忘れてはならない．

我々が使っている数の言語は，どれほど古いのだろうか？ 数詞が誕生した時期を正確に特定するのは不可能だが，記録に残っている歴史よりも何千年も昔だという明確な証拠はある．その一つが，すでに述べたように，"5"という例外を除いてヨーロッパの言語の数詞がいずれも本来の意味の痕跡を失っているという事実である．一般的に言

って数詞はきわめて変化しにくいため，この事実はかなり注目に値する．時の流れによってほかの側面は激しく変化したが，数を表す語彙はほとんど影響を受けていないことが分かる．言語学者は数詞のこの変化しにくさを利用して，一見大きくかけ離れた言語群のあいだの血縁関係を探っている．本章の最後に載せた，インド＝ヨーロッパ語族に属する標準的な言語における数詞の比較表を詳しく見てほしい．

では，このように数詞は変化しにくいのに，なぜもともとの意味の痕跡を見つけることはできないのか？　もっともらしい仮説として，数詞は誕生の時から変化していないものの，そのもととなった具体的な物の名前のほうが完全に変形してしまったのかもしれない．

言語学の研究によって，数の言語の構造は世界中でほぼ同じであることが明らかとなっている．どの地域でも，人間の指が 10 本であることが永遠の痕跡として残っているのだ．

我々の指が 10 本であることが，数体系の基底を"選ぶ"上で影響を及ぼしたのは間違いない．すべてのインド＝ヨーロッパ語族，セム語族，モンゴル語族，そしてほとんどの原始的言語で，記数法の基底は 10 である．つまり，10 まではそれぞれ別々の数詞があって，そこから 100 までは何らかの複合原理が使われているということだ．それらの言語にはすべて 100 や 1000 を表す固有の単語があり，さ

らに大きな数にも別々の単語が割り当てられている言語もある．たとえば英語には"eleven"や"twelve"，ドイツ語には"elf"や"zwölf"など明らかな例外もあるが，これらは"ein-lif"と"zwo-lif"が語源であり，"lif"は古ドイツ語で"10"を表す．

　実は10進法のほかにも二つの基底がかなり広く使われており，それらの特徴は，我々の数の数え方が"擬人的"性質を持っていることをかなりの程度裏付けている．その数体系とは，5進法と20進法である．

　5進法では，5まではそれぞれ別々の数詞があり，そこから先は複合的なものになる（章末の表を参照）．おそらく5進法は，片手で数を数える習慣を持った人々のあいだで生まれたのだろう．しかし，なぜ片手だけで済ませなければならなかったのか？　もっともらしい説明として，原始の人々は何も武器を持たずに出歩くことがめったになかったからだろう．数を数えるときには，武器を腕（普通は左腕）の下に挟み，右手で確認しながら左手で数える．右利きの人が数を数えるときにほぼ例外なく左手を使うのも，このためかもしれない．

　多くの言語が今でも5進法の痕跡を留めているし，10進法の中にはいったん5進法の段階を経たと考えられるものもある．言語学者の中には，インド＝ヨーロッパ語族の数体系も起源は5進法だったと主張する者もいる．彼らは，ギリシャ語で"5ずつ数える"を意味する"pempazein"という単語や，ローマ数字の持つ明らかな5進法的性質を指

摘している．しかしこれ以外に同様の証拠はなく，インド＝ヨーロッパ語族は一時的に20進法の段階を経たというほうがはるかに可能性は高い．

20進法はおそらく，手の指に加えて足の指も使って数を数えていた原始的な種族のあいだで生まれたのだろう．そのような数体系のもっとも驚くべき例が，中央アメリカのマヤ族で使われているものだ．古代のアステカ族も同じ特徴を持った数体系を使っていた．アステカ族の1日は20時間に分割され，軍隊は8000人（8000＝20×20×20）ごとに分けられていた．

純粋な20進法は稀だが，10進法と20進法が混ざり合った言語は数多くある．英語には"score"（20）や"two-score"（2×20）や"three-score"（3×20），フランス語には"vingt"（20）や"quatre-vingt"（4×20）という単語がある．年配のフランス人のほうがこのような形式を頻繁に使っている．失明した300人の退役軍人のために建てられたパリの病院は"Quinze-vingt"（15×20）という古風な名前で呼ばれているし，220人で構成される官団には"Onze-vingt"（11×20）という名前が与えられている．

オーストラリアやアフリカに住むきわめて原始的な種族には，5でも10でも20でもない基底を用いた数体系が存在する．それは2進法，すなわち2を基底としたものである．彼ら未開の人々は，指で数える段階にも達していない．彼らは1と2に別々の数詞を使い，6までは複合的な

数を使う．そして6より大きい数は，すべて"たくさん"と呼ぶ．

オーストラリアの種族の話で先ほど登場したカーは，彼らの大半は物をペアごとに数えると主張している．その習慣があまりに強いため，彼らは7本並んだピンから二つ取り除かれてもほとんど気づかないが，ピンが一つだけ取り除かれるとすぐに気づく．"偶奇性"に対する彼らの感覚は，数感覚よりも強いのだ．

面白いことに比較的最近にも，このもっとも原始的な基底を支持する有名な人物がいた．ほかならぬライプニッツである．2進法は0と1という二つの記号しか必要とせず，次の表のように，それだけですべての数を表すことができる．

10進法	1	2	3	4	5	6	7	8
2進法	1	10	11	100	101	110	111	1000

10進法	9	10	11	12	13	14	15	16
2進法	1001	1010	1011	1100	1101	1110	1111	10000

2進法の長所は，記号が少ししか必要でないことと，演算が圧倒的に単純になることである．どんな数体系でも，足し算や掛け算の表を覚えておく必要がある．2進法ではその表は $1+1=10$ と $1\times1=1$ だけに減らせるが，10進法では項目が100個も必要となる．しかしこの長所は，表記がコンパクトでないことによって打ち消されてしまう．10進法で $4096=2^{12}$ は，2進法では 1,000,000,000,000 と表現さ

れてしまうのだ．

ライプニッツを驚かせたのは，"無のみからすべてを導くことができる"という2進法の神秘的な優雅さだ．ラプラスは次のように言っている．

「ライプニッツは，自らの2進算術の中に万物創造のイメージを見た．……彼は考えた．1が神を表し，0が空虚を表す．そして，彼の数体系において1と0ですべての数を表現できるように，神は空虚からすべての物を導き出した，と．ライプニッツはこの考えに大いに満足し，そのことを，イエズス会修道士で中国の数学部門の長であるグリマルディに教えた．ライプニッツは，この万物創造の証が科学好きの中国皇帝を改宗させてくれるのではないかと期待した．この話に触れたのは単に，どんなに偉大な人物でも子供の頃の先入観が視界を曇らせてしまうことを伝えるためである」

もし人間が，自由自在に動く指の代わりにたった2本の"無関節の"肢しか持っていなかったら，文化史はどのように変わっていたか，それを想像するのは面白い．そのような状況で何らかの数体系が発展したとしたら，それはおそらく2進法のようなものだっただろう．

人類が10進法を採り入れたのは，"生理学的な偶然"である．もしすべての事柄に神の摂理を見て取るとしたら，神は数学者としてはたいしたことがないと認めるしかない

だろう．10進法には，生理学的な利点のほかにほとんど魅力はないからだ．おそらく"9"を除くほぼどんな基底でも同じくらいうまくいくし，もしかしたら10進法より優れているかもしれない．

基底の選択を専門家集団に委ねたとしたら，きっと実務家と数学者のあいだの衝突を目の当たりにすることになるだろう．実務家は"12"のように約数をたくさん持つ数を基底にせよと主張し，数学者は"7"や"11"のような素数を基底にしたがるはずだ．18世紀後半に偉大な博物学者のビュフォンは，12進法を広く採用してはどうかと提案した．ビュフォンは，12には四つの約数があるのに対して10には二つしかないという事実を指摘した．そして，一般的に用いられている基底は10だが，時代を通じてこの10進法の欠点が強く認識されていたために，ほとんどの計量法が12を単位とする二次単位を持っているのだと主張した．

それに対して偉大な数学者のラグランジュは，素数基底のほうがはるかに都合がよいと主張した．ラグランジュの指摘によれば，素数の基底を用いればすべての分数が既約となって，どんな数でもただ一つの形で表現できるようになるという．たとえば現在の記数法では，小数 0.36 は $\frac{36}{100}, \frac{18}{50}, \frac{9}{25}, \cdots$ といったようにさまざまな分数で表現できる．もし 11 のような素数基底を採用すれば，このような曖昧さは減るはずだと考えられる．

しかし，基底の選択を委ねられた知識集団が素数を選ぼ

インド=ヨーロッパ語族における数詞
数詞はきわめて安定していることが分かる

	サンスクリット語	古代ギリシャ語	ラテン語	ドイツ語	英語	フランス語	ロシア語
1	eka	hen	unum	eins	one	un	odin
2	dva	duo	duo	zwei	two	deux	dva
3	tri	tria	tria	drei	three	trois	tri
4	catur	tettara	quatuor	vier	four	quatre	chetyre
5	panca	pente	quinque	fûnf	five	cinq	piat
6	sas	hex	sex	sechs	six	six	shest
7	sapta	hepta	septem	sieben	seven	sept	sem
8	asta	octo	octo	acht	eight	huit	vosem
9	nava	ennea	novem	neun	nine	neuf	deviat
10	daca	deca	decem	zehn	ten	dix	desiat
100	cata	hecaton	centum	hundert	hundred	cent	sto
1000	sehastre	xilia	mille	tausend	thousand	mille	tysiaca

5進法の典型例
ニュー・ヘブリデス諸島の言語

	単語	意味
1	tai	
2	lua	
3	tolu	
4	vari	
5	luna	手
6	otai	あと一つ
7	olua	あと二つ
8	otolu	あと三つ
9	ovair	あと四つ
10	lua luna	手が二つ

20進法の典型例
中央アメリカのマヤ語

1	hun	1
20	kal	20
20^2	bak	400
20^3	pic	8000
20^4	calab	160,000
20^5	kinchel	3,200,000
20^6	alce	64,000,000

2進法の典型例
トレス海峡〔オーストラリア大陸とニューギニア島を隔てる海峡〕西部の種族

1 urapun	3 okosa-urapun	5 okosa-okosa-urapun
2 okosa	4 okosa-okosa	6 okosa-okosa-okosa

うが合成数を選ぼうが，素数でもないし十分な約数も持っていない"10"は検討対象にさえならないに違いない．

計算装置が暗算に大きく取って代わった現代では，どちらの提案も真剣に受け止める人はいないはずだ．利点はわずかしかないし，しかも10ずつ数えるという伝統はあまりに堅固なので，それに挑戦するのはばかげているだろう．

文化史の観点からすれば，基底を変えるのは，たとえ可能ではあってもきわめて不愉快なことだろう．人が数を10ずつ数えている限り，その10本の指は，精神活動のもっとも重要な側面が人間的な由来を持っていることを思い起こさせてくれる．そして10進法は，次の主張の生きた証なのかもしれない．

「人間は万物の尺度である」

第2章

空　白　欄

「絶対的な値とともに位置の値も持つ10種類の記号を使ってすべての数を表現するという，巧妙な方法を与えてくれたのは，インドである．深遠かつ重要なその考え方は，現代の我々にとってはあまりに単純に見えるために，我々はその真の利点を見落としている．しかしその単純さと，それによってあらゆる計算がきわめて容易になったことで，我々の算術は第一級の有用な発明品となった．そして，古代世界が生んだ二人の偉人，アルキメデスとアポロニオスがそれを思いつかなかったことを考えれば，この偉業の壮大さはますます評価できるはずだ」

——ラプラス

この行を書いている今，私の頭の中には次のような古い童謡の一節がこだましている．

「読み，書き，計算，ヒッコリーの枝の音で教わる！」

本章では，この三つの技術の中でもっとも古いが，人類にとってはもっとも難しいものについて語ることにしよう．

それは輝かしい偉業でもなければ，勇敢なおこないでも崇高な献身行為でもない．行き当たりばったりの失敗と偶然の発見，そしてライトも持たずに暗闇の中を手探りで進んだ物語である．その物語の中では，反啓蒙主義と先入観に満ちた伝統への忠誠によって正しい判断が覆い隠され，

道理が長いあいだ習慣に屈従してきた．要するに人間の物語である．

　記数法は，おそらく私有財産と同じくらい古いものだろう．記数法はほぼ間違いなく，自分の家畜や道具を記録しておきたいという人間の欲求から生まれた．枝や木に彫った切れ込み，石や岩に刻んだひっかき傷，粘土に付けた印，これらは，記号によって数を記録するという営みの中でももっとも初期のものだ．考古学の研究によってそのような記録は太古にまでさかのぼることができ，ヨーロッパやア

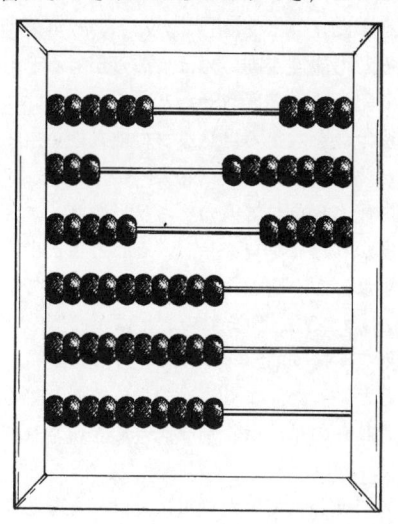

カウンティング・ボードの模式図

フリカやアジアにある先史時代の人類の洞窟でも見つかっている．記数法は少なくとも書き言葉と同じくらい古いものであり，それよりさらに古いという証拠もある．もしかしたら，数を記録する行為のほうが音声を記録するきっかけになったのかもしれない．

　数字が体系的に使われていたことを示す最古の記録は，古代シュメール人やエジプト人による．いずれも紀元前3500年頃という同じ時代にまでさかのぼることができる．それらの記録を調べると，使われている原理がきわめて似通っていることに気づかされる．もちろん，両者が距離をものともせずに互いに交流していたという可能性もある．しかしもっと可能性が高いのは，彼らがもっとも障害の少ない道筋で記数法を発展させたというものだ．つまり，彼らの記数法は数を数える自然なプロセスから生まれたにすぎない，ということである（49ページの図）．

　事実，古代バビロニア人のくさび形数字，エジプトのパピルスに書かれたヒエログリフ，そして古代中国の奇妙な数字のいずれにも，"基数"の明確な原理を見て取ることができる．いずれでも，9までの数字は単に線を並べることで表現されているのだ．それと同じ原理は9より上の10や100などといった，より高次の単位に対しても用いられており，それらの単位は特別な記号で表現されていた．

　イギリスで使われていた割符は，はっきりしないがおそらくきわめて古い起源を持っており，そこにも明らかに基

第2章 空白欄

	1	2	3	4	5	9	10	12	23	60	100	1000	10000
シュメール文字 紀元前3400年頃	Y	YY	YYY	YYYY	⌣	YYY YYY YYY	⟨	⟨YY	⟨⟨YY ⟨YY	⟨⟨⟨	Y-	Y-⟨Y-	Y-⟨⟨Y-
ヒエログリフ 紀元前3400年頃	∧	∧∧	∧∧∧	∧∧∧∧	∧∧∧∧∧	∧∧∧∧∧ ∧∧∧∧	∩	∩∧∧	∩∩∧∧∧	∩∩∩ ∩∩∩	◎	𓆼	𓆐
ギリシャ文字	α	β	γ	δ	ε´	θ´	ι´	ιβ	κγ	ξ´	ρ´	͵α	͵ι

古代の記数法

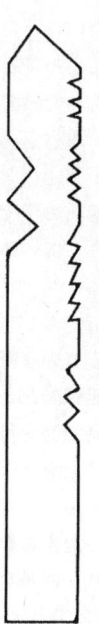

イギリスの割符の模式図

数としての特徴が見られる．割符の模式図を 49 ページに示しておこう．一つ一つの小さな切れ込みが 1 ポンドを表し，大きな切れ込みが 10 ポンドや 100 ポンドなどを表している．

興味深いことにこのイギリスの割符は，現代的な記数法の導入によってとんでもなく時代遅れになってからも，何世紀にもわたって使われつづけた．実はこの割符は，議会の歴史におけるある重要な逸話と深く関係している．チャールズ・ディケンズはその出来事の数年後に，行政改革に関する講演の中で，この逸話を独特の風刺を込めて次のように紹介している．

「大昔，木の棒に切れ込みを入れることで会計記録を付けるという野蛮な方法が，財務裁判所に導入された．その記録のしかたは，まるでロビンソン・クルーソーが無人島で暦を付けるようなものだった．それ以来，何人もの会計係や簿記係や記録係が生まれては死んでいった．……それでも日々の公務では，そのような切れ込みの入った木の棒がまるで憲法の大黒柱であるかのように使われ，財務会計は割符と呼ばれるニレの木の板に記録されつづけた．ジョージ 3 世の治世に革新的な考えの人々が，ペンやインクや紙，石盤や鉛筆があるというのに，はたしてこの時代遅れの慣行に頑固にこだわりつづけるべきなのか，変化を起こすべきではないのかと提起した．この大胆で独特な考え方を公然と説くことに対し

て国じゅうの役所が怒りを募らせたため,割符が廃止されたのはようやく1826年になってからだった.1834年,大量の割符が保管されていたことが明らかとなり,腐って虫食い穴が空いたそのぼろぼろの木の切れ端をどう処理するのかという問題が浮上した.割符はウェストミンスターに収められており,知恵のある人なら当然,それを近郊の貧しい人々に薪として持っていってもらえれば何より簡単だと考えた.しかし割符が何かに活用された前例がなかったため,役所はそれを許さないの一辺倒で,割符を密かに焼却せよという命令を下した.結局,割符は上院の暖炉で燃やされることになった.ところが暖炉に奇妙な木の棒を詰め込みすぎたせいで,羽目板に火が移り,そこから下院に燃え広がって,上下両院は灰に化した.新たな建物を建てるために建築士が呼ばれ,そのために今や我々は,さらに100万という費用を背負っているのだ」

このように純粋に基数的な性格を持った初期の記録が存在する一方で,数をアルファベットの文字によって順番に表現するという,序数的な記数法も存在している.

その原理が用いられていたことを示す最古の証拠が,フェニキア人の記数法である.この記数法はおそらく,商業が拡大して複雑になったために,簡潔さが必要となって生まれたものだろう.ヘブライ人やギリシャ人の記数法がフェニキアに起源を持つのは間違いない.フェニキアの数体

系がアルファベットと一緒に丸ごと採り入れられ，文字の発音までもが受け継がれたのだ．

それに対して，今日でも残っているローマの記数法は，初期の基数的方法の名残をはっきりと留めている．10 を X，100 を C，1000 を M というように，いくつかの単位に使われている文字記号にはギリシャの影響が表れている．しかし，カルデア人やエジプト人が使った絵のような記号の代わりに文字を使ったからといって，この原理から逸脱したことにはならない．

古代の記数法は進化して，最終的にギリシャの序数体系とローマの基数体系へ行き着いた．この二つのうち優れていたのはどちらだろうか？ 記数法の目的が量を簡潔に記録することだけだったとしたら，それは重要な問題だろう．しかし中心的な問題ではない．もっとずっと重要な問題は，数体系が算術演算にどれほど適しているか，そしてそれによって計算がどれほど容易になるかだ．

この観点からすると，二つの方法はどちらも選びにくい．どちらの体系でも，平均的な知性の持ち主が利用できるような算術は作れないからだ．そのため，歴史の始まりから現代の"位取り記数法"の誕生のときまで，計算技術はほとんど進歩しなかった．

これらの記数法に基づいて演算規則を作り上げようという試みがなされなかったわけではない．そのような規則がどれほど難しいものだったかは，当時いかなる計算も大い

なる畏れの対象だったことから窺い知れる．その技術に長けた人は，霊的な力を授けられているかのようにみなされていたのだ．おそらくそのような理由で，算術は太古から聖職者によってたゆむことなく育まれてきた．初期の数学と宗教儀式や神秘とのつながりについては，のちほどもっと詳しく述べる機会を設けたい．宗教を中心に科学が構築された古代の東洋だけでなく，進んだ知識を持っていたギリシャ人もまた，数と形の神秘主義から完全には自由になれなかったのだ．

そしてその畏敬の念は，今日でもある程度は残っている．平均的な人は，数学の才能と計算の速さを同じものとみなしている．「君は数学者なのかい？ それなら確定申告書なんてすらすら書けるだろう」．人生の中でこんなことを一度も言われたことのない数学者がいるだろうか？ このような言葉にはきっと無意識に皮肉が込められている．それは，本業の数学者のほとんどが超過収入の引き起こすさまざまな問題に悩まされているからではないだろうか？

15世紀のドイツ人商人にまつわる次のような話がある．実話かどうかは確認できなかったが，当時の状況にあまりにぴったりなのでどうしても話しておきたい．その商人には一人の息子がいて，商人は息子に専門的な商業教育を受けさせたいと思った．そこである大学の有名な教授に，息子をどこに通わせるべきかアドバイスを求めた．すると次のような答が返ってきた．「数学の授業を足し算と引き算

に限るなら，ドイツの大学でも勉強できるだろう．だが掛け算や割り算の技術はイタリアで大きく発展してきたのだから，そのような高度な教育を受けられるのはイタリアだけだろうな」

当時おこなわれていた掛け算や割り算は，それと同じ名前で呼ばれている現代の演算とはほとんど共通点がなかった．たとえば掛け算は，"数を2倍する"という操作を繰り返すことでおこなわれていた．同じく割り算は，数を"半分にする"という操作へ単純化されていた．中世における計算の実情は，次の例でもっとはっきりと知ることができる．現代の記法を用いて書くと，

現代	13世紀
46	$46 \times 2 = 92$
$\times\ 13$	$46 \times 4 = 92 \times 2 = 184$
138	$46 \times 8 = 184 \times 2 = 368$
46	$368 + 184 + 46 = 598$
598	

なぜ人類が算板や割符といった道具にしぶとくこだわっていたのかが，これで徐々に分かってくる．今では子供でもできる計算も，当時は専門家の仕事だったし，今では数分しかかからない作業も，12世紀には何日も苦労して進める仕事だったのだ．

今日の平均的な人が数を操る能力を著しく向上させたことは，人類の知性が成長してきた証とみなされることが多

い．しかし実のところ，かつての困難は，単純明快な規則に従わない記数法が使われていたことに由来していた．現代の位取り記数法が発見されたことでそれらの障害が取り払われ，算術はどんなに頭の悪い人でも扱えるものになったのだ．

生活や産業や商業，不動産や奴隷の所有，そして税務や軍隊組織が次々と複雑になったことで，多かれ少なかれ込み入った計算が必要となり，指を使ってこなせる範囲を超えるようになった．柔軟性がなく非効率な記数法では，その要求に応えることはできなかった．現代の記数法以前に存在していた5000年の文化の中で，人類はそのような困難にどうやって立ち向かったのだろうか？

その答は，「当初から，場所や時代に応じて形はさまざまだが原理はすべて同じ，機械的な道具に頼らなければならなかった」となる．その代表例が，マダガスカルで発見された，兵士を数えるための奇妙な方法である．兵士を細い道で行進させ，1人につき1個ずつ小石を落としていく．小石が10個になったら，10の位を表す別の場所に小石を1個加え，さらに続ける．第2の山に10個の小石が溜まったら，100の位を表す第3の山に小石を1個加える．これを，兵士全員が確認されるまで続けるのだ．

そこから一歩だけ進めれば，数える技術を持つほぼどんな地域にも何らかの形で存在する"カウンティング・ボード"や"算板"といったものができあがる．一般的な形の

算板は，平らな板が何本かの平行な列に分割されていて，そのそれぞれの列が1，10，100などの10進単位を表すというものである．この板に加えて，各単位の個数を表すための一揃いの駒が使われる．たとえば算板で574を表すには，最後の列に4個，次の列に7個，三番目の列に5個の駒を置く．

カウンティング・ボードは何種類も知られているが，それらは列の構成と使う駒の種類が違うにすぎない．ギリシャやローマのものには固定されていない駒が使われていたが，今日の中国のそろばんでは，穴を開けた珠が細い竹の棒を上下するようになっている．ロシアのシュチェティは中国のものに似ており，木枠に何本もの針金が張ってあってそこを珠が動くようになっている．古代インドの"砂板"は原理的には算板としても使うことができ，砂の上に記される印が珠の役割を果たしていたに違いない．

"abacus"（算板）という単語の起源は定かでない．セム語で塵を意味する"abac"と関連づけている人もいれば，ギリシャ語で板を意味する"abax"がその由来だと考える人もいる．この道具はかつてギリシャで広く使われていて，ヘロドトスやポリュビオスの著作にも採り上げられている．ポリュビオスの『歴史』にはマケドニアのフィリッポス2世の宮殿のことが記されており，その中に次のような示唆に富んだ記述がある．

「算板の珠が計算者の思いのままに，あるときは知性

の対象となり，またあるときは通貨単位となるのと同じように，王が首を振るとその廷臣たちは，あるときは幸運の極みに，またあるときは哀れみの対象になる」

カウンティング・ボードはいまでもロシアの辺境や中国全土で使われていて，そのような地域では近代的な計算道具に一歩も引けを取っていない．しかし西ヨーロッパやアメリカでは，算板は骨董品としてしか残っておらず，その実物を見たことのある人はほとんどいない．わずか数百年前に自分の国で算板が広く使われていたことを知っている人はほとんどいないが，曲がりなりにも算板は，ぎこちない手計算の能力を超えた計算を何とかこなしていたのだ．

位取りの原理が発明されるまでの計算の歴史を振り返ると，あまりに進歩が乏しかったことに驚かされる．5000年近くにわたるその長い期間には，数多くの文明が誕生しては滅亡し，そのいずれもが文学や芸術，哲学や宗教を後世に残した．しかし，人類が最初に習得した技術である計算の分野では，実質的にどんな成果が残されたのか？　融通の利かない記数法はあまりにも未熟でほとんど何の進歩も促すことができなかったし，計算道具も適用範囲が限られていて，初歩的な計算でさえ専門家が必要だった．さらに人類は何千年ものあいだ，そのような道具を一度も有意義に改良することなく使いつづけ，数体系に重要なアイデアを提供することも一度もなかったのだ！

この批判は厳しく聞こえるかもしれない．そもそも，進歩が加速していて激しい活動が進められている現代を基準にして，遠い時代の成果を評価するのは公平ではない．しかし，知識が徐々にしか増えていかなかった暗黒時代と比べてもなお，計算の歴史は暗い停滞という奇妙な姿を見せているのだ．

　その観点から見ると，この時代の初めに"位取りの原理"を発見した不詳インド人の偉業は世界的な出来事だったと言える．位取りの原理は方法の面で革命的な変化だっただけでなく，それがなかったら算術の発展はかなわなかったことが今では分かっている．しかしその原理はかなり単純で，今日ではどんなに頭の悪い小学生でも難なく理解できる．ある意味それは，我々の使う数の言語構造に組み込まれている．実のところ，カウンティング・ボードの操作を数の言語に翻訳しようという最初の試みが，位取りの原理の発見につながったのだと思われる．

　我々にとってとりわけ不思議なのは，古代ギリシャの偉大な数学者たちがそれを発見できなかったという事実である．はたしてそれは，ギリシャ人が応用科学をあまりにも蔑んでいて，子供の教育までも奴隷に任せていたからだろうか？　しかしそうだとしても，なぜギリシャは，後世に幾何学をもたらして科学を大きく進歩させる一方で，初歩的な代数学さえも生み出すことがなかったのだろうか？　現代数学の礎である代数学が位取り記数法と同じ頃にやはりインドで誕生したのも，同じく奇妙なことではないだろう

か？

　現代の記数法の構造を詳しく調べれば，これらの疑問に光を当てられるかもしれない．位取りの原理とは，一つの数字に対して，自然数列の中でそれが表す項に応じた値だけでなく，ほかの記号との相対位置に応じた値も割り当てるというものだ．つまり同じ2という数字でも，342, 725, 269 という三つの数の中ではそれぞれ異なる意味を持っている．最初の例では 2 を，二番目では 20 を，三番目では 200 を意味する．実は 342 というのは，三つの 100 足す四つの 10 足す二つの 1 というのを短く表現したにすぎない．

　しかしこれはカウンティング・ボードのしくみとまったく同じだ．カウンティング・ボードで 342 は次のように表す．

そしてすでに述べたように，このしくみを数字の言語に翻訳するだけで，事実上我々が現在使っている数体系を導くには十分だったように思える．

　まさにそのとおりだ．しかし一つだけ難点がある．カウンティング・ボードの操作を半永久的に記録しようとすると，≡＝という表記が 32, 302, 320, 3002, 3020 などといったいくつもの数のどれを指すかが分からないという問題に突き当たる．この曖昧さを避けるには，記号の隙間を表

現する何らかの方法が不可欠だ．つまり必要なのは"空白欄を表す記号"である．

そのため，"空位"を表す記号，"無"を表す記号，つまり現代の"0"が発明されるまでは，何一つ進歩はかなわなかった．古代ギリシャ人の具象的な考え方では，空虚に記号を割り当てることはおろか，それを数として認識することさえもできなかったのだ．

かの知られざるインド人もまた，0を無の記号としてとらえることはなかった．インドで0は"sunya"と言い，これは"空っぽ"とか"空白"を意味する単語だが，"空虚"とか"無"といった意味合いは込められていない．どう見ても0の発見は，カウンティング・ボードの操作を曖昧さを残さずに半永久的に記録しようという試みの中で，偶然に起こったのだ．

インドの"sunya"がどのようにして今日の0になったかという話は，文化史の中でももっとも興味深い一章をなしている．10世紀にインドの記数法を採用したアラブ人は，インドの"sunya"を，アラビア語で空っぽを意味する"ṣifr"へ訳した．このインドとアラブの記数法がイタリアに初めて紹介されたときには，"ṣifr"はラテン語風に"zephirum"と訳された．それは13世紀初めのことだったが，それから100年のあいだにこの言葉は何度も変化して，最終的にイタリア語の"zero"となった．

同じ頃，ヨルダヌス・ネモラリウスがドイツにアラブの

数体系を紹介した．ネモラリウスはアラビア語の単語を使い，それを少しだけ変形させて"cifra"とした．ヨーロッパの学者はしばらくのあいだ，cifra という単語とその派生語を使って 0 を表していた．それを物語るように，19 世紀の数学者として最後にラテン語で著作を書いたガウスでさえ，"cifra"をその意味で使っていた．英語ではこの"cifra"が"cipher"（暗号）となって，本来の意味を保ちつづけている．

この新たな記数法に対する一般の人々の受け止め方は，それがヨーロッパに紹介されるとすぐに，"cifra"という単語が秘密の合図として使われるようになったという事実に表れている．しかしこの意味もまた，世紀を重ねるにつれて失われていった．"decipher"（解読する）という動詞は，この時代の記念碑として今でも残っている．

進歩の次の段階では，新たな計算技術がさらに幅広く普及した．驚くことに，この新たな数体系で 0 が果たす重要な役割は，一般の人の目にも止まった．そしてこの数体系全体が，そのもっとも驚くべき特徴である"cifra"と同一視されるようになった．この単語の変化形である"ziffer"や"chiffre"などが，今日のヨーロッパのように"数字"としての意味を持つようになったのは，そのためである．

"cifra"という単語が一般人にとっては数字を意味し，学者にとっては 0 を意味するという，この意味の二重性は，かなりの混乱を引き起こした．学者はこの単語の本来の意味を取り戻そうとしたが，うまくいかなかった．大衆的な

意味合いがしっかりと根を下ろしてしまっていたのだ．学者は大衆的な用法を受け入れるしかなくなり，最終的にこの問題は，イタリア語の zero を今日と同じ意味で使うことによって決着した．

これと同じような興味深い成り行きが，"algorithm"（アルゴリズム）という単語にも付きまとっている．今日使われているようにこの用語は，あらかじめ回数が決まっていないステップから構成され，各ステップがその直前のステップの結果に応じておこなわれるような数学的手順を表すのに用いられる．しかし 10 世紀から 15 世紀まで，"algorithm" は位取り記数法と同義の言葉だった．位取り記数法に関する書物として初めて西ヨーロッパにもたらされた本（ラテン語に翻訳された）を書いた，9 世紀のアラブ人数学者アル＝フワーリズミーの名前が訛ってこの単語ができたことが，今では分かっている．

位取り記数法が日常生活の一部になっている今日では，この方法の優位性やその表記の簡潔さ，そしてそれによる計算の容易さと正確さゆえに，この方法は急速かつ圧倒的に普及したのではないかと思える．しかし実際には，変化は急速どころか何世紀もかかった．古くからの伝統を擁護する"算板主義者（アバキスト）"と改革を主張する"位取り記数法主義者（アルゴリスト）"との争いは 11 世紀から 15 世紀まで続き，反啓蒙主義や保守主義につきもののあらゆる段階を経てきた．公式文書にアラブの記数法を使うことが禁じられた地域や，

その記数法そのものが禁じられた地域もあった．そして例のごとく，いくら禁止したところで根絶することはできず，隠れたところでの利用を促しただけだった．その証拠は13世紀のイタリアの公文書に数多く見つかっており，商人はアラビア数字を一種の暗号として使っていたらしい．

しかし，しばらくのあいだは保守主義が進歩をうまく妨げたために，新たな数体系の発展は滞っていた．この移行期には，計算技術に対する貢献として重要な価値を持つ成果や，後世まで影響を与えた成果はほとんど見られない．数の外見的な姿だけは次々に変化していったが，それは進歩を目指したためではなく，当時の手引書が肉筆で書かれていたためだった．実は印刷技術が登場するまで，数字が一定の形を持つことはなかったのだ．付け加えておくが，印刷術の影響はあまりに大きく，今日の数字は15世紀のものと事実上まったく同じ形をしている．

アルゴリストが最終的に勝利を収めた具体的な日付を決定することはできない．しかし，16世紀の初めには新たな記数法の優位性が揺るぎないものになっていたことが分かっている．それ以降は進歩が妨げられることはなく，その後の100年間で，整数や分数や小数の演算に関するあらゆる規則が，今日学校で教わるものと実質的に同じ対象範囲や形式へ至った．

世紀が変わって，アバキストも彼らが擁護した古い体系

も完全に忘れ去られ，ヨーロッパのさまざまな民族が位取り記数法を自国の偉業とみなすようになった．たとえば19世紀初めのドイツでは，アラビア数字を"ドイツ数字"と呼んで，外国に起源を持つとされる"ローマ数字"と区別した．

算板が存在した形跡は，18世紀の西ヨーロッパには見つかっていない．19世紀になって算板が再び登場した顛末はきわめて興味深い．ナポレオンの将官だった数学者のポンスレーが，ロシア戦線で捕らえられ，戦争捕虜としてロシアで長年過ごした．そしてフランスに戻る際に，珍しい品々とともにロシアの算板を持ち帰ったのだ．その後何年もその道具は，"未開人"が作った偉大なる珍品とみなされていた．このような国家規模の記憶喪失の例は，文化史の中に溢れかえっている．今日でも，わずか400年前には指で数える方法が平均的な人の唯一の計算手段であって，カウンティング・ボードは当時の専門家にしか扱えないものだったことを知っている教養人が，はたしてどれだけいるだろうか？

おそらくはカウンティング・ボードの空白欄を表す記号として認識されていたインドの"sunya"は，進歩の転換点となる運命にあった．もしそれがなかったら，現代科学や産業や商業の発展は考えられなかっただろう．そしてその偉大な発見がもたらす影響は，けっして算術だけに留まらなかった．この発見は，一般的な数の概念へ至る道を切り

開き，数学のほぼあらゆる分野で同じく基本的な役割を果たした．文化史の中で0の発見は，人類最大の偉業の一つとして今後も異彩を放ちつづけるだろう．

　確かに偉大な発見だ！　しかし，人類の生活に大きな影響を与えた初期の数々の発見と同様に，それはつらい研究の賜物ではなく，単なる偶然の産物だったのだ．

第 3 章

数の伝説

「美しく明確で知識の対象となるものは、そもそも、不明確で理解不能で醜いものよりも重要である」
——ニコマコス

　数学の分野の中で、算術と"数論"ほど著しい対照を見せているものはない。

　算術はその規則がきわめて一般的かつ簡潔であるため、どんなに鈍い人でも理解できる。むしろ計算能力は、単なる記憶力の問題でしかない。また電卓はあくまでも人間が作った機械であって、機械式計算機に対するその長所の一つは持ち運びの容易さにある。

　それに対して数論は、あらゆる数学の分野の中でも飛び抜けて難解だ。問題の記述そのものは、子供でも理解できるほど単純である。しかし用いられる方法は独特で、正しい攻略法を見つけるには並はずれた才能と技術が必要だ。そこでは直観が縦横無尽に活躍する。数に関して知られている性質の大半は、何らかの"帰納法"によって発見されている。何世紀にもわたって正しいと考えられてきたのに、のちに間違いだと証明された命題もいくつもあるし、偉大な数学者たちが挑んできたのにいまだに解かれていない問題もいくつもあるのだ。

算術は，純粋数学も応用数学も含めすべての数学の土台である．あらゆる科学の中でももっとも有用であり，一般大衆のあいだでこれ以上普及している学問分野はおそらくないだろう．

それに対して数論は，もっとも応用に乏しい数学分野である．これまで技術の進歩に何ら影響を及ぼしてこなかっただけでなく，純粋数学の領域でもつねに孤立した位置を占め，科学全体とはわずかな結びつきしか持っていない．

文化史を実用面だけで解釈したがる人なら，算術のほうが数論よりも先に生まれたと結論づけたくなるだろう．しかし真実はその逆だ．整数論は数学の中でももっとも古い分野である一方，現代の算術はやっと 400 歳になったところである．

この事実は単語の歴史にも反映されている．ギリシャ語では 17 世紀になっても，"arithmos" という単語が数を，"arithmetica" が数論を意味していた．今日我々が arithmetic（算術）と呼んでいるものは，ギリシャでは "logistica" と呼ばれており，またすでに述べたように中世には "algorism" と呼ばれていた．

しかしこれから話す壮大な物語は，ほかの数学的概念の発展と直接の関係はほとんどないものの，それらの概念の進化を描き出す上でこれより優るものはない．

一つ一つの整数の性質は古代から人類の思索の対象になっていたが，それらのもっと本質的な性質は自明のものと

みなされていた．この奇妙な現象は，いったいどのように説明できるのだろうか？

モンテスキューの有名な格言を借りれば，人間の一生は叶えられない望みと根拠のない恐れの連続にほかならない．それらの望みや恐れは，今日でも曖昧で不可解な宗教的神秘主義の中に姿を見せているが，古代にはもっとずっと具体的で明確な形を取っていた．星や石，獣や草木，単語や数は，人間の運命の現れであり，それを左右するものだった．

あらゆる科学の起源は，このような神秘的作用に関する深い考察にさかのぼることができる．占星術は天文学に先んじ，化学は錬金術から発展した．そして数論はある種の数秘術を祖先に持ち，それは今日でも不可解な予言や迷信の中で生き長らえている．

「合わせて7本のラッパを持った7人の祭司が7日間にわたってエリコを取り囲み，7日目に彼らは街の周りを7周した」（ヨシュア記，第6章）

雨は40日間昼も夜も降りつづいて，大洪水を引き起こした．モーセは40日間，シナイ山の上で主と話し合った．イスラエルの子供たちは，40日間にわたって荒野をさまよった．

ユダヤ人にとって6, 7, 40は不吉な数であり，キリスト教の神学はその中から7を受け継いだ．7つの大罪，7つ

の美徳，神の7つの魂，聖母マリアの7つの喜び，マグダラのマリアから追い払われた7匹の悪魔，というように．

　バビロニア人やペルシャ人は，60とその倍数を好んだ．クセルクセスは嵐のせいで橋が崩れたことに怒り，海を300回の鞭打ちの刑に処した．ダレイオスは，自分の神聖な馬の一頭がガンジス川で溺れたために，その川を掘り起こして360本の水路へ変えるよう命じた．

　ポアンカレいわく，神聖なる数は緯度経度によって違うという．3, 7, 10, 13, 40, 60がとくに好まれているのは確かだが，人類は時と場所に応じてほぼどんな数に対しても神秘的な意味を与えている．バビロニア人は自分たちの神々にそれぞれ60までの数を割り振り，その数で天上界における地位を表した．

　バビロニア人と驚くほど似ているのが，ピタゴラス学派の数に対する崇拝心だ．それはまるで数を無視して怒りを買うのを恐れていたかのようで，彼らは50までの数のほとんどに神聖な意味を与えていた．

　数秘術の中でも，もっともばかげているが広く普及しているものの一つが，いわゆる"ゲマトリア"である．ヘブライ語やギリシャ語のアルファベットはすべて，音声と数という二つの意味を持っている．単語に含まれる文字の指す数を足し合わせたものが"その単語の数"となり，ゲマトリアの立場では，その数が同じである二つの単語は同じものとみなされる．昔から聖書の言葉を解釈するためにゲ

マトリアが使われていただけでなく、聖書を書いた人たちもこの秘術を実践していたらしい．アブラハムは甥のロトの救出に向かったとき、318人の奴隷を引き連れた．アブラハムのしもべエリエゼルの名前をヘブライ語で書いて、その文字を足し合わせると318になるのは、はたして単なる偶然だろうか？

ゲマトリアの実例はギリシャ神話の中にも数多く見られる．パトロクロス、ヘクトル、アキレスという英雄の名前の文字をそれぞれ足し合わせると、87, 1225, 1276となる．そのため、この中ではアキレスがもっとも強いとされている．ある詩人はタマゴラスという名前の宿敵を破滅させるために、その名前が伝染病の一種である"loimos"（疫病）と同じ数を持つことを証明した．

キリスト教の神学では、とくに過去の解釈や未来の予測にゲマトリアが利用された．中でも特別重要だったのが、ヨハネの黙示録に登場する獣の数字、666である．カトリックでは、この獣は反キリストと解釈されている．ルターの時代に活躍したカトリック神学者の一人ペトルス・ブングスは、数秘術に関する700ページ近い本を著した．その本のかなりの部分は霊的な数666に充てられており、ブングスはそれがルターの名前の数と等しいことを発見した．そしてそれを、ルターが反キリストであることの決定的な証拠として採り上げている．それに対してルターは、666を教会の統治が続く年数と解釈し、その終末に急速に近づいているという事実に喜びをあらわにした．

今日でもゲマトリアは，敬虔なヘブライ学者が学ぶ課程の一つとなっている．彼ら学者が聖書の言葉をこのように2通りの意味で解釈することにいかに長けているかは，次のような一見して不可能な偉業が物語っている．あるタルムード学者は，何ら明確な順序に従わない一連の数を500個以上もそらんじていく．それはおそらく10分ほど続き，会話の相手はその数を書き留めていく．すると学者は，同じ数の列を一つも間違えることなく同じ順序で繰り返していく．その数列を暗記していたのだろうか？　そうではなく，単に旧約聖書の一節をゲマトリアの言語に翻訳していただけなのだ．

　数に対する崇拝へと話を戻そう．その崇拝心がこの上なく表れているのが，ピタゴラス学派の哲学である．彼らは偶数を，分解できて儚くて女性的で，地上界に属するものと考え，奇数は分解できず男性的で，天上界の性質を帯びているとみなしていた．
　一つ一つの数はそれぞれ人間の何らかの属性と結びつけて考えられた．"1"は不変なので理性を，"2"は意見を，"4"は最初の2乗数なので公平を，"5"は最初の女性数と最初の男性数の和なので結婚を意味した（1は奇数ではなく，あらゆる数の"根源"とみなされていた）．
　奇妙なことに，そこには中国の神話との驚くべき一致が見られる．中国の神話では，奇数は白，昼，熱，太陽，火を，偶数は黒，夜，冷，物質，水，大地を象徴していた．

また，洛書という神聖な板に数を並べ，それを正しく使うと魔術の力を発揮するとされていた．

「神と人を作り給うた神聖な数よ！　我らを守り給え．聖なる4よ，汝は永遠にあふれ出す創造の源を持っている．神聖な数は深遠かつ純粋なる1から始まり，聖なる4へ至る．そして4が生む聖なる10は，すべてを受け入れてすべてを生み出し，最初に生まれ，けっして踏み外さずけっして疲れることがない，万物の門番，万物の母である」

これは，ピタゴラス学派の人々が4という数に対して唱えた祈りの言葉である．聖なる4は，火，水，空気，土という4つの元素を表すとされた．聖なる10は，1, 2, 3, 4という最初の4つの数を足し合わせると出てくる．面白い話として，ピタゴラスは新たな弟子に4までの数を数えさせて，こう言ったという．

「おまえが4と考えたのは，実は10であり，それは完全な三角形で，それが我々の合い言葉だ」

重要なのは，完全な三角形と関連づけていることである．このことから，古代ギリシャでは点を使って数を記録していたことが読み取れる．次ページの図には，1, 3, 6, 10, 15という三角数と，1, 4, 9, 16, 25という四角数を

示してある．これが実際に数論の始まりだったことを考えると，このように幾何学的直感に頼っていたというのはきわめて興味深い．ピタゴラス学派の人々は，どの四角数も，それと同じ順位にある三角数とその一つ前の三角数とを足し合わせたものに等しいことを知っていた．そしてそのことを，図にあるように点を二つに分けてその数を数えることで証明した．この方法と今日の賢い高校生が使う方法とを比べてみると面白い．n 番目の三角数は言うまでもなく $1+2+3+\cdots+n$ という等差数列の和であり，それは $\frac{1}{2}n(n+1)$ に等しい．その一つ前の三角数も同じ理由から $\frac{1}{2}(n-1)n$ となる．すると単純な代数操作によって，この二つの数を足すと n 番目の四角数である n^2 になることが分かる（下の図を参照のこと）．

このように初期の数論が幾何学に由来していたことの証

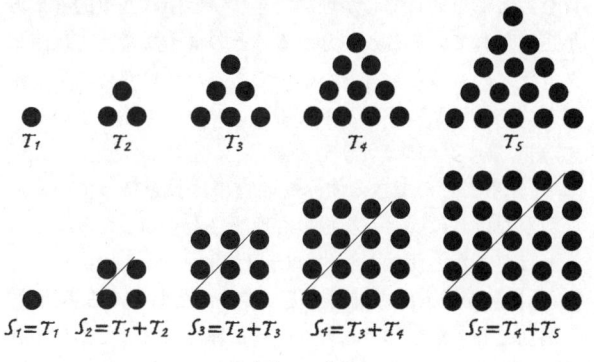

三角数と四角数

拠は，今日では"平方"や"立方"という単語以外には残っていない．今では三角数などの多角形数は，科学的にはほとんど興味が持たれていない．しかしニコマコスの時代（紀元100年）になっても，それらの数は算術研究の重要な対象であった．

ピタゴラス学派のこのような神秘哲学は，プラトンやアリストテレスを初めとしたギリシャ人思想家の思索に深い影響を残したが，その起源がどこにあったのかについてはいまだに異論が多い．合理主義に浸りきっている現代人にとって，数に対するこの大げさな崇拝は"体系化された迷信"のように映る．しかし歴史的観点から眺めれば，もっと寛大な態度を取りたくなる．ピタゴラス学派の哲学から宗教的神秘主義を取り去ると，そこには，人間は宇宙の性質を数と形を通じてしか理解できないという基本的考え方が込められていることが分かる．そのような考え方は，ピタゴラスのもっとも有能な弟子であったピロラオスや，新ピタゴラス学派の一員とされるニコマコスも論じている．

「知ることのできるすべての物事は数を持っている．数がなければ，どんな物事も理解したり知ったりすることはできないからだ」（ピロラオス）
「自然が職人的な計画に従って整えたあらゆる事柄は，個別としても全体としても先見と理性によって選び出されて順序立てられており，すべて数に従って作られてい

るように見える．数は心でしか理解できず，ゆえに完全に非物質的だが，それでもまさに現実のものであり，そして永久不滅だ」(ニコマコス)

ピタゴラスは，友人とは何かと尋ねられてこう答えた．「それはもう一人の自分だ．ちょうど220と284のように」．現代の言葉で表現すれば次のような意味になる．284の約数は1, 2, 4, 71, 142であり，それらを足し合わせると220になる．一方，220の約数は1, 2, 4, 5, 10, 11, 20, 22, 44, 55, 110であり，それらを足し合わせると284になる．ピタゴラス学派はこのような二つの数を"友愛数"と呼んだ．

ギリシャ人にとってこのような数のペアを発見することは，きわめて興味深いと同時にかなり難しい問題でもあった．友愛数のペアが無限に存在するかどうかという一般的な問題は今でも解決していないが，このような数は100組近く知られている．

インド人はピタゴラスの時代より以前から友愛数を知っていた．また聖書の一節には，ユダヤ人が友愛数と良い兆しとを結びつけていたことを示唆していると思われるものもある．

真偽のほどは定かでないが，中世，ゲマトリア的に言って284に等しい名前を持つ王子がいた．その王子は，天が幸せな結婚を約束してくれると信じて，220を表す名前を持つ花嫁を探したという．

また"完全数"というものもあった．まず例として14という数を考えよう．その約数である1, 2, 7を足し合わせると10になる．したがって14という数はそれ自身の約数の和よりも大きいため，"過剰数"と呼ばれる．それに対して12の約数の和は16となり，これは12より大きいため，12は"不足数"と呼ばれる．一方，完全数は過剰でも不足でもなく，それ自身の約数の和と等しい．

もっとも小さい二つの完全数は6と28であり，このことはインド人もユダヤ人も知っていた．聖書の注釈者の中には，6と28を至高の創造主が持つ基本的な数とみなす者もいた．彼らは万物創造が6日間でおこなわれたことや，月の満ち欠けの周期が28日間であることを指摘している．中には，2度目の創造が不完全だったことを，ノアの方舟で救われたのが6人でなく8人だったという事実に基づいて説明している者もいる．

聖アウグスティヌスは次のように言っている．

「6はそれ自体が完全な数であって，それは神が万物を6日間で作ったためではなく，その逆が正しい．神が万物を6日間で作ったのは，6が完全な数だからであって，もし6日間の創造がおこなわれなかったとしても，この数は完全だっただろう」

これに続く二つの完全数は，ニコマコスによって発見されたらしい．著書『算術』から引用しよう．

「しかし，美や卓越が容易に数えられるほど稀である一方で，醜悪や邪悪が溢れかえっているのと同様に，過剰数や不足数もきわめて数多く無秩序に見つかり，それは非体系的に発見される．しかし完全数は容易に数えられるし，ふさわしい秩序を持って並んでいる．1桁の数の完全数は6という1例だけであり，2桁でも28というたった1例，3番目の完全数は3桁の数である496，そして4番目は，4桁の数の上限に近く1万に満たない8128である．これらは決まって最後の桁が6か8であり，いずれも偶数である」

各桁数の数の中にそれぞれ完全数が一つだけあるとニコマコスが考えていたとしたら，彼は間違っていたことになる．5番目の完全数は33550336だからだ．しかしニコマコスの推測は，その他の点では見事だった．奇数の完全数が存在しないことは証明できていないが，そのような数は一例も知られていない．さらに，偶数の完全数が必ず6か8で終わるというのも正しい．

ギリシャ人が完全数をどれほど重視していたかを物語る事実として，エウクレイデス（ユークリッド）は著書『原論』の中で完全数に一つの章を割いている．そしてその中で，$2^{p-1}(2^p-1)$ という形を持つ数は，もしその奇数の因数である 2^p-1 が素数ならばすべて完全数であることを証明している．最近まで，この条件を満たす数は12個しか知られていなかった．それらの完全数を導く指数 p の値は，

$$p = 2, 3, 5, 7, 13, 17, 19, 61, 107, 127, 257$$

である.新たな高速計算機の登場によって,このリストにはさらに五つの数が付け加えられている[注6].

素数は古代から大きな関心の的だった.素数を探す方法はいくつもあるが,中でももっとも興味深いのが,アルキ

```
エラトステネスのふるい
100 以下の素数を与える
```

1	2	3	4	5	6	7	8	9	10
11	12	13	14	15	16	17	18	19	20
21	22	23	24	25	26	27	28	29	30
31	32	33	34	35	36	37	38	39	40
41	42	43	44	45	46	47	48	49	50
51	52	53	54	55	56	57	58	59	60
61	62	63	64	65	66	67	68	69	70
71	72	73	74	75	76	77	78	79	80
81	82	83	84	85	86	87	88	89	90
91	92	93	94	95	96	97	98	99	100

メデスと同時代のエラトステネスが考案した"ふるい法"である．100までの数に対するエラトステネスのふるいを図に示してある．その方法としては，すべての整数を順番に書き出しておいて，まず2の倍数をすべて消し，次に残った3の倍数を消し，さらに5の倍数を消し，……と続けていく．たとえば1000未満の素数をすべて見つけたい場合，この操作を31の倍数より先まで続ける必要はない．なぜなら$31^2=961$が，素数の2乗として1000未満で最大のものだからだ．この方法は少し改良されて，今日でも素数表を作るのに使われている．現在の素数表は1000万にまで達している．

　倍数を消していくというこの方法は確かに巧妙だが，純粋に帰納的な方法なので，素数の一般的性質を証明するのには使えない．たとえば，当然最初に湧き上がってくる疑問が，素数の集合は有限なのか無限なのかというものだ．言い換えれば，素数の個数に上限はないのか，それとも最大の素数が存在するのかということだ．この基本的問題に対してエウクレイデスが与えた一つの解答は，完璧さの模範例として数学史に刻まれている．

　その証明の中でエウクレイデスは歴史上初めて，今日我々が階乗と呼んでいるものを導入した．階乗とは1からnまでの自然数を掛け合わせたもので，数学のいくつもの問題できわめて重要な役割を果たしている．その表記法は$n!$である．つまり7の階乗は，$7!=1\cdot2\cdot3\cdot4\cdot5\cdot6\cdot7$となる．11!までの階乗の表を84ページに示してある．

エウクレイデスは最大の素数が存在しないことを証明するために，もし n が素数であれば，$n!+1$ も素数であるか，または n と $n!+1$ のあいだに別の素数が存在することを証明した．どちらのケースもありうる．n が 3 なら，それに対応する数は 7 となって，これは素数である．しかし n が 7 なら $n!=5040$ で，これに対応する数は 5041 となり，これは合成数，しかも 71 の平方数である．そして 7 と $7!+1$ のあいだには，71 という素数が存在する．

エウクレイデスはこのことを一般的に証明するために，以下のように論証を進めた．まず連続する二つの数は公約数を持たない．それは $n!$ と $n!+1$ においても成り立つ．すると，もし $n!+1$ が素因数を持っていれば，それは n や n より小さいどんな数とも異なるはずだ．したがって，$n!+1$ が n より大きい素因数を持っているか，または $n!+1$ 自体が素数であるかのいずれかとなる．そしていずれの場合にも，n より大きな素数が存在することになる．

エウクレイデスは最大の素数は存在しないと結論したが，これはとりもなおさず，素数は無限個存在することを意味している．

次に浮かび上がってくる疑問は，素数の分布に関するものである．その一つが素数の"密度"，すなわち，たとえばある 1000 個の数の中に素数は何個あるかだ．これはもちろん，ある数未満の素数を数え上げることと同等である．現状の大勢の数学者がその才能を最大限に発揮してこの問

題に取り組んでいるが，完全に満足できる答はいまだ得られていない．しかし，数が大きくなっても素数がさほど少なくならないことまでは分かっている．

1845年にフランス人数学者のベルトランが，任意の数とその2倍の数とのあいだには少なくとも一つの素数が存在するという予想を立てた．その根拠としたのは，素数表を用いた実験的研究だった．この命題は50年以上にわたって"ベルトランの仮説"と呼ばれていた．最終的には偉大なロシア人数学者チェビシェフが，もっと狭い範囲の中にも必ず素数が存在することを証明した．さらに1911年には，イタリア人数学者ボノリスがこの問題を大きく発展させ，xと$\frac{3}{2}x$のあいだにある素数の個数の近似式を導いた．その公式によれば，1億と1億5000万のあいだには100万個以上の素数が存在する．

一方で，$(3,5)$, $(5,7)$, $(11,13)$, $(17,19)$, $(29,31)$, $(41,43)$のようないわゆる双子素数[注7]は，数が大きくなるにつれてどんどん少なくなっていくことが証明されている．この驚くべき定理は，1919年にオランダ人数学者ブリュンによって証明された．

ある数が素数であるか合成数であるかは，どのようにして判断すればいいのか？ 最後の桁の数字が5か0か偶数であれば，その数は合成数である．しかし，最後の桁が3か7か9だったらどうすればいいのか？ そこで，3か9で割り切れるかどうかを判断するための，比較的単純な方法

がある．もしすべての桁の数字の和が3か9の倍数であれば，もとの数も3か9の倍数だ．このいわゆる"9の法則"は，かなり昔から知られている．

ほかの除数については，条件はもっと複雑になる．1654年にパスカルが，そしてその100年後にラグランジュが，きわめて一般的な定理を確立させたが，それらは実用的な価値よりも数学的な美しさが際立っている．ディクソン教授は著書『数論の歴史』の中で，次のような独特の感想を述べている．

「15桁や20桁の数が素数かどうかを見分けるには，すでに知られている事柄をどのように利用したところで，いくら時間があっても足りないだろう」

そのため当然ながら何世紀にもわたって，すべての素数に当てはまる一般的な公式か，あるいはそれが無理なら，少なくとも素数を生成する何らかの特定の方法を見つけようと，さまざまな試みがなされてきた．1640年に偉大なフランス人数学者のフェルマーが，素数のみを生成する数式を発見したと発表した．それによって生成する数は，現在ではフェルマー数と呼ばれている．

最初の四つのフェルマー数を紹介しよう．
$2^2+1 = 5$, $2^{2^2}+1 = 17$, $2^{2^3}+1 = 257$, $2^{2^4}+1 = 65537$
フェルマーはこれらの最初のほうの数が素数であることを確認し，しばらくのあいだ，自分の定理は一般的に通用す

ると確信していた．しかしその後，疑いを持ちはじめた．そして約100年後にオイラーが，早くも5番目でフェルマー数は合成数になり，その因数の一つが641であることを示した．その後，同じことが6番目と7番目を含め10個以上のフェルマー数についても言えることが確認された．

この顚末は，"不完全な"帰納法の危険性を物語っている．もっと甚だしい例として，
$$f(n) = n^2 - n + 41$$
という2次式がある．nに数を代入していくと，$f(1)=41, f(2)=43, f(3)=47, f(4)=53, \cdots$というようにすべて素数となり，それは$n=40$まで確認できる．しかし$n=41$では，$f(41)=41 \times 41$と明らかに合成数になるのだ．

素数を生成する一般的な数式が得られなかったため，次に素数かどうかを判定する間接的な判断基準が探されるようになった．フェルマーは，ある定理によってそのような判断基準を発見したと考えた．その定理とは，「nがどんな整数であっても，もしpが素数であれば，2項式n^p-nはpの倍数になる」というものだ．説明のために$p=5$の場合を考えよう．すると
$$n^5 - n = n(n^4-1) = n(n^2+1)(n^2-1)$$
となり，nがいくつであっても三つの因数のうち一つは必ず5の倍数になることが容易に分かる[注8]．

このフェルマーの定理が正しいことは，ライプニッツやオイラーなどによって確認された．しかし一つ問題とし

ウィルソンの判定基準				
ウィルソン指数とは $(n-1)!+1$ を n で割った余り．ウィルソン指数が 0 であればその数は素数である．				
n	種類	階乗 $(n-1)!$	$(n-1)!+1$ エウクレイデス数	ウィルソン指数
2	素数	$1! =$ 1	2	0
3	素数	$2! =$ 2	3	0
4	合成数	$3! =$ 6	7	3
5	素数	$4! =$ 24	25	0
6	合成数	$5! =$ 120	121	1
7	素数	$6! =$ 720	721	0
8	合成数	$7! =$ 5,040	5,041	1
9	合成数	$8! =$ 40,320	40,321	1
10	合成数	$9! =$ 362,880	362,881	1
11	素数	$10! =$ 3,628,800	3,628,801	0
12	合成数	$11! =$ 39,916,800	39,916,801	1

て，これは確かに正しいものの，素数の"判断基準"にはならない．つまり，"必要条件ではあるが十分条件ではない"のだ．たとえば 341 は素数ではないが，$2^{341}-2$ は 341 を因数として持つ．

一つの判断基準，つまり必要条件でも十分条件でもあるものが，いわゆる"ウィルソンの定理"によってもたらされた．本来この定理には，それが必要条件であることを初めて証明したライプニッツの名前が冠されるべきだろう．それから 100 年後にラグランジュが，これは十分条件でもあることを証明した．階乗とその次の数，すなわちエウクレイデス数 $n!+1$ の表を参照してほしい．$n+1$ が 2, 3, 5, 7, 11 などの素数であれば，$n+1$ は $n!+1$ の約数となる

ことが分かる．しかし$n+1$が4, 6, 8, 9, 10などの合成数の場合，$n!+1$を$n+1$で割ると余りが残る．これは完全に一般的な性質であり，"pが素数であることは，$(p-1)!$の次の数がpを因数として持つことの必要十分条件である"．

この見事な命題は，理論面で大きな関心を集めている．しかしpが大きな数の場合，$(p-1)!+1$がpを約数に持つかどうかを確かめるのは，pが素数であることを直接確認するのと同じくらい困難である．

それ以降，数多くの間接的な命題が証明されてきた．中でももっとも興味深いのが，オイラーと同時代に示された"ゴールドバッハ予想"である．これは，"すべての偶数は二つの素数の和で表される"というものだ．この予想はおよそ1万までのすべての数で正しいことが確認されている．しかしこの重要な主張の証明は，いまだに数学者たちの創意工夫に屈していない[注9]．

「3乗数を二つの3乗数の和で，4乗数を二つの4乗数の和で，あるいは一般的に，2次より高い累乗の数を二つの同じ累乗の数の和で表すことは不可能だ．私はこのことに対する真に驚くべき証明を発見したが，この余白はそれを記すには狭すぎる」

この有名な余白のメモはまもなく生誕300年に達し，誕生以来多くの数学者が，このメモを記すときにフェルマー

がもっと広い余白を自由に使えたら良かったのにと考えてきた.

この問題の歴史は, 各辺の長さが 3 : 4 : 5 となる直角三角形の存在を知っていたエジプト人にまでさかのぼる. エジプト人はこの三角形を曲尺のように使っていた. 中国人は今でもそのような方法を使っているそうだ.

各辺の長さを整数で表すことのできる直角三角形は, これ以外にはないのだろうか? そんなことはない. このような三つ組は無限個存在し, ピタゴラス学派の人々もかなり数多く知っていた. 紀元 3 世紀に活躍したアレクサンドリアのディオファントスは, 著書『数論』の中で, そのような数を決定する規則を与えている. 現代の表記法で表せば, この問題は, 方程式

$$x^2 + y^2 = z^2$$

の整数解を求めることに等しい. いくつかのピタゴラス数を次ページの表に挙げてある. その表の上に記した式を使うと"すべての"ピタゴラス数を導くことができる. この式から明らかなように, 方程式 $x^2+y^2=z^2$ は整数を解に持つだけでなく, そのような解は無限個存在する.

そこで当然ながら, もっと高次の同様の方程式でも同じことが言えるのかという疑問が出てくる.

1621 年頃にフランスでディオファントスの『数論』の新版が出版され, その 1 冊がフェルマーのもとに届いた. そしてフェルマーはその本のあるページの余白に, 以後数学

第3章 数の伝説

ピタゴラス数
$2uv$ が平方数になるようなどんな u と v からでも、ピタゴラス数を導くことができる. $\begin{cases} x = u + \sqrt{2uv} \\ y = v + \sqrt{2uv} \\ z = u + v + \sqrt{2uv} \end{cases}$

$2uv$	uv	$\sqrt{2uv}$	u	v	x	y	z
4	2	2	1	2	3	4	5
16	8	4	1	8	5	12	13
16	8	4	2	4	6	8	10
36	18	6	1	18	7	24	25
36	18	6	2	9	8	15	17
36	18	6	3	6	9	12	15
64	32	8	1	32	9	40	41
64	32	8	2	16	10	24	26

界を悩ませつづけることになるメモを書き残した。現代の用語で言うと、フェルマーの命題は次のように表すことができる。「n が 2 より大きい整数のとき、x, y, z を整数とすると方程式

$$x^n + y^n = z^n$$

は成り立たないことを証明せよ」

この問題をめぐる現状はどうなっているのか？ オイラーは n が 3 や 4 の場合にこの解が存在しないことを証明し、ディリクレは $n=5$ の場合を証明した。もし指数 n が素数の場合にこの命題が正しければ、指数が合成数の場合にも正しい、ということは証明されている。きわめて多くの形の指数でこの命題は成り立ち、n が 269 未満ならフェルマーの方程式は解を持たないことが証明されている。しかし一般的な命題はまだ証明されておらず[注10]、フェルマ

ーが自らの定理の一般的な証明を持っていたかどうかはかなり疑わしい．

フェルマーの定理が広く知れ渡ったのは，その完全な証明に対して10万マルクの賞金を贈るという驚くべき発表がなされたからだった．その資金は1908年にヴォルフスケール博士が遺したもので，博士自身もこの問題にかなりの時間を費やしたが何も進展は得られなかった．これによって，それまで"円積問題"や"角の3等分"，あるいは"永久機関の発明"といった問題に精力を傾けていた大勢のアマチュアが，フェルマーの定理に没頭しはじめた．1908年から1911年までに選考委員会のもとには1000を超える"完全な"解答が届いたとされている．幸いにも成果は論文として出版されなければならないと定められており，このために多くの人の情熱が削がれただろう．そして面白いことに，提出された"解答"のほとんどはその筆者自身によって出版されている．そのいずれの取り組みにも特徴的なのは，すでになされている膨大な研究成果を筆者が完全に無視して，どこに困難が横たわっているかさえも知ろうとしなかったことである．

この問題は過去300年にわたって，オイラーやラグランジュ，クンマーやリーマンといった偉大な数学者たちの関心を集めてきた．しかし誰一人，この仮説を証明することも反証することもできなかった．この問題やそれに関連したテーマに関する文献をすべて集めたら，小さな図書館が埋め尽くされてしまうだろう．

フェルマーの問題を解決しようという試みの中から，その本来の問題よりもはるかに重要性の高い科学が生まれた．そのいくつかはあまりにも重要かつ応用範囲の広いものなので，本来の問題が解けていないのは幸運なことだとも言えよう．エドゥアルト・クンマーはフェルマーの定理を証明しようとする中で有名な"理想数"の理論を構築し，それは19世紀でもっとも基本的かつ実り多い偉業となった．しかし本書の対象範囲を考えると，広く応用できるその概念についてはその概略さえも説明できない．

宗教的神秘主義から誕生した整数論は，数々の突飛な難問を解決するという時期を経て，ようやく科学としての地位を獲得した．

神秘主義を抽象的なものだと考えている人にとっては矛盾しているように思えるだろうが，数に対するこの神秘主義はきわめて具体的な土台を持っていた．それは二つの概念を軸としている．遠い古代に起源を持つ，ピタゴラス学派が言うところの図形数は，"形"と"数"との密接なつながりを物語っている．三角形や正方形，四角錐や立方体といった単純で規則的な図形を表す数は，容易に理解することができ，それゆえ特別重要なものとして選び出された．その一方で，完全数や友愛数や素数など，割り切れるかどうかに関する特別な性質を持つ数もある．シュメールの粘土板や古代エジプトのパピルスにはっきりと示されているように，古代にはこれらの数は"遺産分配"の問題との関

わりで重要性を持っていた.

この具体性のために初期の数論は実験的な性質を帯びており,その性質は今でもある程度残っている.現代でもっとも著名な数論学者の一人である,イギリス人の故 G. H. ハーディーの言葉を紹介しよう.

「数の理論は,ほかのどんな数学分野にも増して実験科学として誕生した.そのもっとも有名な定理の数々はすべて予想でしかなく,証明されるまでに 100 年以上かかるものもあった.そしてそれらは,膨大な計算という証拠に基づいて提唱されてきた」

つねに具体性が抽象性に先んじてきた.数論が算術より先に誕生したのもそのためだ.そしてその具体性がずっと,科学の発展を妨げる最大の邪魔者となってきた.太古から"一つ一つの数"は人の心にそれぞれ特有の魅力を放ってきたが,それは数の"共通理論",すなわち算術の発展にとっては最大の障害だった.それはちょうど,一個一個の星に対する具体的な興味が,科学的な天文学の誕生を大幅に遅らせたのと同じである.

第 4 章

最後の数

「一度言ったことはいつでも繰り返すことができる」
　　　——エレアのゼノン（シンプリキオスによる引用）

　数学が精密科学のモデルとして認められ，いまだその栄誉を獲得していない新たな科学の目標となっているのは，いったいなぜだろうか？　それは，生物学や社会科学といった分野では若い研究者たちが野心を抱いて，すでに数学の支配を受け入れている，次々に数を増す諸科学に自らの分野を仲間入りさせられるよう，さまざまな基準や方法を開発しようとしているからだ．

　精密科学という構造物を設計する上で手本にするモデルは，数学だけではない．数学はその構造物を一つにまとめるセメントにほかならない．ある問題が解けたとみなされるには，その対象とする現象を何らかの数学的法則として定式化しなければならない．観測や実験や推測に対して，精密科学に求められる精確さや簡潔さや確実性を与えるには，数学的プロセスを使う以外にないと信じられているが，それはいったいなぜだろうか．

　そのような数学的プロセスを詳しく調べると，それらは数と関数という二つの概念に基づいていることが分かる．関数は最終的に数に還元することができ，一般的な数の概

念は自然数列 1, 2, 3, …の持つ性質に基づいている．そこで整数の性質を調べれば，数学的推論は絶対確実であるという暗黙の信念の手がかりを見つけられるかもしれない．

整数の性質を最初に応用したのが，自然数の"加減乗除"，すなわち算術の基本演算である．我々はそれらの演算を小さい頃に学び，当然ながらほとんどの人は，どんなふうにそれを修得したのか完全に忘れてしまっている．記憶を呼び覚ましてみよう．

まずは，1+1=2, 1+2=3, …といった表を覚えた．そして，10 までのどんな数でもすらすらと足せるようになるまで繰り返し練習した．この学習の第一段階では，5+3=3+5 であって，それは偶然ではなく一般的な規則だということを教わった．のちにこの足し算の性質を，「足し算は項の順序によらない」と言葉で表現する方法を学んだ．数学者は単に「加法は交換的な演算である」とだけ表現し，それを記号で

$$a+b = b+a$$

と表す．

次に，(2+3)+4=2+(3+4) であることを教わった．(2+3)+4 とは，2 に 3 を足してその答に 4 を足すという意味だが，実は足し算の順序は重要でなく，3+4 の答に 2 を足しても同じ結果が得られる．数学者は単に「加法は結合的な演算である」とだけ表現し，

$$(a+b)+c = a+(b+c)$$

と表す.

　我々はこのような言葉をさほど重くはとらえていない．しかしこれらは基本的な性質だ．大きな数を足すための規則は，この性質に基づいている．筆算

$$\begin{array}{r} 25 \\ 34 \\ +\ 56 \\ \hline 115 \end{array}$$

は，

$$\begin{aligned} 25+34+56 &= (20+5)+(30+4)+(50+6) \\ &= (20+30+50)+(5+4+6) \\ &= 100+15 = 115 \end{aligned}$$

を簡潔に書き換えたものにすぎない．そしてそこでは，加法の交換性と結合性がきわめて重要な役割を果たしている．

　次に"掛け算"を習った．再び大きな表を覚え，10までのどんな数でも機械的に掛けることができるようになった．そして加法と同様に，「乗法も交換的かつ結合的である」ことを知った．そのような言葉は使わなかったが，その内容は理解した．

　加法と乗法が関係する性質がもう一つあった．7×(2+3)は，7を2+3の答5と掛け合わせるという意味だが，二つの部分積7×2と7×3を足し合わせてもそれと同じ答が得られる．数学者はこの事実を，「乗法は加法に対して分配的である」という一般的な命題として表現し，

$$a(b+c) = ab+ac$$

と記す．この分配性が，10 より大きい数を掛けるための方法の根底にある．筆算

$$\begin{array}{r} 25 \\ \times\ 43 \\ \hline 75 \\ 100 \\ \hline 1075 \end{array}$$

を詳しく調べると，これは分配性を駆使した一連の演算を簡潔に書き換えたものだと分かる．すなわち，

$$\begin{aligned} 25 \times 43 &= (20+5) \times (40+3) \\ &= [(20+5) \times 40] + [(20+5) \times 3] \\ &= (20 \times 40) + (5 \times 40) + (20 \times 3) + (5 \times 3) \\ &= 1000 + 75 = 1075 \end{aligned}$$

ということだ．

こういった事実が，知性の高い人だけでなく，学校に通ったことのあるすべての人の数学教育の基礎を形作っている．またこれらの事実に基づいて数学の基礎である"算術"が構築され，それがあらゆる純粋科学や応用科学を支え，あらゆる技術進歩の豊かな源となっている．

その後も我々の知的道具には，新たな事実や新たな考え方，そして新たな概念が付け加えられていったが，わずか 6 歳で学んだ整数のこれらの性質と同様の信頼性やよりどころを我々の心に与えてくれるものは，他に一つもなかっ

た．そのことは，「2+2=4と同じくらい明らかだ」というありふれた言い回しにも表れている．

我々はこれらの事柄を，物事の「どのように」に興味を持つ年頃に学んだ．成長して物事の「なぜ」を尋ねるようになる頃には，これらの規則はつねに使いつづけて我々の知的道具の一部となり，当たり前のものとみなされるようになっていた．

生物の個体は成長段階でその生物種の進化の道筋をたどると考えられている．そのような原理は人間の知性の成長をも支配している．数学の歴史ではつねに，「どのように」が「なぜ」に，そして技術が原理に先行していたのだ．

算術にはとくにそのことが当てはまる．数える技術と計算の規則は，ルネサンス期の末には確立された事実となっていた．しかし数の哲学は，19世紀末まで真価を発揮することはなかったのだ．

我々は歳を重ねるにつれて，これらの規則を日常の課題へ当てはめる機会に数多く遭遇し，その一般性を徐々に確信していく．算術の力は，その"完全な一般性"に潜んでいる．その規則はどんな例外も認めない．すべての数に通用するのだ．

"すべての"数！　この短いがとてつもなく重要な「すべて」という単語に，すべてがかかっている．

"有限の"事柄や状況の集まりに当てはめている限り，この単語に謎めいたところはない．たとえば"すべての人

間"と言った場合、この言葉にはきわめて明確な意味が与えられている。すべての人間を何らかの順番で並べたとすると、その列の"最初の人"と"最後の人"というものが存在するはずだ。もちろん、ある性質がすべての人間に当てはまることを厳密に証明するには、一人一人についてそれを証明しなければならない。実際の作業にはどうしようもない困難が付きまとうだろうが、その困難は純粋に"技術的な"ものであって、"概念的な"たぐいのものではない。そしてそのことは、あらゆる"有限集合"、つまり"最初の"メンバーと"最後の"メンバーを持つあらゆる集合に当てはまる。なぜなら、そのような集合はすべて"数え尽くすことができる"からだ。

　これと同じことを"すべての数（自然数）"について言うことはできるだろうか？　やはりその集合を一つの列とみなすことができれば、最初のメンバー、すなわち"1"という数が存在する。しかし最後のメンバーはどうだろうか？

　答は簡単。最後の数は存在しないのだ！　数えるプロセスを終わらせることはけっしてできない。"すべての数にはその次の数がある"。数は"無限に"存在するのだ。

　しかし最後の数が存在しないとしたら、すべての数とはいったいどういう意味だろうか？　とりわけ、"すべての数の性質"とはどういう意味だろうか？　そのような性質を証明するにはどうすればいいのか？　すべての例を調べ尽くすのが不可能であることは初めから分かっているのだから、個々の例を一つ一つ調べるわけにはいかない。

伝説の竜が魅惑の花園の入口を守っているように，この"無限のジレンマ"はまさに数学の敷居に横たわっているのだ．

このような無限の概念，すなわちいくら数えても数え尽くせないはずだという信念は，いったいどこから来たのだろうか？　経験からだろうか？　そんなはずはない！　経験からは，すべての事柄やすべての人間的プロセスは有限であることが分かる．数を数え尽くそうとどんな手を試みても，自分のほうが力を使い尽くしてしまうだけだ．

また，無限の存在を数学的に証明するのも不可能である．なぜなら，数え尽くせないことを意味する無限は，すべての数学の基礎をなしている数学的前提，すなわち"算術の基本的前提"だからだ．だとすれば，それは自然を超越した真実なのか？　創造主が無知な裸の人間を宇宙に誕生させて，自力で生きるよう仕向けたときに，人間に授けた才能の一つなのだろうか？　あるいは無限という概念は，最後の数に到達しようという無駄な挑戦を通じて徐々に獲得されたものなのだろうか？　それとも，自分は宇宙を数え尽くす能力を持っていないという，人間の告白にすぎないのだろうか？

「最後の数は存在するが，それは人間の手に届く領域には存在せず，神に属している」．最初期の宗教は，このような考え方を基本に置いていた．空に輝く星，砂の粒，海の水のしずくは，人間の精神が及ばない"究極の中の究極"

の実例だ．ダビデ王は，「神は星々を数え，そのすべてに名前を付けた」と言っている．モーセは選ばれし民に対する神の約束を唱える際に，「大地の塵を数えられる者は，汝の子孫も数えるだろう」と言った．

「ゲロン王，砂粒の数は無限だと考えている者がいます．私が言う砂粒とは，シラクサの周辺やシチリア島全体に存在するものだけでなく，有人無人を問わずすべての地域に存在するもののことです．それを無限だとは思わないまでも，それを凌ぐだけの大きさの数はまだ名付けられていないと考える者もいます．そして当然ながらこの考えを持つ者は，地球の大きさに匹敵する砂の塊で，地球のあらゆる海や盆地をもっとも高い山の高さまで埋め尽くすと想像したとしても，それだけの砂粒の数を上回るどんな数でも表現できるという認識には遠く及ばないでしょう．しかし私は，自分が名付けてゼウシッポスに贈った著作の中に記した数の中には，いま述べた方法で地球を覆い尽くした砂粒の数だけでなく，宇宙と同じ大きさの塊に含まれる砂粒の数をも上回る数が存在することを，閣下がご理解できるであろう幾何学的証明を使うことでお示ししましょう」（アルキメデス『砂粒を数える者』）

アルキメデスの言う宇宙とは，恒星を最果てとする有限の球のことだった．その球の直径は地球の直径の１万倍で

あるとアルキメデスは推定した．さらに，ケシの実の中に入る砂粒の数を1万個と仮定し，地球の直径は1万マイル（30万スタジア）に満たないと考えた上で，宇宙を埋め尽くす砂粒はとてつもない数になり，我々の記数法で52桁になるという答を導いた．その数を表現するためにアルキメデスは，現代の10万に相当する[注11]"オクタード"という新たな単位を考案した．

無限の概念に関するもう一つの実例が，円積問題の歴史に見られる．もともとこの問題は，与えられた円と等しい面積の正方形を，定規とコンパスを使って作図するというものだった．正8角形などの正多角形と面積が等しい正方形を作図することはできる．また，辺の数を16，32，64，…と増やしていけば，その面積は円にどんどん近づいていくことも分かる．そこで当然ながらギリシャの幾何学者たちは，そのように辺の数を次々に2倍にしていけば，単なる近似でなく円そのものにたどり着けると考えた．つまり，このプロセスを十分に長く続けていけば，最後にはすべての場所で円と一致する究極の多角形に到達するだろうと考えたのだ．

もっともらしい説として，かつて無限という概念は，数えられないものではなく，まだ数えられていないものを指していたと思われる．最後の数は"忍耐"や"根気"を意味し，人間はそれらの性質に欠けていると考えられていた．それは，バベルの塔の物語で天国にたどり着くことと似たようなものだった．最後の数も天国と同じく神に属し

ている.嫉妬深く怒りに満ちた神は,野心に燃える建築家たちの言語を混乱させたのだ.

その言語の混乱は今日まで続いている.無限をめぐっては,ゼノンの論証からカントの二律背反やカントルの逆理まで,あらゆる数学のパラドックスが生まれた.それについては別の章で述べることにしよう.ここで重要なのは,それらのパラドックスが手助けとなって,算術の基礎に対してより批判的な態度が生まれたということだ.というのも,数学の基礎をなしているのは整数の性質なのだから,もしそれらの性質を"形式論理"の規則によって証明できれば,数学はすべて論理的な学問分野ということになるからだ.しかしもし,それらの性質を立証するのに論理だけでは不十分だとしたら,数学は単なる論理以上の何かに基づいていることになる.つまり数学の創造力は,"人間の直観"という実体のないとらえがたいものに頼っていることになるのだ.

誤解しないでほしい!問題にすべきは,数の持つそれらの性質の有効性ではない.問題なのは,それらの性質の有効性を証明しているとされる論証の有効性だ.数学の基礎がその論証に掛けられて以来ずっと論争になってきた問題,一流の数学者たちを"直観主義者"と"形式主義者"という二つの学派に分けた問題とは,次のようなものである.数学的証明は何から構成されるのか? 一般的で数学的な推論とはどのようなものか? "数学的存在"とはどう

いう意味か？

　理にかなった推論を支配する法則は，太古にまでさかのぼる．それはアリストテレスによって体系づけられたが，それよりはるか昔から知られていた．というのも，それは人間の知性の骨組みそのものだからだ．理知的な人なら誰しも，日々の生活の中でそれらの法則を使う機会がある．そういう人なら知っているとおり，理にかなった推論を進めるにはまず仮定を明確に定義しなければならず，そこから論理の規準を一段階ずつ当てはめていけば，最終的にはその論理プロセスから"唯一"の結論が導かれる．

　もしその結論が観測事実と一致しなければ，最初にすべきは論理の規準が正しく用いられたかどうかを見極めることだ．その際に，それらの規準が有効かどうかを調べる必要はない．しかしそれは，それらの規準がこの批判的時代の激しい非難をかいくぐってきたからではない！　その正反対だ．実はそれらの規準の一つは，四半世紀にわたって荒れ狂う論争の中心に位置しており，その論争は収まる兆しさえ見せていないのだ．しかしこれはまた別の話であって，もっとふさわしいところで述べることにしよう．

　論理の規準が正しく使われていることが分かれば，観測事実との食い違いが意味するのは，自分の置いた仮定に間違いがあるということかもしれない．前提のどこかに矛盾が潜んでいるのかもしれないし，ある仮定が別の仮定と相反しているのかもしれない．

どんな知識体系でも，一連の前提を打ち立てるのは容易なことではない．そのためには，鋭い分析的判断だけでなく優れた技術も必要だ．というのも，矛盾をまったく含まないことに加え，すべての前提が互いに独立していて，体系全体が網羅的，すなわち対象とする問題を完全にカバーしていることが求められるからだ．このような問題を扱う数学の分野を"公理論"といい，ペアノ，ラッセル，ヒルベルトらによって発展してきた．以前は哲学の一分野だった論理学は，そうして徐々に数学の体系へ吸収されていった．

先ほどの問題に戻り，仮定を調べたところ矛盾がないことが分かったとしよう．その場合，導かれた結論は論理的には欠陥はないと言える．しかしその結論が観測事実と一致しなければ，立てた前提がそれを適用させた具体的問題にそぐわなかったと分かる．スーツの仕立て方に問題はない．ところどころに膨らみや裂け目があったとしたら，それは着付け師の失敗なのだ．

今述べた推論プロセスは，"演繹的"と呼ばれる．これは，"定義"や"仮定"や"公理"といった形を取るきわめて一般的な性質からスタートし，そこから論理の規準を用いて，特定の例で起こる事柄や状況に関する命題を導くというものである．

演繹のプロセスは数学的論証に特有のものである．幾何学では演繹プロセスがほぼ完成しており，そのため幾何学

の論理構造はあらゆる精密科学の手本となっている[注12].

科学研究では，それとまったく異なる性質を持つもう一つの方法，"帰納法"が用いられる．それはふつう，特定の例から一般の事柄を導くことと説明される．つまり，観測や経験の結果という意味である．ある一連の事柄が持っている性質を発見するには，可能な限り似た状況のもとでできるだけ数多くの観測や実験を繰り返さなければならない．その観測や実験を通じて，ある明確な傾向が現れてくるかもしれない．するとその傾向は，この一連の事柄の性質として認められることになる．たとえば，十分に数多くの鉛のサンプルに熱を加えたところ，どの場合にも温度計が328度に達した時点で融解が始まったとしたら，鉛の融点は328度であると結論できる．その裏には，さらにいくつサンプルをテストしても状況は変わらず，結果は同じになるだろうという信念がある．

この帰納的プロセスはあらゆる実験科学の基礎となっているが，厳密な数学では"永遠に禁じられている"．数学の命題をそのようにして証明することは，ばかげているとみなされるだけでなく，そもそも確立した真実を立証する方法としては認められない．というのも，"数学的命題を証明するには，どれだけ数多くのケースにおける証拠があっても不十分だが，ある命題を反証するにはたった一つの実例だけで十分だからだ"．数学的命題は，論理的矛盾を導かない場合に真であって，そうでなければ偽である．"演繹法は矛盾の原理のみに基づいているのだ"．

数学で帰納法が禁じられているのには，れっきとした理由がある．前の章で採り上げた2次式 n^2-n+41 を考えてみよう．この式に $n=1,2,3$ から始めて $n=40$ まで当てはめると，どの場合にも結果として素数が得られた．そこで，この式は n がどんな値でも素数を表すと結論できるだろうか？ 数学の教育を受けていない読者でさえ，このような結論が間違っていることは分かるだろう．しかし多くの物理法則は，もっと少ない証拠に基づいて有効とみなされているのだ．

数学は演繹的な科学であって，算術は数学の一分野である．帰納法はけっして許されない．たとえば，どんなに単純な計算においても基本的役割を果たしている，演算の結合性や交換性や分配性といった算術の命題も，演繹的方法によって証明しなければならない．そこにはどんな原理が関係してくるのだろうか？[注13)]

その原理は，"数学的帰納法"，"完全帰納法"，"反復による論証" などとさまざまに呼ばれている．適切な呼び名は最後のものだけで，残りは誤称だ．帰納法という用語は，体系的な検証という意味合いを含んでおらず，この方法の考え方を完全に間違った形で指し示している．

身近な分野から実例を挙げるために，横一列に整列した兵士を思い浮かべよう．兵士はそれぞれ，受け取った情報を右隣の人に伝えるよう命令されている．そこにやって来た司令官は，起こったある出来事を "すべての" 兵士が知っているかどうか確かめたい．そのためには，兵士一人一

人全員に尋ねなければならないのか？ いや，どの兵士が知っている事柄もすべて右隣の兵士に必ず伝わっていると確信できれば，その必要はない．"左端の"兵士がその出来事を知っていると確認できれば，"すべての"兵士がそれを知っていると結論できるからだ．

いま用いたのが，反復による論証の一例だ．これは二段階から構成されている．まず，証明したい命題が，バートランド・ラッセルいわく"遺伝的"であることを示す．これは，列のあるメンバーに関してその命題が真であれば，論理的必然として"その次のメンバー"に関してもそれは真であるという意味だ．第二段階は，その列の最初の項に関してその命題が真であることを示す．これがいわゆる"帰納的ステップ"である．すると遺伝的性質から判断して，最初の項に関して真であるその命題は，第二の項に関しても真であるはずで，さらに第二の項に関して正しいのだから第三の項に関しても正しいはずだ．これが，列全体が尽きるまで，すなわち最後のメンバーに達するまで続けられる．

この証明には帰納的ステップと遺伝的性質の両方が必要で，どちらか一方では不十分である．フェルマーの二つの定理をめぐる歴史が，そのことを物語っている．第一の定理は，$2^{2^n}+1$ は n がどんな値でも素数になるというものである．フェルマーは実際に計算して，$n=0, 1, 2, 3, 4$ の場合にそれが正しいことを示した．しかし遺伝的性質は証明で

きなかった．実はオイラーが，$n=5$ の場合には成り立たないことを示してこの命題の間違いを証明した．第二の定理は，n が 2 より大きい場合，方程式 $x^n+y^n=z^n$ は整数解を持たないというものである．この場合の帰納的ステップは，$n=3$ のときにこの命題が成り立つこと，すなわち方程式 $x^3+y^3=z^3$ が整数では解けないことを証明するというものになる．フェルマーはその証明を思いついていた可能性がある．もしそうだとしたら，かの有名な余白のメモはそのことを意味しているとも解釈できる．ともかく，先ほど述べたように，この第一のステップはオイラーによって成し遂げられた．残されているのは，この性質が遺伝的であること，つまり，n のある値，たとえば p においてこれが真だと仮定すると，その論理的必然として方程式 $x^{p+1}+y^{p+1}=z^{p+1}$ が整数では解けないのを証明することである．

注目すべきことに，"反復の原理"を初めて明確に系統立てたのは，フェルマーと同時代に活躍した彼の友人ブレーズ・パスカルだった．パスカルはその原理を，1654 年に出版した小冊子『数三角形論』の中で示した．しかしのちに，この小冊子の骨子は，パスカルとフェルマーとのあいだで交わされた，ある賭け事の問題に関する文通の中で採り上げられていたことが明らかとなった．その文通は，今では確率論のおおもとになったとみなされている．

純粋数学の基礎をなす反復による論証の原理と，あらゆる帰納的科学の基礎である確率の理論がどちらも，二人のギャンブラーのあいだでゲーム終了前に賞金を分配する方

法[注14] を編み出す際に考え出されたというのは，何か神秘的なものを感じさせる．

　数学的帰納法の原理をどのようにして算術へ適用すればいいかを説明するには，整数の加法が"結合的演算"であることの証明がもっともふさわしい．記号で表せば，
(1) $$a+(b+c) = (a+b)+c$$
となる．

　演算 $a+b$ を詳しく分析してみよう．これは，数 a に1を加え，その答に再び1を加え，というように，このプロセスを b 回おこなうことを意味する．同様に $a+(b+1)$ とは，a に1を $b+1$ 回加えていくことを意味する．したがって
(2) $$a+(b+1) = (a+b)+1$$
であり，これは $c=1$ の場合の命題 (1) にほかならない．ここまでは証明の"帰納的ステップ"ということになる．

　次に遺伝的性質だ．c がある値，たとえば n のときにこの命題が真であると仮定する．すなわち
(3) $$a+(b+n) = (a+b)+n$$
ということである．この両辺に1を加えると，
(4) $$[a+(b+n)]+1 = [(a+b)+n]+1$$
となり，(2) よりこれは，
(5) $$(a+b)+(n+1) = a+[(b+n)+1]$$
と書くことができる．同じ理由からこれは，
(6) $$(a+b)+(n+1) = a+[b+(n+1)]$$

と同等だ．そしてこれは，$c = n+1$ の場合の命題 (1) にほかならない．

すなわち，ある数 n の場合にこの命題が真であるという事実からは，"論理的必然として"，その次の数 $n+1$ においてもそれが真でなければならないことが導かれる．1 で真なら 2 でも真であり，2 で真なら 3 でも真であるように，"限りなく"続いていくのだ．

数学的帰納法の原理をもっと一般的な形で表すと，次のようになる．ある数列に関する命題がその数列の最初の数において真であるということが分かり，また，その数列のある特定のメンバーにおいてそれが真だと仮定すると，論理的必然としてその次の数においてもその命題が真であるということが分かれば，その数列のすべての数においてその命題は真であると結論できる．兵士の問題に用いた"限定的"原理と，算術に用いた"一般的"原理との違いは，「すべて」という言葉の解釈だけである．

繰り返そう．我々が数の秘密に初めて触れたときに信じるようになった算術の演算の有効性は，限定的な原理でなく，数学的帰納法という一般的な原理に基づいているのだ．

次の節の引用文は，アンリ・ポアンカレの論文『数学的論証の本性』からのものである．この画期的な小論は，1894 年，精密科学の基礎を探究する一連の論文の第一弾として発表された．そして大勢の数学者に，従来の概念を修

正して，最終的に論理学を数学体系の中にほぼ完全に吸収させる運動を起こさせるきっかけとなった．

ポアンカレの大いなる権威とその文体の美しさ，そしてその考え方が大胆な偶像破壊的性格を持っていたために，この論文は数学者の限られた世界をはるかに超えて広まった．何人かの伝記作家によれば，ポアンカレのこの著作はそれ以前のどんな数学者をも凌ぐ50万人もの手に渡ったという．

数学や物理学や天体力学のほぼすべての分野を構築したポアンカレは，その凄まじいまでの内省力を駆使して，自らの成果の根源を詳しく分析した．その鋭い精神がとりわけ興味を持ったのは，人間の習慣という分厚い装いのせいでほとんど窺い知れなくなっている，もっとも基本的ないくつかの概念だった．そしてその概念には，数，空間，時間が含まれていた．

「数学という科学の可能性そのものが，解決しようのない矛盾であるように思える．この科学が演繹的であるのが見かけ上のことにすぎないとしたら，誰も疑おうとしないその完璧な厳密さはどこからもたらされるのか？ 逆にもし，明確に表現された命題がすべて形式論理の規則に基づいて互いに導出できるとしたら，なぜ数学は巨大な同語反復に陥らないのか？ 演繹的推論は本質的に新たな事柄を何一つ教えてくれないし，もしあらゆる事柄を同一律から導けるとしたら，すべては同一律に還元

できるはずだ.そうだとすると,これだけ数多くの書物を埋め尽くす定理の数々は,『A は A である』を遠回りな形で述べたものにすぎないと認めるしかないのか?」

「公理をこれらのあらゆる論証の源として頼りにできるのは間違いない.もし,それらの公理は矛盾の原理に還元することができないと判断され,ましてやそれらの公理の中に実験事実を見出すことができなくても,それらを先験的(アプリオリ)な判断とみなすという方策は残っている.困難は解決されず,単に命名されるだけだが……」

「反復による論証の規則を,矛盾の原理に還元することはできない.……またその規則は,経験によって得られるものでもない.その規則が最初の 10 や 100 の数について正しいことは,経験によって分かるだろう.しかし,限りなく続く数に到達することはできず,その列のある程度長い一部分しか攻略できないが,それには必ず限界がある」

「単にある一部分のみに関する問題であれば,矛盾の原理で事足りるだろう.そして,つねにいくらでも演繹的推論を重ねることができるだろう.一つの式に無限個の演繹的推論が含まれる問題において,無限に対する場合に限って,論理の原理は成り立たなくなり,そこでは経験はあまりに無力となる……」

「ではなぜこのような判断が,必然的にそのような抑えがたい力としてのしかかってくるのか? それは,可能な行為を際限なく繰り返す様子を思い浮かべることが

できると自覚している精神の力を，肯定しているにすぎないからだ……」

「そのことと通常の帰納法の手順とが驚くほど似ていることは，認めざるをえない．しかし両者には本質的な違いがある．物理科学に適用される帰納法はつねに不確実であり，それは，宇宙の一般的秩序，我々の外側に存在する秩序を信じることがその前提となっているからだ．それに対して，数学的帰納法，すなわち反復による論証は，精神そのものの性質にすぎないため，必然として押しつけられる……」

「我々は数学的帰納法によってのみ上に進んでいくことができ，数学的帰納法だけが新たな事柄を教えてくれる．物理的帰納法とは異なるが同じく数多くの事柄を生み出す数学的帰納法の助けがなかったら，演繹は科学を生み出すには無力だっただろう」

「最後に注意すべきは，この帰納法は同じ操作を際限なく繰り返せるときにのみ可能であるということだ．そのため，チェスの理論はけっして科学にはなれない．駒の動かし方は互いに似ていないからだ」

締めくくりの言葉は主人が発するべきもので，この章の結論も私が示したほうが良かったのかもしれない．しかし歴史が人をえこひいきすることはなく，ポアンカレのこの考え方は今日まで激しい論争を巻き起こしてきた．そこで私なりの言葉を付け加えておかなければならない．数々の

偉人が徹底的に正否を論じてきた問題に何か貢献を果たそうということではなく，真の問題を浮き彫りにするためである．

反復による論証は，有限数列に適用させた場合には論理的に金城鉄壁である．この"限定的な"意味で言うと，その原理が主張しているのは，もしある命題が遺伝的な形であれば，列の最初の項において真または偽ならばその列のすべての項においても真または偽であるということだ．

この"限定的な原理"でも，有限で上限のある算術を構築するには十分だろう．たとえば自然数列を，数えるプロセスの生理的や心理的な限界，たとえば100万で打ち切ることもできる．そのような算術における加法や乗法は，確かに演算が可能な場合には"結合的"や"交換的"だろうが，そのような演算がつねに可能だとは限らない．500,000＋500,001とか1000×1001といった式は無意味だし，無意味なケースのほうが意味のあるケースよりもはるかに多いだろうことは明らかだ．整数に対してこのような制限を掛けると，それに応じて分数に関しても制限が掛けられる．小数が6桁以上であってはならないし，1/3のような分数を小数に変換することは無意味になってしまう．際限なく分割できるという性質は，際限なく大きくしていくことができるという性質と同様に無意味となり，どんな物体でも100万個に等分すると分割不可能になってしまう．

幾何学でも，全方向に限りなく広がる平面を考える代わ

りに，平面をたとえば円などの"有界領域"に限定すると，これと同様の状況が生じる．そのような有界幾何学では，2本の直線が交差するかどうかは確率の問題となる．ランダムに引いた2本の直線が角を作らないこともあるし，ランダムに引いた3本の直線が三角形を作らないこともある．

しかしこのような有界な算術や有界な幾何学は，論理的に否定しようがないだけではない．最初は奇妙に思えるかもしれないが，人類の遺産である上限のない算術や幾何学よりも，我々の知覚する現実に近いのかもしれない．

限定的な数学的帰納法の原理には，それぞれ矛盾のない演繹が有限個連鎖したものが含まれる．そのため，この原理は古典論理の一つの帰結となっている．

しかし算術の証明に使われる方法，つまり完全帰納法の"一般的な"原理は，限定的な原理の範囲をはるかに超えている．ある命題が任意の数において真ならばその次の数においても真である場合，その命題が1において真ならばすべての数において真だ，と言うだけでは不十分である．そこでは暗に，"すべての数が次の数を持っていると仮定されている"のだ．

この仮定は論理的な必然ではなく，古典論理の法則から導くことはできない．この仮定は考えうる唯一のものではなく，逆に有限な数列を仮定することでも，同様に筋の通った有界な算術を導くことができる．この仮定は我々の感

覚による直接的な経験から導かれるものではなく，我々の経験はすべて，それが誤りであることを示している．また，この仮定は実験科学の歴史的発展による結果でもない．最新のあらゆる証拠は宇宙が有限であることを指し示しているし，原子の構造に関する最新の発見によれば，物質を無限に分割できるという考え方は神話であると認めなければならないのだ．

　それでも無限という概念は，論理からも経験からも押しつけられることはないのに，"数学的には必然"である．だとすれば，ひとたび可能な行為を際限なく繰り返す様子を想像するというその精神の力の裏には，いったい何が潜んでいるのだろうか？　この疑問には，本書を通じて何度も繰り返し立ち返ることとなる．

第5章

記　号

「人はどうしても，これらの数式は独立した存在であって独自の知性を持っており，我々自身や発見者よりも賢く，代入した以上のものを出力してくると感じてしまう」

――ハインリッヒ・ヘルツ

今日用いられている幅広い意味で言うところの代数学とは，記号形式に対する演算を扱う分野のことである．代数学はその力で，数学全体に浸透しているだけでなく，形式論理や形而上学の領域までをも浸食している．さらにそのように解釈すれば，代数学は，一般的な命題を扱う人間の才能，すなわち"いくつか"と"すべて"を区別する人間の能力と同じくらい古いことになる．

しかしここでは，もっとずっと限定した意味での代数学，つまり，その名のとおり"方程式論"と呼ばれる一般代数学の一分野を対象とする．そもそも代数学 (algebra) という用語は，この狭い意味だった．この単語はアラビア語に起源がある．"al"は"the"に相当するアラビア語の冠詞で，"gebar"は"置く"や"もとに戻す"という意味の動詞だ．今でもスペイン語では，接骨医を指すのに"algebrista"という単語が使われている．

"algebra"という単語は，ムハンマド・イブン・ムーサ

ー・アル゠フワーリズミーが書いた本のタイトルから転用されたものだと考えられている．すでに述べたように，アル゠フワーリズミーは位取り記数法の発展に大いに貢献した人物である．その本の完全な題名は "Al-jabr wal-Muqabala" といい，直訳すると "約分と消約について" となる．イブン・ムーサーは "約分" という単語を，今日我々が言うところの "移項" と同じ意味で用いている．すなわち，たとえば $3x+7=25$ を $3x=25-7$ へ変形させるように，方程式の項を一方の辺からもう一方の辺に移すことである．

シュメール人の粘土板には原始的な代数学の痕跡が見られ，おそらく古代エジプトでは代数学はかなり高度な段階にまで達していたと思われる．事実，遅くとも紀元前18世紀に書かれたリンド・パピルス[注15]には，食料などの生活必需品を "分配する" という，単純な方程式で表すことのできる問題が採り上げられている．それらの方程式では，未知数は "hau"（山）と表され，加法と減法は，人間の脚が被演算数に向かって歩いているか，あるいはそこから遠ざかっているかによって表されている．このパピルス写本には，書記官アーメスの署名がされている[注16]．しかし文章の中に膨大な間違いがあることから判断するに，アーメスは単なる筆記者で，自分が書写している文章をほとんど理解していなかったと思われる．そのため古代エジプトには，このパピルスから判断されるよりも高度な知識が

あったと予想される．もしそうだとすれば，エジプトの代数学はこのパピルス写本よりも何世紀も前に誕生していたに違いない．

一般的に言って，代数学はそれぞれの国で"文章的代数学"，"略記的代数学"，"記号的代数学"という三つの段階を経て発展した．文章的代数学は記号をまったく使わないものだが，もちろん単語自体が記号的な意味で使われる．今日でも文章的代数学は，「足し算は項の順序によらない」といった言明に用いられており，これを記号で表せば $a+b=b+a$ となる．

エジプトの代数学を典型例とする"略記的代数学"は，文章的代数学がさらに発展したものである．頻繁に使われるいくつかの単語は，徐々に略されていった．そして最終的には，もとの単語が忘れ去られるまで省略され，記号はそれが意味する演算との明示的な結びつきを失った．そうして"略記的代数学は記号的代数学となった"．

＋と－という記号の歴史がそのことを良く物語っているだろう．中世ヨーロッパでは，引き算は長いあいだ"minus"とそのまま表記されていたが，その後，頭文字"m"の上部に横棒が書かれるようになった．そして最後には文字自体も省略されて，横棒だけが残った．＋の記号も同様の変化を経た．標準的な記号の年代譜を記した118〜9ページの表を参照されたい．

ディオファントス以前のギリシャ代数学は，基本的に文

演算		足し算	引き算
現代の記号		+	−
出典	世紀		
エジプト	前17		
アレクサンドリアの ディオファントス			⋀
インド	11	yaと発音するサンスクリット文字	数字の上に点を打つ
イタリア	16	$\widetilde{p}$	$\widetilde{m}$
ドイツ	16	+	−
ステヴィン(ベルギー)	16	+	−
レコード(イギリス)	16	+	−
ヴィエト(フランス)	17	+	−
オートレッド(イギリス)	17	+	−
ハリオット(イギリス)	17	+	−
デカルト(フランス)	17	+	−
ライプニッツ(ドイツ)	18	+	−
記号の進化			

掛け算	割り算	累乗	等号	未知数
$x \cdot ab$	$: \div \frac{a}{b}$	a^2, a^3	$=$	x, y, z
	$\frac{1}{3} =$ ⚏			'ンみ十
	$\frac{1}{3} =$ Ⳁ			ད
		$x^2 = \square$	$---$	पद
		$x = ②$ $x = ③$	Fera egale	O
			$=$	
in	$\frac{3}{4}$	$D^2 =$ D in quad- rutum	Aequabartur	$A, E, O,$
X	$\frac{3}{4}$	$x^4 = \boxed{4}$		
		$a^2_3 = a^2_3$ $a^3_3 = a^3_3$	$=$	$a, b, d,$
	$\frac{3}{4}$	$x^2 = x^2$ or xx	$\propto$	x, y, z
	$\frac{a}{b}$	$a^3 = \boxed{3}a$	$=$	任意の文字

章的なものだった．ギリシャ人が記号体系を作る技量に欠けていた理由については，さまざまな説明がなされている．ある最新の学説によれば，ギリシャ語の文字は数詞も意味していたため，それと同じ文字を使って一般量を表すと混乱が起こるのは目に見えていたからだという．ディオファントスは，ギリシャ語ではシグマを表す文字に σ と ς の2種類があることをうまく利用したという．σ は60を意味するが，語末で用いられる ς は数を表さないため，ディオファントスはこれを使って未知数を表したのだという．

しかし実際のところ，ディオファントスが未知数に用いたこの記号は，ギリシャ語で数を意味する"arithmos"という，同じく未知数を表すのに用いていた単語の第1音節[注17]を略記したものに思える．さらにこの学説は，ギリシャ語のアルファベットのうち数詞として使われていたのは小文字だけだったという事実を無視しているように思える．大文字は自由に記号として使うことができ，実際に記号として使われていたのだ．

しかしそれらの記号は，"演算"としての意味にはけっして使われず，幾何学図形の点や要素を指す"目印"としてしか利用されなかった．今日でもそのような指示記号は幾何学図形の各点を特定するのに使われており，この習慣がギリシャ時代から受け継がれたものだということを忘れてはならない．

ところがそうとも言えない．ギリシャ人の考え方はかな

り具体的で，そもそも代数学的なものではなかったのだ．代数学とは物理的内容を意図的に削ぎ落とした対象を扱うものであって，対象そのものに強い関心を持つ人がその抽象的な演算を思いつくことはできないはずだ．記号は単なる"形式"ではなく，まさに代数学の本質である．もし記号がなかったら，人間の知覚するものが対象となって，人間がそれを知覚する際のさまざまな状況に影響を受けてしまう．しかし対象が記号に置き換えられれば，指定されたある演算の単なる被演算数という，完全に抽象的なものとなる．

ギリシャ思想は，退廃の時代が始まった頃の創造性あふれる状態から生まれた．ヘレニズム文化が衰退しつつあったこの頃，傑出した二人の人物がいた．どちらも紀元3世紀に生き，アレクサンドリアで絶賛を浴び，新たな理論の種を蒔いた．その理論はあまりにも進んでいて同時代の人々には受け入れられなかったが，何世紀ものちに重要な科学へ発展することとなる．パッポスの"不定命題"が"射影幾何学"の先駆けとなり，ディオファントスの示した数々の問題が現代の方程式論の基礎を築いたのだ．

ディオファントスは，分数を素直に数と認めた最初のギリシャ人数学者である．また，1次方程式だけでなく2次方程式やより高次の方程式を体系的に扱った最初の人物でもある．用いた記号体系は非力で手法も荒っぽかったが，ディオファントスは現代代数学の先駆者とみなされなけれ

ばならない.

　しかしディオファントスは，いわば消えかけたろうそくの最後の輝きだった．その後，西洋世界全体が暗黒時代という長い夜に覆われる．そしてヘレニズム文化の種は，異国の大地で芽吹くこととなる．

　インド人は，ギリシャ科学によって見出されたありのままの事実はいくつか受け継いだかもしれないが，ギリシャ人の批判的な眼識は受け継がなかった．天使が恐れるところに愚者は踏み込む．インド人は厳密さを気にして遠慮することもなかったし，あふれ出す豊かな想像力を邪魔する詭弁家もいなかった．彼らは，数や比，0や無限を，数々の言葉と同じく巧みに操った．そして，空虚を表して最終的に現代の0となった"sunya"を，未知数を指すのにも使った．

　それでもインドの幼稚な数学形式は，代数学の発展に対してギリシャ人の批判的な厳密さよりも多く寄与した．彼らの代数学は，略記的代数学の中でも卓越したものだった．対象や演算を表す単語の第一音節がそのまま記号として使われていたが，それでも，基本演算や等号だけでなく負の数を表す記号も存在していた．さらに彼らは，1次方程式や2次方程式の変形規則をすべて導いていた．

　彼らが扱った問題はきわめて単純で，当時の代数学のレベルにちょうど合っていた．紀元8世紀に書かれた一般神学に関する書物『リーラーヴァティ』から2か所引用しよ

う．

「山と積まれた美しい蓮の花から，3分の1，5分の1，6分の1がそれぞれ，シヴァ，ヴィシュヌ，スンの神に捧げられた．4分の1はバヴァニに贈られた．残った6輪の花は尊師に授けられた．今すぐ花の総数を教えてくれ……」

「ある痴話喧嘩で1本の首飾りが壊れた．真珠のうち3分の1が地面に落ち，5分の1が椅子の上に残り，6分の1を少女が見つけ，10分の1をその恋人が拾い，ひもには6個の真珠が残っていた．首飾りは何個の真珠でできていたか，答えなさい」

インドの数学がヨーロッパに直接の影響を及ぼすことはほとんどなかった．しかし9世紀や10世紀，インドの祭司たちがアラブの見識ある首長たちの宮廷で贅沢なもてなしを受け，アラブ人にインドの算術や代数学を教えたのはほぼ間違いない．当時のイスラム文明は，オリエントとヘレニズムという二つの文化が混ざり合っていた．サンスクリット語やギリシャ語で書かれた文学や科学や哲学に関する一流の書物がアラビア語に翻訳され，それをアラブの学者たちは熱心に学んだ．それらの翻訳書の多くは現在まで保存されており，大量の歴史的情報を提供してくれている．ちなみに，アレクサンドリアにあった古代ヘレニズム最大の図書館が二度も略奪や破壊の目にあったことを忘れ

てはならない．一度目は4世紀の破壊的なキリスト教徒によって，二度目は7世紀の狂信的なイスラム教徒によって．この破壊行為によって膨大な数の古代文書が消失し，もしアラビア語の翻訳がなかったらそれらは後世に完全に失われていただろう．

このような時代の変わり目にヘレニズム文化の管理人の役目を果たすことが，アラブ人の歴史的宿命だったと言われている．そしてそれを彼らは見事に成し遂げた．しかしアラブ人はまた，自分たちの優れた貢献によってこの財宝をさらに豊かなものにした．当時，第一級の数学者は大勢いたが，その中でも，教養のある人なら誰でも知っている一人の人物の名を挙げておこう．その名はオマル・ハイヤーム，『ルバイヤート』の作者で，首長の宮殿の官職天文学者だった．ルバイヤートはペルシャ語で書かれているが，オマルはアラブの代数学についても書き記し，その中で，ギリシャの幾何学とインドの代数学に関する知識を総動員して3次方程式や4次方程式を解いている．オマルは図式解法の創始者とみなすことができる．さらに言うと，ニュートンに先んじて"2項展開"の公式を発見していたらしいという証拠まである．

それにもかかわらず，アラブ人は記号的表記法を少しも進歩させることができなかった．数学史の中でももっとも奇妙な現象の一つとして，アラブ人はインドの代数学を採り入れておきながら，その風変わりな略記的記号体系は放棄した．それどころかギリシャの文章的代数学に逆戻り

し，しばらくのあいだは，代数学の論文から数字を排除して数を単語としてそのまま書き出すことを選んだ．はたしてアラブ人は，ギリシャ人の知的後継者を自認するがあまりに，インドの祭司たちへの恩義に答えることを拒んだのだろうか？

イスラム文化が最高潮に近づきつつあった頃，ヨーロッパはいまだ深い眠りにあった．この暗黒時代とその後何世紀にもわたる過渡期の様子を見事に描写しているのが，偉大な数学者ヤコビがデカルトについて述べた講義である．

「歴史は暗黒の時を経験した．それはおよそ紀元1000年のことと見積もることができ，そのとき人類は学問や科学を記憶からも失った．異教信仰の最後の輝きは失われたが，新時代はまだ始まっていなかった．世界の文化に残されたものをアラブ人だけが発見し，法王は変装してアラブの大学で熱心に学び，西洋の驚異となった．殉教者の遺骸への祈りにうんざりしたキリスト教徒たちは，最後に救世主の墓に群がったが，その墓は空っぽでキリストは復活していたことを再び知るだけだった．そして人類も死から甦った．人々は日々の活動や仕事に戻った．芸術や工芸が賑々しく復活した．都市は栄え，新たな市民が生まれた．チマブーエが絵画の，ダンテが詩の失われた技法を再発見した．そしてまた，アベラールや聖トマス・アクィナスのような勇気ある偉人たちが，

思い切ってカトリックにアリストテレス流の論理を導入し，スコラ哲学を打ち立てた．しかし科学を庇護のもとに置いた教会は，自らの教えと同じく，科学も権威に対する無条件の信仰に従って進めるよう強いた．そうしてスコラ哲学は，人間の精神を解放するどころかその後何世紀にもわたって束縛し，ついには自由な学問研究の可能性さえも危うくなった．しかし最後にはそこにも日の出が訪れ，自信を取り戻した人類はその才能を駆使して，自由な思考に基づいて自然の知識を構築しようと決心した．歴史におけるこの夜明けは，ルネサンスや文芸復興として知られている」

十字軍の計画の中に，もちろん文化の習得は含まれていなかった．それでも十字軍はまさにそれを成し遂げた．300年にわたってキリスト教の権力は，剣の力でイスラム教徒に自分たちの"文化"を押しつけようとした．しかし最終的には，アラブの優れた文化が徐々にだが確実にヨーロッパへ浸透していった．そして，スペインや地中海東部沿岸に住んでいたアラブ人が，ヨーロッパの文芸復興に大きく貢献した．

文芸復興はイタリアで始まった．数学における最初の注目すべき成果を残したフィボナッチは，並はずれた才能と，13世紀当時をはるかに凌ぐ直感力や先見性を持っていた．商人を本業とするフィボナッチは，頻繁に近東へ渡って当時のアラブの知識を吸収していた．またギリシャの数

学文献にも精通していた．算術に基づく代数学や幾何学に対するフィボナッチの貢献は，その後300年にわたるイタリア数学の豊かな源泉となった．しかしそれについては次の章で述べることにしよう．

代数学の歴史の転換点となったのは，フランス人のヴィエト（ラテン語名フランキスクス・ウィエタ）が16世紀末に著した小論である．ヴィエトのその偉業は，今日の我々にとってはあまりにも単純に見える．それはこの小論の次の一節に要約されている．

> 「ここである工夫の助けを借りて，与えられた量と未知の量や求めるべき量とを区別するが，その手段として，事実上変化しないし容易に理解できる記号体系を用いる．たとえば未知の量をAなどの母音で表し，与えられた量をB, C, Gなどの子音で表す」

母音と子音によるこの表記法は短命に終わった．ヴィエトの死から半世紀も経たずにデカルトの『幾何学』が出版されたが，その中ではアルファベットの最初のほうの文字が既知の量に，最後のほうの文字が未知の量に使われている．このデカルトの表記法は，ヴィエトの表記法に取って代わっただけでなく，今日まで生き長らえている．

しかしヴィエトの提案は，文字としてはほとんど実現しなかったものの，精神としては間違いなく受け入れられ

た．彼が"記号計算"と呼んだ，未知ではあるが一定である量に対して体系的に文字を使うという方法は，数学の発展において支配的な役割を果たしたヴィエトの偉大な業績といえる．

専門家でなければ，ヴィエトのこの偉業を正当に評価するのは難しいかもしれない．文字による表記法は単なる形式でしかなく，せいぜい言って便利な速記法にすぎないのではないか？
$$(a+b)^2 = a^2+2ab+b^2$$
と書けば間違いなく文字の節約にはなるが，これと同じ恒等式を言葉を使って「二つの数の和の2乗は，それぞれの数の2乗の和にそれらの積の2倍を加えたものと等しい」と書いたものよりも，本当に多くのことを教えてくれるのだろうか？

文字記号による表記法という発明も，革新として大成功を収める運命にあった．この方法は至るところで使われているため，それより劣った方法が流行していた時代を想像するのは難しい．一般的な量を文字記号で表す今日の数式は，標準的な書体と同じくらい馴染み深いものだし，記号を扱うという我々の能力は，知性ある人間に備わった天賦の才のようなものだとみなされている．しかしそれは，この方法が習慣として定着するようになったからにすぎない．ヴィエトの時代には，この表記法は長年の伝統から大きく逸脱したものだった．偉大なディオファントスやその

後を継いだ明晰なアラブ人たちが完全に見逃し，独創的なフィボナッチが発見の一歩手前でつかみ損なった道具を，どうして天賦の才などと呼べるだろうか？

代数学の歴史と算術の歴史とのあいだには，注目すべき類似点がある．すでに見たように，人類は何千年ものあいだ0を表す記号を持っておらず，不十分な記数法に苦労させられてきた．そして代数学は，一般的な表記法がなかったせいで，数値方程式を解くための行き当たりばったりの規則の集合体でしかなかった．0の発見が今日の算術を生み出したように，文字記号による表記法が代数学の新時代をもたらしたのだ．

その記号体系の力はどこに潜んでいるのか？

まず何よりも，文字記号は代数学を言葉による支配から解放した[注18]．文字記号による表記法がなかったら，どんな一般的命題も，人間の言葉が持つ曖昧さや誤解に左右されやすい単なる冗言にしかならない．しかしそれだけではない．それも確かに重要だが，もっと肝心なのは，何世紀にもわたって単語に付きまとってきたタブーを，文字記号は持っていないことだった．ディオファントスの"arithmos"やフィボナッチの"res"はもとから存在していた概念であって，いずれも整数を意味していた．しかしヴィエトの A や現在の x は，それが指し示す具体的な物事とは独立して存在する．記号は，それが指す物事を超越した意味を持っている．記号が"単なる形式にすぎないものでな

い"のは、そのためである。

第二に、文字記号は操作しやすく、それによって式を変形させることができるため、どんな命題でも互いに同等なさまざまな形に書き換えることができる。この変形させるという力によって、"代数学は単なる便利な速記法のレベルを超越しているのだ"。

文字記号による表記法の導入以前は、一つ一つの数式について語ることしかできなかった。たとえば $2x+3, 3x-5, x^2+4x+7, 3x^2-4x+5$ といった数式はそれぞれ個性を持っていて、個々の性質に基づいて取り扱わなければならなかった。しかし文字による表記法によって、個別のものをひとまとめに取り扱い、「いくつか」から「任意の」そして「すべて」へと歩を進めることが可能となった。1次式 $ax+b$ や2次式 ax^2+bx+c は、今ではそれぞれ単一の種類とみなされている。それによって関数の一般的な理論が可能となり、それがあらゆる応用数学の基礎となったのだ。

しかし"記号計算"がもたらしたものの中でも一番重要なのは、一般化された数の概念を構築する上で果たした役割であり、本書でもそれがもっとも重要である。

たとえば

(I) $x+4=6$ (II) $x+6=4$
    $2x=8$ $2x=5$
    $x^2=9$ $x^2=7$

のような数値方程式を扱っている限り,「第一のグループは解くことが可能で, 第二のグループは不可能だ」と言うだけで満足しなければならない(中世のほとんどの代数学者はそれで満足した).

しかしそれと同じ形の文字方程式
$$x+b=a$$
$$bx=a$$
$$x^n=a$$
を考えると, 具体的な値が不確定であるために, "表記上の" すなわち "記号上の" 解
$$x=a-b$$
$$x=a/b$$
$$x=\sqrt[n]{a}$$
を導くしかない.

そうすると, $a-b$ という式は a が b より大きいときしか意味を持たず, a/b は a が b の倍数でなければ無意味で, $\sqrt[n]{a}$ は a が n 乗数でなければ数ではないという条件を付けたくなるが, そのようなことをしても無駄だ. "無意味なもの" を書き記すという行為自体が, それに意味を与える. 名前をもらった物事の存在を否定するのは, 容易なことではないのだ.

さらに言うと, $a-b$ や a/b や $\sqrt[n]{a}$ といった記号を操作するには, $a>b$ であるとか, a は b の倍数であるとか, a は n 乗数であるといった条件のもとで規則を作ればいい. しかし, これらの記号の見た目からは有効な場合かそうでない

かが分からないので、いずれは、これらの記号的存在を"あたかも本物の数として"扱っても何ら矛盾は生じないと考えたくなる。そしてそこからただちに、これらの記号的存在は"完全な数"として認識されるようになる。

これが、一般化された数の概念へと至る段階の初期における、代数学のおおざっぱな物語である。ここで二つの理由から、歴史をたどるという語り方をあきらめなければならない。第一に、ヴィエトの時代以降の数学の発展はあまりに急速で、それを体系的に解説していくと本書の範囲を大幅に超えてしまう。さらに、その発展が技術面に限られていた以上、数の科学の基礎はそれ以上はほとんど影響を受けなかった。

現代の算術とヴィエト以前の算術とを分け隔てているのは、"不可能なもの"に対する取り組み方の変化である。17世紀まで代数学者は、この言葉に絶対的な意味を与えていた。すべての算術演算の対象を自然数だけに限定していた彼らは、それらの演算には限定的可能性という固有の性質が備わっていると考えていた。

つまり、加法 ($a+b$)、乗法 (ab)、累乗 (a^b) という"順方向の"算術演算は"万能"だが、減法 ($a-b$)、除法 (a/b)、累乗根の導出 ($\sqrt[b]{a}$) という逆演算は、限定された条件のもとでしか可能ではないということだ。ヴィエト以前の代数学者は、このような事実を述べるだけで満足し、その問題をより詳しく分析する力は持っていなかった。

今日の我々が知っているように,可能性や不可能性はそれぞれ相対的な意味しか持っていない.いずれも演算の固有の性質ではなく,"人間の慣習によって被演算数の範囲に課された制限"でしかない.その障壁を取り除いて範囲を広げれば,不可能なものも可能になるのだ.

順方向の算術演算が万能であるのは,それらが単なる一連の"反復操作",すなわち自然数列を一段階ずつたどっていくという操作であって,その操作は際限なくおこなうことができると先験的(アプリオリ)に仮定されているからだ.この仮定を外して,被演算数の範囲を有限(例えば最初の 1000 個の数)に制限してしまうと,925+125 や 67×15 といった演算は不可能となり,それらに対応する数式は無意味になってしまう.

あるいは,範囲を奇数だけに制限してみよう.二つの奇数を掛け合わせると奇数になるので,乗法は依然として万能だ.しかしこのような限定された範囲では,加法は完全に不可能な演算となる.どんな二つの奇数を足し合わせても,けっして奇数にはならないからだ.

さらに範囲を"素数"だけに制限すれば,二つの素数の積はけっして素数にならないので,乗法は不可能となる.一方で加法は,2+11=13 のように,二つの項の一方が 2 でもう一方が双子素数の小さいほうの数であるという稀な場合にのみ可能となる.

ほかにも例を挙げることはできるが,これらの数少ない

例だけからでも，可能や不可能，あるいは無意味といった単語が"相対的な"性質を持っていることは明らかだろう．そしてひとたびこの相対性を理解できれば，当然ながら次のような疑問が浮かんでくる．制限された範囲を適切に拡張すれば，算術の逆演算も順方向の演算と同じく万能なものにできるのではないか？

減法に関してそれを実現するには，"自然数列に0と負の整数を繋ぎ合わせる"だけで良い．そうして作られる範囲は一般に"整数領域"と呼ばれる．

同様に，この整数領域に正負の"分数"を付け加えれば，除算も万能となる．

このようにして作られる数，すなわち正負の整数と分数および0は，"有理数領域"を構成する．これが算術における整数領域に取って代わる．そして，それまで整数のみに適用されていた四つの基本演算は，"類推によって"これらの一般化された数へ拡張される．

それはすべて矛盾なしに進めることができる．そしてさらに，すぐ後に述べるただ一つの例外を除き，"二つのどんな有理数の和，差，積，商も有理数となる"．このきわめて重要な事実は，「有理数領域は算術の基本演算に関して"閉じている"」とよく表現される．

ただ一つのきわめて重要な例外が，0で割り算をするという場合である．それは方程式 $x \cdot 0 = a$ を解くことと等しい．もし a が0でなければ，この方程式は"不能"となる．というのも，0という数を定義する際に，恒等式 $a \cdot 0 = 0$ が

成り立つとしたからである．したがって，方程式 $x \cdot 0 = a$ を満たす有理数は"存在しない"[注19]．

それとは逆に，方程式 $x \cdot 0 = 0$ は x がどんな有理数でも成り立つ．そのためこの場合，x は"不定"となる．このような方程式のもとになった問題からほかに何も情報が得られない限り，$0/0$ は"あらゆる"有理数を表す記号として，また $a/0$ はどんな有理数も"表さない"記号としてみなすしかない．

複雑に思われたかもしれないが，これらの条件を記号で表せば次のような簡潔な命題にまとめることができる．
「a, b, c が任意の有理数であり，a が 0 でなければ，方程式
$$ax + b = c$$
を満たす有理数 x は必ず"一つだけ"存在する」

この方程式は"1次方程式"と呼ばれ，多種多様な方程式の中でももっとも単純なものである．1次方程式の次には，2次方程式，3次方程式，4次方程式，5次方程式と，任意の次数を持つ一般的な"代数方程式"が続く．方程式の次数 n とは，
$$ax^n + bx^{n-1} + cx^{n-2} + \cdots + px + q = 0$$
の中で，未知数 x に掛かるもっとも大きな指数を指す．

しかしそれでも，数限りない種類の方程式を網羅したことにはならない．"指数方程式"，"三角方程式"，"対数方程式"，"円の方程式"，"楕円の方程式"などさらに膨大な種類の方程式が存在し，それらは通常まとめて"超越方程式"

という名前で分類される.

このような無数の種類の方程式を取り扱うには，はたして有理数領域で十分なのだろうか？ けっしてそうではないことを，次の章で見ていくことにしよう. 我々は，数の領域をどんどん複雑に拡張していく心づもりをしておかなければならない. しかし好き勝手に拡張するわけではない. 一般化のやり方自体に，道しるべとなるある一貫した考え方が隠されているのだ.

その考え方は，ときに"形式不易の原理"と呼ばれる. 1867年にドイツ人数学者ヘルマン・ハンケルが初めてそれを明確に体系づけたが，その考え方の芽はすでに，19世紀のもっとも独創的で多作な学者の一人ウィリアム・ローワン・ハミルトン卿の著作に含まれている.

以下にその原理を一つの定義として定式化しよう.

次の条件が満たされるとき，無限個の記号の集合を"数領域"と呼び，その個々の要素を"数"と呼ぶ.

1) その集合の要素の中に"自然数"の列を見つけることができる.
2) 任意の二つの要素が等しいかどうか，等しくなければそのうちどちらが大きいかを判断できるような，順序の基準を設けることができ，さらに，もしその二つの要素が"自然数"ならば，それを自然数における基準へ還元できる.
3) その集合に含まれる任意の二つの要素に対して，自然

数の演算における交換性,結合性,分配性を持った"加法"と"乗法"のしくみを作ることができ,もしその二つの要素が自然数ならば,それらを自然数に対する演算へ還元できる.

このようなきわめて一般的な考察からでは,形式不易の原理が個々のケースでどのように機能するかは分からない. ハミルトンは,"代数的ペアリング"という方法を用いてそれを明らかにした. 有理数を例に説明しよう.

a が b の倍数ならば,記号 a/b は a を b で割るという演算を表す. したがって 9/3=3 とは,この割り算の商が3であることを意味する. さて,このような具体的な演算が二つ示されたとして,それらの結果が互いに等しいか大きいか小さいかを,実際に演算をおこなうことなしに判断する方法はあるだろうか? 答はイエスだ. 次のようにすればいい.

$$\text{順序の基準}\begin{cases} \text{もし } ad=bc \text{ ならば,} \dfrac{a}{b} = \dfrac{c}{d} \\ \text{もし } ad>bc \text{ ならば,} \dfrac{a}{b} > \dfrac{c}{d} \\ \text{もし } ad<bc \text{ ならば,} \dfrac{a}{b} < \dfrac{c}{d} \end{cases}$$

さらに,実際に具体的な演算をおこなわなくても,これらの量に対する次のような操作の規則を作ることができる.

$$加法：\frac{a}{b}+\frac{c}{d}=\frac{ad+bc}{bd}$$

$$乗法：\frac{a}{b}\cdot\frac{c}{d}=\frac{ac}{bd}$$

ここで，a が b の倍数であるという前提を取り払うことにしよう．a/b を，新たな領域の数学的存在を表す記号と考えるのだ．この記号的存在は，二つの整数 a と b を適切な順序で記すことによって決まる．この"ペア"の集合に，先ほど述べた順序の基準を当てはめてみよう．すなわち，たとえば

$$20\times 12 = 15\times 16,\ \text{ゆえに}\ \frac{20}{15}=\frac{16}{12}$$

$$4\times 4 > 3\times 5,\ \text{ゆえに}\ \frac{4}{3}>\frac{5}{4}$$

とする．

次にこれらのペアに対する演算を"定義"するが，そこでは上に示したように，a が b の倍数で c が d の倍数である場合にも成り立つように定義する．すなわち，たとえば

$$\frac{2}{3}+\frac{4}{5}=\frac{(2\times 5)+(3\times 4)}{3\times 5}=\frac{22}{15}$$

$$\frac{2}{3}\times\frac{4}{5}=\frac{2\times 4}{3\times 5}=\frac{8}{15}$$

ということだ．

これで形式不易の原理の条件がすべて満たされた．

1) この新たな領域には部分領域として自然数が含まれる．なぜなら，どんな自然数も

$$\frac{1}{1},\quad \frac{2}{1},\quad \frac{3}{1},\quad \frac{4}{1}$$

というペアの形[注20]で表せるからだ．
2) この新たな領域における順序の基準は，a/b と c/d が自然数の場合には自然数の条件に還元される．
3) この新たな領域には加法と乗法のすべての性質を持つ二つの演算が与えられており，a/b と c/d が自然数の場合には自然数に対する加法と乗法へ還元される．

こうしてこの新たな存在は，形式不易の原理のすべての条件を満たす．それによって，この存在は自然数と肩を並べる資格を持っていて，数という尊い名前を与えられるにふさわしいことが証明された．そうしてこれらの存在は認められ，新旧両方の数からなる集合には"有理数領域"という名前が与えられる．

一見したところこの形式不易の原理は，演算の選択肢の幅があまりに広いために，仮定される新たな数が一般的すぎてあまり実用的価値がないように思えるかもしれない．しかしこれから見るように，その領域に自然数列が含まれていなければならないとか，基本演算が（自然数に対する演算と同様に）結合的かつ分配的でなければならないという条件によって，きわめて特別な領域しか認められないよ

う制限が課されている.

　形式不易の原理の中で定式化される算術は,領土を拡大したいが基本法を維持することは望む国家の政策にたとえることができる.一方では拡大,他方では画一性の維持という二つの相異なる目的が,新たな国家の連邦加盟の規則にどうしても影響を与えるのだ.

　すなわち,形式不易の原理の第1項は,中核をなす国家が連邦の"気風"を決定するという宣言に相当する.次に,原加盟国家が全市民を順位づけする独裁政治を執っていて,新たな国家にもその条件が課される.これが形式不易の原理の第2項に相当する.

　最後に,連邦に加盟する各国家の市民どうしの交流について規定した法律は,その国家の市民と中核をなす国家の市民との関係を妨げるものであってはならない.

　もちろんこのたとえを文字通りに受け取ってほしくはない.このような例を挙げたのは,もっと馴染み深い分野と結びつけて考えることで,形式不易の原理が恣意的なものではないことを理解してほしかったからだ.

　有理数領域の構築へつながったこの考察は,"数学の算術化"と呼ばれる歴史的プロセスの第一段階となった.1860年代にヴァイエルシュトラスが始めたその運動の目的は,"数"や"対応"や"集合"といった純粋に数学的な概念を,幾何学や力学との長きにわたる関係を通じて数学が獲得してきた直観的考え方から切り離すことだった.

"形式主義者"の考えによれば，その直観的考え方は数学的思考にあまりに深く根付いていて，どんなに慎重に単語を選ぼうが，その単語の裏に隠された意味が論証に影響を与えかねないという．というのも，人間が使う単語の問題点はそれが"内容を含んでいる"ことだが，数学の目的は純粋な思考形式を構築することだからである．

しかしどのようにすれば，人間の言語を使わずに済ませられるのだろうか？　その答は，"記号"という単語に見出すことができる．直観に由来していて純粋な論証を曇らせる，"空間"や"時間"や"連続性"といった曖昧な概念にまだ汚されていない記号言語を使わない限り，堅牢な論理の基礎の上に数学を構築することは叶わないのかもしれない．

そのような主義を取っているのが，イタリア人のペアノが創始し，現代ではバートランド・ラッセルとA.N.ホワイトヘッドに代表される学派だ．ラッセルとホワイトヘッドは重要な著作『プリンキピア・マテマティカ』の中で，現代数学の基礎全体を再構築しようとした．そこでは，明快かつ基本的な前提から出発し，厳格な論理の原理に基づいて論が進められている．正確な記号体系を使えば，人間の言語と切り離せない曖昧さが紛れ込む余地はないはずだ．

『プリンキピア・マテマティカ』は，今後も長きにわたって，苦しい努力と並はずれた意志を物語る金字塔でありつづけるだろう．はたしてその著者たちは，純粋な論証に支

えられていて人間の直観に汚されていない構造物を見事に組み上げることができたのだろうか？　私にはその問に答える資格はない．その全3巻を読破した数学者にいまだ出会ったことがないからだ．数学界に広まっている噂話によれば，『プリンキピア・マテマティカ』を最初から最後まで読み通したことのある人は二人しかいないという．その二人の中に著者たち本人が含まれているかどうか，私には確かめる術はない．

　実を言うと，私はペアノ=ラッセル学派の極端な形式主義には共感していない．彼らの記号論理の方法を深く味わったこともないし，その複雑な記号体系を何度理解しようとしても，決まってどうしようもない混乱と落胆に終わってしまうのだ．この自分の無能さが私の意見に影響を及ぼしているのは間違いない．だから，ここで偏見に満ちた自分の考えを公言すべきではないと思う．

　しかしもちろん，そのような偏見は持っていながらも，私は数学的記号体系の役割を低く見てはいない．私が考えるに，この記号体系の持つ計り知れない重要性は，人間の思考の領域から直観を追い払おうという不毛な試みにあるのではなく，新たな思考形式を構築する上で"直観を補う"限りない力にあるのだ．

　そのことを認識するのに，現代数学の複雑で専門的な記号体系を理解する必要はない．もっとずっととらえにくいがより単純な，言語の記号体系について深く考えるだけで

十分だ．というのも，我々の言語で正確な言明を表現できる限り，その言語は一つの記号体系，すなわち第一級の文章的な代数体系にほかならないと言えるからだ．名詞や名詞句は事物の集合を表す記号であり，動詞は関係性を象徴しており，文はそれらの集合を結びつける命題にほかならない．しかし単語は，集合を表す抽象的な記号である一方で，その集合を代表する何らかの要素の具体的な"イメージ"を呼び覚ます力も持っている．のちに巻き起こる論理と直観との衝突の発端は，我々の言語が持つこのような二重の働きの中に見つかるはずだ．

そして単語一般に言えることは，"自然数"を表す単語にも当てはまる．それらの単語は，我々の心の中に具体的な集合のイメージを呼び覚ます力を持っているため，確固とした現実に根ざしていて"絶対的な"性質を与えられているように思える．しかし算術で使われる意味で言えば，演算規則の体系に従う一連の抽象的な記号にすぎない．

自然数の持つ記号的性質を認識できれば，その絶対的な特徴は失われる．そして，その周囲に広がるより幅広い領域と密接に結びついていることが明らかとなる．それと同時に，数の概念の段階的な拡張は，当初思われていたように人為的で恣意的な"こじつけ"ではなく，自然な進化における必然的なプロセスとなる．

第6章

口に出してはならないもの

「神は整数を作った．残りは人間の所産である」
　　　　　　　——レオポルト・クロネッカー

　ピタゴラス学派の宇宙は数に支配されていた．
　それは現代の意味で言うところの数ではなく，最高位に君臨する自然数，あるいは整数だった．しかしピタゴラス学派の宇宙は，現在の我々の世界とは違っていた．我々が生きているのは直接的な感覚認識を超越した宇宙であり，日常生活で重要な役割を果たしている無数の発明品という形で，たとえ謎めいてはいても十分にその姿を見せている．それに対してギリシャ人の宇宙は，もっと直接的に感覚が及ぶ物事に限定されていた．
　ピタゴラス学派の人々は，和音の中に自分たちが説く数の哲学の証拠を見て取った．視覚と触覚との調和は幾何学の完全な図形の中にこの上なく表れており，創造主がこの世界を作る上で用いたのは，円や球，正多角形や正多面体などであった．そしてやはり，数が最高位に君臨すると堅く信じられていた．
　「点は位置における単位である」というのが，ピタゴラス幾何学の基礎である．この凝った言い回しの裏には，ネックレスがビーズからできているように，直線も連なった原

子からできているという単純な考え方が見て取れる．原子はきわめて小さいかもしれないが，本質的に一様で大きさもすべて等しいため，大きさの究極の単位であると考えることができる．すなわち，2本の線分が与えられた場合，それらの長さの比は，それぞれに含まれる原子の個数の比に等しいということだ．

もちろんそれと同じことは，あらゆる三角形，とりわけ直角三角形の辺にも当てはまる．ピタゴラス学派はエジプトから，各辺の長さの比が3：4：5である"黄金の三角形"を持ち込んだ．そしてすぐに，5：12：13や8：15：17といった別の"ピタゴラス三角形"を見つけた．すべての三角形が"有理的"である（整数比で表せる）という信念には，それを確信させる証拠があったのだ．いくつかの三角形，というより大部分の三角形からそのような完璧な比を導くことができなかったのは，けっして驚くことではなかった．それらの比はきわめて大きな数であって，ギリシャ人の計算技術はそれに対してあまりに原始的だからにすぎないというのだ．

しばらくはそのような状況が続いた．

このような三角形に関する考察が，きわめて重要なある発見につながった．それは今日でもピタゴラスの名前で呼ばれており，古典幾何学の基本定理の一つとなっている．それは次のようなものだ．「どんな直角三角形でも，短い二辺をもとに作られる正方形の面積の和は，斜辺をもとに

作られる正方形の面積と等しい」．言い伝えによると，この定理を発見したピタゴラスはその簡潔さに圧倒され，一頭の牛を生け贄として神々に捧げたという．この言い伝えと，ピタゴラス学派の人々が厳格な菜食主義者だったという確かな事実とをどのように折り合わせるかは，読者にお任せしよう．

ピタゴラスが演繹的推論によってこの定理を導いたというのは疑わしい．おそらくは経験の産物だったのだろう．また，ピタゴラスがこの命題の厳密な証明を持っていたとも考えにくい．しかし，ピタゴラスとその弟子たちがこの定理を何よりも重要視したのはほぼ間違いない．というのも，この定理の中にピタゴラスらは，"幾何学と算術との本質的な結びつき"，すなわち"数が宇宙を支配する"という自分たちの金言の新たな裏付けを見て取ったからだ．

しかし成功は長続きしなかった．この定理からただちに，"正方形の対角線の長さはその辺の長さと通約できない（比が有理数にならない）"というもう一つの発見がもたらされたのだ．誰がどのようにして最初にそれを見出したのか，それはおそらく永遠に謎のままだろう．このあと説明するエウクレイデスによる美しい証明は，もちろんもっと荒削りな方法を後から洗練させたものである．しかし誰が見つけたにせよ，この発見がピタゴラス学派の人々に大きな衝撃を与えたのはほぼ間違いない．それに与えられた名前自体がそのことを物語っている．この通約不可能な存在は"アロゴン"（口に出してはならないもの）と呼ばれ，

学派のメンバーはその存在を外部の者に漏らさないよう誓わされた．創造主の所産の中に見つかった説明の付かない不完全性は，欠点を暴露された神から天罰を与えられないよう，完全に秘密にする必要があったのだ．

プロクロスは言っている．

「初めて無理数を白日のもとにさらした者たちは，船の難破で一人残らず死んだと言われている．口に出してはならないものや実体のないものは，秘密にしておく必要があるからだ．その姿を明るみに出してそれに触れた者たちは，即座に殺され，絶えることのない波に永遠に洗われつづけることになる」

そのピタゴラス学派の秘密は，1世紀も経たないうちにあらゆる知識人の共有財産となった．口に出してはならないものが語られ，考えてはならないものが言葉の衣をまとい，明かしてはならないものが人々の目の前に示された．人類は知識という禁断の果実を口にして，ピタゴラス学派の数の楽園から追放されたのだ．

無理数の登場をきっかけに，自然哲学の一体系としてのピタゴラスの学説は凋落していった．ピタゴラス学派が説いた算術的存在と幾何学的存在との完璧な調和は，実は見せかけだったのだ．この宇宙のもっとも身近な側面である"幾何学"でさえ説明できないのに，どうして数は宇宙を支配できるというのだろうか？

こうして、数によって自然を説明し尽くすという最初の試みは終わった.

エウクレイデスは、正方形の対角線の長さとその辺の長さとが通約できないことを証明する上で、ほとんどの古典的証明と同様に"背理法"を用いた[注21]. それは見かけこそ幾何学的証明だが、実は数の理論に関する純粋な考察に基づいている. 現代の表記法に基づき、正方形の各辺の長さを1として対角線の長さを x で表せば、ピタゴラスの定理は次の2次方程式を解くという問題へ行き着く.

(1) $\qquad x^2 = 1^2 + 1^2$, すなわち $x^2 = 2$

もしある有理数 p/q がこの方程式を満たすなら、正方形の対角線の長さと辺の長さとは通約可能ということになる[注22]. そこで、実際にそれが成り立ち、さらに分数 p/q は"既約"であると仮定しよう. すると、p と q という二つの整数のどちらか一方は奇数でなければならない. ここで、p は奇数ではありえないことを示そう. 方程式 (1) の x を p/q に置換すると、

(2) $\qquad \dfrac{p^2}{q^2} = 2$, すなわち $p^2 = 2q^2$

となる. すると p^2 は偶数であり、したがって p も偶数である.

p は偶数なので、r を別の未知の整数として $p = 2r$ と置くことができる. これを (2) に代入すれば、

(3) $\qquad 4r^2 = 2q^2$, すなわち $q^2 = 2r^2$

という (2) と同じ形の方程式が得られる. しかしこれは、

整数 q もまた偶数であることを意味している．これは p/q が既約であるという仮定に矛盾する．したがって，有理数によって方程式 $x^2=2$ を満たすのは不可能であることが証明された．

この論証は完全に一般的である．少し手を加えれば，
$$x^2 = 3, \ x^2 = 5, \ x^2 = 6$$
や
$$x^3 = 2, \ x^3 = 3, \ x^3 = 4$$
といった方程式，そしてもっと一般的に
$$x^n = a$$
という方程式にも適用できる．"a が何らかの有理数の n 乗数でない限り，方程式 $x^n=a$ は有理数の解を持たないのだ".

アレクサンドリアのヘロンやスミュルナのテオンといった二流のギリシャ人幾何学者たちが，著作の中で $\sqrt{2}, \sqrt{3}, \sqrt{5}$ などの無理数の近似値を与えている．しかし，どのような方法でそれらの値を導いたかはまったく触れられていない．そのほとんどの近似値がきわめて正確なため，数学史家たちは自由に想像を膨らませてその未知の方法を再現しようとしてきた．そうしてさまざまな説が示されている．ギリシャの数学者たちは無限数列を知っていたという者もいれば，連分数[注23] の知識を持っていたという者もいる．ここではあえて私なりの説を紹介しよう．確かに推測でしかないが，少なくともギリシャ人が現代の方法に精通

していたと仮定せずに済むという強みはある．

　私の説は次のようなものだ．エウクレイデスによる $\sqrt{2}$ が無理数であることの証明は，"平均的な"ギリシャ人数学者にとってはあまりに奇抜で説得力がなかった．ピタゴラス学派の中には，$\sqrt{2}$ や $\sqrt{3}$ などに対する有理数の値を見つける希望を棄てなかった"頑固者"もいたかもしれない．そのような有理数の値を探す試みは，きわめて自然な流れに沿って進められた．たとえば2という数は，次のように，分母が平方数である分数を使って無限通りの形で表すことができる．

$$\frac{2}{1} = \frac{8}{4} = \frac{18}{9} = \frac{32}{16} = \frac{50}{25} = \frac{72}{36} = \frac{128}{64} = \frac{200}{100} = \cdots$$

もし $\sqrt{2}$ が有理数であるとしたら，これをずっと先まで続けていくと，いつかは分子も平方数であるような分数が見つかるはずだ．もちろん彼らはそのような分数を見つけられなかったが，副産物としてきわめて正確な近似値を発見した．

$$\frac{288}{144} = 2$$

であり

$$\frac{289}{144} = \left(\frac{17}{12}\right)^2$$

である．ここから $\sqrt{2}$ に対するテオンの近似値 $1\frac{5}{12}$ が得られ，真の値との食い違いはわずか $\frac{1}{7}\%$ 未満である．

　あくまでも私の説でしかないが[注24]．

幾何学には多種多様な問題が存在し，中には，きわめて単純なのに有理数領域に留まっている限り"数値解"が得られないものもある．その一例が，一辺の長さが1である正方形の対角線だ．定規とコンパスによる初歩的な作図法を習った子供なら，その対角線の長さを"幾何学的に"求めることができる．同じことは，2次や3次やより高次の方程式，さらには超越方程式を導くたぐいの問題に関しても言える．しかしそのような問題は，"有理数算術"の攻撃をことごとくかいくぐるのだ．

一方で無理数の値は，有理数による近似を使っていくらでも正確に表すことができる．前ページで説明した手順は，完全に一般的に通用する．それと似たような手順として，学校で教わった開平算や級数展開や連分数など，さまざまな"展開法"がある．有理数の解を持たない問題に直面したときには，必ずそのような方法の助けを借りることができる．そのような方法を使うと，無理数を二つの有理数で"挟み込む"ことができる．すなわち，一つめの有理数はつねに無理数より"小さく"，二つめの有理数はつねに"大きい"ということだ．さらには，それらの有理数近似値どうしの差はいくらでも小さくすることができる．

これ以上何が望めるだろうか？　物理学者や工学者といった実用面を対象とする人たちは，それで完全に満足するものだ．物理学者が計算手法に求めるのは，測定装置の高い精度を最大限に活用できるような正確さである．$\sqrt{2}$ や π や e といった特定の値を有理数を使って"数学的に"表

現できないからといって，それらの値を有理数として好きな精度で近似できる方法を数学が提供してくれる限り，物理学者が心配で眠れなくなることはないのだ．

この問題に対して数学者は違う立場を取る．それには次のような理由がある．数学者は，有理数領域を一つの"完全体"，あるいは"集合体"ととらえる．そしてその集合体は，マイナス無限大から0を経てプラス無限大にまで広がっていると考える．その集合体は"順序づけられて"おり，どんな二つの有理数を持ってきてもどちらが大きいかを言うことができる．また，どんな二つの有理数のあいだにも別の有理数を挟み込むことができ，その際に二つの数がどれだけ近いかは問題にならない．数学者はこのことをもったいぶって，有理数領域は"至るところで稠密である"と表現する．要するに数学者は，有理数の集合体は"ぎっしり詰まった（コンパクトな）連続した塊であって，そこには一見したところ隙間などない"と考えるのだ．

数学者にとって，有理数領域と直線上の点の集合とは驚くほど似ている．直線も両方向に限りなく伸びている．直線上のどんな二つの要素に関しても，どちらが右にあるかを言うことができる．さらに，直線もコンパクトという性質を持っている．どんな二つの点のあいだにも別の点を置くことができ，その際に二つの点がどんなに近くても問題にはならない．この類似性はあまりに完璧に見えるので，"有理数領域と直線上の点との対応関係"を確立させる方

法が何かあるはずだ．

その対応関係が"解析幾何学"の土台となっている．この学問を学んだことのない読者も，しばしば使われるグラフがどんなものかはよくご存じだろう．念のために一つだけ説明しておくが，グラフを作るにはまず，無限の長さの直線に対して正負の"向き"を定義する．"向き"を与えられた直線は"軸"と呼ばれる．そしてこの軸の上から二つの点を選び出す．0という数に相当する"原点"Oと，1という数に相当する"単位点"Uだ．正の整数を得るには，OUの長さと等しい間隔で右のほうに次々と点を打ち，負の整数を得るには，同様に左のほうに点を打っていけばいい．さらにこの単位長の線分を任意の個数に等分していけば，正負のどんな分数でも表すことができる．

したがって，どんな有理数もこの軸上の一点として表現できる．するとただちに，その逆も正しいのか，すなわち，軸上のすべての点が有理数に対応しているのか，という疑問が湧き上がってくる．その答は明らかに"ノー"である．なぜなら，OUと等しい長さの辺を持つ正方形を作図して，その正方形の対角線の長さと等しい線分ODを軸上に移してくると，点Dは"どんな有理数とも対応しない"からだ．

つまり，隙間がないというのは錯覚にすぎなかったのだ！　確かに"すべての"有理数を軸上に"並べれば"コンパクトな集合が得られるが，それでもそれらの点が直線を埋め尽くすことはない．有理数では表現できない隙間が無

限個残ってしまうのだ.さらにのちほど述べるように,"無理数の隙間の個数は有理数の点の個数をはるかに上回る"と断言できる.

純粋数学者の立場から見れば,この基本的事実は次のように表現できる.どんな有理数も軸上の一点と対応するが,その対応関係は相互的ではない.軸上には,どんな有理数も割り当てることのできない点が存在する.そのような点は無限個存在するだけでなく,$\sqrt{a}, \sqrt[3]{a}, \cdots, \sqrt[n]{a}$などとその種類も無限で,そのそれぞれの種類が無限個の"無理数の点"を含んでいる.

こうしてまたもや,数の概念を拡張するという課題に直面した.きわめて単純な2次方程式の解を表すのでさえ,有理数では不十分であって,数の領域を有理数という概念からさらに大きく押し広げなければならないのだ.

そこで,前にも大いに役立った形式不易の原理を再度利用するのが自然だろう.まず$\sqrt[n]{a}$という記号を作る.方程式$x^n = a$が有理数の解を持っていれば,すなわちaがある有理数のn乗であれば,この記号は有理数を表す.そのような特別なケースを出発点として,この記号に対する演算規則を定める.そしてその恒等式を使って,$\sqrt[n]{a}$と表される"初等無理数",すなわち"累乗根"と呼ばれる新たな数領域の関係を定義する.順序の基準は,指数を揃えることで容易に定めることができる.たとえば$\sqrt{2}$と$\sqrt[3]{3}$を比較したければ,

$$\sqrt{2} = \sqrt[6]{8}, \quad \sqrt[3]{3} = \sqrt[6]{9}, \quad \sqrt[6]{9} > \sqrt[6]{8}$$

とすることで不等式 $\sqrt[3]{3} > \sqrt{2}$ が導かれる．

掛け算や割り算も，同じ手法を使って容易に定義できる．根号の中が有理数である二つの"無理数"の積は，それ自体も同じ種類の存在となる．たとえば

$$\sqrt{2} \times \sqrt[3]{3} = \sqrt[6]{8 \times 9} = \sqrt[6]{72}$$

しかし足し算の場合はどうしようもない困難に突き当たる．$\sqrt{2} + \sqrt{3}$ のような式は，a を有理数として $\sqrt[n]{a}$ という形では表現できないのだ．"二つの初等無理数の和は，一般的に初等無理数ではない"．単純な無理数の領域は，掛け算や割り算に関しては"閉じている"が，足し算や引き算に関しては"大きく開いている"のだ．

一貫した体系を構築するには，数領域を初等無理数から $\sqrt[n]{a} + \sqrt[n]{b}$ という種類の"複合的な"無理数へ拡張しなければならない．しかしそのような拡張に取り掛かる前に，その先には何が待ち受けているかを少し見ておくことにしよう．

忘れてならない点として，我々はいま，n を任意の整数，係数を任意の有理数として，

$$ax^n + bx^{n-1} + cx^{n-2} + \cdots + px + q = 0$$

というもっとも一般的な方程式を"解こう"としている．このきわめて一般的な方程式のうちここまでで取り組んだのは，

$$ax^n + b = 0$$

というきわめて特殊な"2項方程式"である.

$n=1$のケースからは有理数領域が生まれた.そして一般的な2項方程式からは初等無理数が導かれた.しかし,もっと一般的な方程式についてはどうだろうか? もしそれを $x^n=A$ という単純な種類の方程式に還元できるなら,その形式的な解は初等無理数になるはずだ.そこで,次のような根本的な問題が浮上してくる.どんな代数方程式でも2項方程式に還元できるのか? 言い換えると,"一般的な代数方程式の解は形式的に累乗根を使って表現できるのか?"

この問題をめぐる歴史は,帰納的推論の価値を物語る好例となっている.

ディオファントスは『数論』[注25]の中で,特別な種類の2次方程式をいくつか採り上げた.インド人はその理論をさらに発展させ,それと関連して,無理数に対する演算規則を今日知られているのとほぼ同じ形で確立させた.そして最終的にはアラブ人数学者たちが,"一般的な2次方程式" $ax^2+bx+c=0$ の形式解は $A+\sqrt{B}$ という形で,すなわち"有理数と平方根[注26]によって"表現できることを発見した.

アラブ人たちは次に,一般的な3次方程式 $ax^3+bx^2+cx+d=0$ に取り組み,不十分ではあるが成功を収めた.オマル・ハイヤームはその巧妙な解を幾何学的に導いたが,どんなに努力しても形式的な代数解は得られず,最終的に3次方程式は根では解くことができないと主張した.この

問題にルネサンス期のイタリア人数学者は大いに魅了され，16世紀に完全に解決させた（それについては別のところで述べる）．"3次方程式の一般解は立方根と平方根を使って表現できる"ことを発見したのだ．

それとほぼ同時期にイタリア人のフェラーリが，4次方程式を補助的な2次方程式と3次方程式の解へ還元し，"4次方程式は4次以下の累乗根によって形式的に解ける"ことを証明した．

自然な推測として，このことは一般的にも成り立つと考えられた．すなわち，"これまでの前例のとおり"n次方程式は累乗根によって形式的に解くことができ，おそらくその累乗根の指数はn以下だろうというのだ．18世紀の数学者の大半はそう確信していたが，そのもっとも注目すべき例外がラグランジュだった．

この問題は19世紀前半まで解決されなかった．数学の世界ではたびたびあることだが，この問題があまりにも難しかったために新たな手法が必要となり，その新たな手法は本来の問題よりもずっと有益で幅広く応用できることが明らかとなった．ルフィニやアーベルやガロアによるきわめて重要な功績は，この問題を完全に解決するだけでなく，数学に"群"という新たな基本的概念をもたらしたのだ．

アーベルとガロアという，性格も風貌もまったく異なる二人の人物が，同じ問題に興味を持って同じような方法で

取り組んだらしいというのは、きわめて興味深い。二人とも，"5次方程式"は累乗根を使って解くことができるという信念を持って問題に取り組んだ。そのときアーベルは18歳，ガロアは16歳だった。二人ともしばらくのあいだは解を発見したと考えていたが，すぐにその間違いに気づき，新たな方法で問題に取り組んだ。

1825年にアーベルは，"一般的な5次方程式を累乗根[注27]だけを使って解くことはできない"ことを最終的に証明した。そして，5次より高次のどんな方程式でもそうであろうと推定した。それを最終的に証明したのはガロアである。"累乗根による解を導くことのできる方程式は，どんな特別な性質を有していなければならないか"という問題に対して，ガロアは遺書の中で完全な形で答えている。ガロアはこの特別な問題をもとに新たな方程式論を確立させ，それは通常，ガロアの群論と呼ばれている。しかしそれについては本書の範囲を超えている。

話を戻そう。無理数の問題に形式不易の原理を直接当てはめようとしても，以下の二つの理由から失敗する。第一に，初等無理数，すなわち $\sqrt[n]{a}$ という形の無理数は閉じた領域を作らない。第二に，"複合的な"無理数では，"4次より高次の"一般的な方程式を解くには不十分である。

包括的な理論を構築するには，すべての"代数的数"，すなわちあらゆる代数方程式の解を含んだ領域全体を考慮する必要がある。それを"代数的数領域"という。その領域

にはもちろん有理数領域が含まれる．さらに，代数的数領域は四則演算だけでなく累乗根の演算に関しても閉じていることを証明できる．すなわち，どんな二つの代数的数の和，差，積，商，累乗，累乗根も，それ自体が代数的数になるということだ．そしてさらに，n を整数とする

$$ax^n+bx^{n-1}+\cdots+px+q = 0$$

というもっとも一般的な方程式において，$a, b, c, \cdots, p, q$ を有理数に限定せずにもっとも一般的な種類の代数的数とすると，この方程式が解を持つ限り"それは代数的数となる"．

しかし代数的数の理論は，確かに包括的ではあるものの，いくつも重大な欠点を抱えている．第一に，そのために必要となる記号が，方程式のすべての係数を含むために漠然としていて扱いにくい．さらに，その記号に対する演算がかなり複雑で，どんなに単純な演算も実際には実行不可能である．最後に，2次以上の代数方程式は一般的に"複数の解"を持っているという，きわめて深刻な問題がある．

2次方程式は二つ，n 次方程式は n 個もの異なる解を持つ場合がある．このような手順に付きまとう曖昧さは，とりわけ"解の一意性"が何より重要となる問題に当てはめる場合には克服しようのない障害となってしまう．

しかし，このような方向性で数の概念を一般化しようという動きが勢いを増すよりはるか以前に，アーベルやガロ

アの発見でさえ霞んでしまうようなある重要な出来事が起こった．師範学校の教授で"Journal des Mathématiques"（数学紀要）という重要な学術雑誌を創刊したフランス人数学者ジョゼフ・リウヴィルが，1844年にパリ・アカデミーで一篇の論文を発表し，その論文はのちに自身の雑誌の中で『代数的でもなく代数的無理数にも還元されないきわめて広範な一群の量について』という題で出版された．この画期的な論文の中でリウヴィルは，そもそもどんな代数方程式の解でもありえない量の存在を示し，さかのぼること1794年にルジャンドルが発した疑念を裏付けたのだった．

代数的数は多種多様に見えるかもしれないが，50年後にゲオルク・カントルが示したように，それはさらにずっと広大な領域の中の一角にすぎない．カントルはリウヴィルの定理に対する新たな証明を与える中で，代数的でない数，すなわち"超越数"の理論に確かな基盤を与えたのだ．しかしそれについてはのちほど説明しよう．

さらに奇妙な事実として，超越数は数学者の風変わりな想像の産物であるだけでなく，いわば抽象化に対する数学者の食欲をそそる料理でもある．微積分の発明によってある一群の量が生まれ，それらはその後何世紀かのあいだに，解析学のほぼあらゆる問題で中心的な役割を果たすようになった．その量とは"対数"と"三角比"である．今日これらの量は，世界中のあらゆる技術者のオフィスで日常的に使われていて，応用数学でもっとも強力な道具とな

っている．リウヴィルの発表から50年のうちに，それらの量の大半が超越数であることが確実に証明された．そのことをより理解するために，πという数の歴史についてざっと見ることにしよう．

「また彼は鋳物の海を作った．縁から縁まで10キュビット，周囲は円形でその高さは5キュビット．その周囲に縄をめぐらすと30キュビットあった」（歴代誌下，第4章第2節）

ソロモンの寺院にあった司祭の水浴場に関するこの記述は，古代ユダヤ人が円周と直径との比πは3に等しいと考えていたことを物語っていると思われる．これは実際の値より5％小さい．エジプト人はもっとずっと近い近似値を導いた．リンド・パピルス（紀元前1700年頃）には，πの値は $3\frac{13}{81} = \frac{256}{81}$，すなわち $\left(\frac{16}{9}\right)^2$ に等しいと書かれており，これは実際の値より1％足らず大きいにすぎない．

当然ながらギリシャ人数学者も，古代からこの量について深く考察してきたに違いない．しかしギリシャの地で，この問題は新たな性格を帯びるようになった．それは古代でもっとも有名な問題の一つとなり，ギリシャ神話の伝説的輝きをまとった．

そのようなたぐいの問題は三つあった．それは，"立方体の体積を2倍にする"（立方体倍積問題），"角を三等分する"，そして"円と同じ面積の正方形を作る"（円積問題）

というものである．最後の問題は実質的に，πを求めるという問題と同等である．なぜなら，半径1の円の面積はπに等しく，もしπを有理数で表せたとしたら，この問題は，与えられた面積の正方形を作図することに還元できるからだ．もしエジプト人の得た値が正しければ，円の面積はその直径の8/9を一辺とする正方形と等しいことになる[注28]．

ギリシャの幾何学は，もっぱらこの三つの問題を中心に発展した．そしてギリシャ人幾何学者は，これらの問題を解こうとする取り組みの中で，円錐曲線やさらに高次の曲線をいくつも発見した．おそらく彼らは，自分たちの探し求める解が実は存在しないのではないかなどと疑うことはなかっただろう．困難で手に負えない問題だけに彼らはますます努力を重ね，アルキメデスやペルガのアポロニオスといった偉人たちも幾何学の世界へ引き込まれていった．

しかし初めの二つの問題は，代数学的に，$x^3 - 2 = 0$と$4x^3 - 3x - a = 0$（aはある適切な分数）という比較的単純な3次方程式を解くことと同等である．これらの問題[注29]に不可能の烙印が押されたとして，はたしてその"不可能"という言葉の意味は，算術の場合と同じように，対象領域に対する制限がその不可能性を生んでいるという意味なのだろうか？

そのとおりだ！　これらの古典的な問題を解くことが不可能なのは，あまりに昔から存在しているために至極当然

とみなされていて、めったに言及されることもなかったある制約のせいである。ギリシャ人が幾何学的作図と言う場合、それは"直定規"と"コンパス"を使って作図することを意味していた。それらは神の道具で、それ以外のどんな手段も哲学者の思索にはふさわしくないとして禁じられていたのだ。ギリシャ哲学がそもそも貴族のたしなみだったことを忘れてはならない。下層階級の手段は、どんなに巧妙でエレガントに見えても下品で陳腐とみなされ、彼らの知識を利益目的で使った者はみな軽蔑の目で見られた（エウクレイデスの学び舎に弟子入りしたある若い貴族の話がある。数日経って彼は、この学問が持つ抽象的な性格に圧倒され、師に「あなたの思索は実用的にどのように使えるのですか」と尋ねた。すると師は一人の奴隷を呼んでこう命じた。「この若造に小銭をくれてやれ。自分の知識から利益を得られるようにな」）。

さて、直定規だけで解ける問題は今日では"線形問題"と呼ばれており、それを代数学の言語で表現すると"1次方程式"が導かれる。直定規に加えてコンパスを必要とする問題は、"2次方程式"を解くことと代数学的に同等である。だがこれらの事実は17世紀になるまで知られていなかった。それまで、聡明な頭脳の持ち主もそれほど賢くない人たちも、上記の二つの問題に繰り返し挑戦しつづけた。今日でもプロの"三等分専門家"がいるが、彼らの最大の弱みは、300年前にこの問題は片が付いていることを一度も教わらなかったことにある。

幾何学の問題に対する"直定規とコンパスを使った"解は1次や2次の方程式と対応しているが，だからといって，ある問題からもっと高次の方程式が導かれてしまったからといって，それを解くのは不可能だと言い切ることはできない．説明のために，$x^4-3x^2+2=0$ という方程式を考えよう．この左辺は $(x^2-1)(x^2-2)$ と因数分解できるため，この"4次方程式"は二つの2次方程式に分解できる．このような操作が可能な場合，すなわち，一つの方程式を"有理数係数"を持つより低次の式に分解できる場合，その方程式は"可約である"と言う．

立方体倍積問題と一般角の三等分問題から導かれる3次方程式は，"可約でない"という欠点を持っている．これらの方程式に隠された問題を"定規とコンパスで解くことができない"のは，まさにこの事実のせいである．

これで，"不可能"という用語が相対的な性格を持っていることが再び裏付けられた．ほとんどの場合，不可能性は何らかの制約によって生じているが，通常その制約は慣習として受け入れられてしまっていて，あたかも自然そのものによって課されているかのように見える．その制約を取り払えば，不可能性は消えてしまう．今のケースでもそのとおりである．今日では，回転する一連の剛体からなる特別な連鎖機構の道具を使えば，この二つの問題だけでなく，"有理数係数を持つ代数方程式"を導くどんな問題でも解けることが知られている．

第6章 口に出してはならないもの

　円積問題は,けっして代数的に記述できないという点でほかの二つの問題とは違う.

　ピタゴラスの時代以降の数学史は,この問題を解こうという試みで埋め尽くされている.その難しさが定義そのものに潜んでいることを初めて認識したのは,アルキメデスである.長方形や三角形の面積は正確に定義できるし,どんな多角形についても同様だ.しかし,曲線に囲まれた面積とはどういう意味なのか？　確かに,多角形を内接または外接させることでその面積の"上限"や"下限"について論じることはできる.しかしその面積自体は,"無限プロセス"や"極限"を持ち出さないと定義できない.

　のちほど述べるように,アルキメデスはこの問題に対していわゆる"取り尽くしの方法"の力を試した.とりあえずここでは,アルキメデスが円に外接または内接する一連の多角形を用いて,π は $3\frac{1}{7}$ と $3\frac{10}{71}$ のあいだにあると証明したことにだけ触れておこう.

　アルキメデスから1800年のあいだ,この問題はほとんど進展しなかった.もちろん"正方形と円の問題に取り組む者"はつねに大勢いて,さまざまな解が発表され,その中のいくつかはかなり興味深いものだった.また近似値も数多く示され,その中でももっとも興味深いのが,おそらくインドに起源を持つ $\sqrt{10}$ である.エジプト人による近似値にきわめて近いこの値は,中世を通じて頻繁に使われた.アルキメデスの方法を改良しようという試みも数多く記録に残っており,そのもっとも注目すべき例が,39万

3216角形を使ってπを小数10桁まで正しく求めたヴィエトの結果である.

無限プロセスが発明されると計算法は著しく改良され，ヴィエトの近似値はあっという間に影が薄くなった．今日では，πの値は小数700桁以上まで知られている．そのような計算の実用的価値については，アメリカ人天文学者サイモン・ニューカムの言葉に任せることにしよう．

> 「地球の外周を1インチ未満まで求めるには，小数10桁で十分だ．30桁あれば，観測可能な宇宙全体の外周を，もっとも強力な顕微鏡でも見分けられないような値まで求めることができる」

理論的な立場から正当化するなら，このような取り組みによって，現代数学の手法を改良する必要性がもたらされる．また，わずかな望みだが，小数の並び方に何らかの規則性が見つかってπという数の性質に光が当てられるかもしれない．

18世紀末，この問題はまったく新たな局面へ突入した．ランベルトがπは"有理数でない"ことを証明し，さらにルジャンドルが，πは有理数を係数とする2次方程式の解ではありえないことを証明したのだ．それによって"円積問題は最終的に解決した"が，もちろんマニアたちの情熱が少しも削がれることはなかった．というのも，彼らは性

格的に，無知であると同時に自己欺瞞にも満ちているからだ．

しかしまだ，πが代数的数であるという可能性は残されていた．もしそうだとしたら，コンパスと直定規では解けない円積問題も，少なくとも理論上は，連結機構を用いる解法には屈することになる．実用的な価値はないものの，2000年にわたる不毛な努力にふさわしい最高の山場となっていたはずだ．

その可能性も，1873年にフランス人数学者のシャルル・エルミートが"eは超越数である"と証明したことで，かなり小さくなった．eとπの密接な関係はよく知られていたため，πも超越数であることを証明しようとする取り組みがますます勢いを増した．そして9年後にドイツ人のリンデマンが証明に成功した．こうして，タレスの時代から数学者たちの能力を酷使してきた問題が，現代の解析学によって解決したのだった．

自然を数によって説明し尽くそうという第二の試みは，こうして終わった．

超越数が発見されて，それが代数的な無理数より範囲も種類もはるかに多く，そこには現代数学でもっとも基本的な量のいくつかが含まれていることが証明された．代数学の強力なからくりが立ち行かなくなった地点は，2000年前に有理数の算術という原始的な道具がつまずいたのとまさに同じ場所であることが，これらの事実によってはっきり

した．どちらのつまずきも原因は同じだった．代数学も有理数の算術と同じく，"有限のプロセス"しか扱っていなかったのだ．

当時もそれ以前と同じく，無限は，数をより堅固な基盤の上に確立させようという望みをくじかせる存在だった．しかし，無限のプロセスを正当化して，風変わりな無理数に有理数と同等の立場を認めることは，19世紀も古代ギリシャ時代と同じく，厳格主義者にとっては忌まわしいことだった．

中でも大きな声を上げたのが，現代の"直観主義"の父であるレオポルト・クロネッカーだった．クロネッカーは問題の根源を無理数の導入にまでさかのぼり，数学から無理数を排除すべきだと提唱した．そして，整数は絶対的性質を有すると断言し，自然数領域，およびそれに直接還元できる有理数領域だけが，数学の確固とした基盤になりうると主張した．

「神は整数を作った．残りは人間の所産である」とは，クロネッカーの名を後世にまで知らしめる有名な言葉である．この言葉を聞くと私は，新たな教会の建設に携わる委員会の会長を務めた信心深い老女の話を思い出す．建築家が計画を提出すると，その老女は事業にきわめて慎重な姿勢を示した．中でも，建築家の仕様書にステンドグラスが記されていることに猛烈に反対した．投げやりになった建築家は老女に，どういう根拠でステンドグラスを使うことに異議を唱えるのかと尋ねた．すると老女は声を荒げて答

えた.「ガラスは神が作り給うたのと同じ方法で作りたいのよ！」

第7章

この移ろいゆく世界

「自然と物質に対して最初に受ける素朴な印象は，その連続性である．金属のかけらであれ大量の液体であれ，我々は決まってそれらを無限に分割できると考えるし，どんなに小さな一部分も全体と同じ性質を持っているように見える」

――ダフィット・ヒルベルト

　数学の世界では，すべての道はギリシャへ通じる．

　ここでは，無限小の考え方がどのようにして進歩してきたかを説明しよう．無限小という概念が成熟した場所は西ヨーロッパ，時代は 17 世紀と 18 世紀のことだった．しかしこの概念の根源をたどってみると，もう一つの場所と時代が浮かび上がってくる．場面は，古代ギリシャ，あのプラトンの時代へさかのぼる．

　無限にまつわる問題は，それと密接な関係のある無理数の問題と同じく，ギリシャの地で生まれた．その地で最初の危機が起こり，それ以降も何度も危機が訪れている．最初の危機はプラトンの時代に起こったが，プラトンが引き起こしたのではない．また，ギリシャのほかの正統派哲学者が引き起こしたのでもない．その問題を起こしたのは，当時を代表する哲学者たちから軽蔑の念を込めて"ソフィスト（詭弁家）"と呼ばれていた思想家たちだった．

第7章 この移ろいゆく世界

　正統派の思想家は，素性の知れない彼らを"エレア派"とも呼んだ．おそらくこの呼び名には，その代表的な人物だったパルメニデスやゼノンの故郷エレアと同様に，彼らの教えも風変わりで取るに足らないものであるという意味が込められていた．エレアは南イタリアにあった貧しいギリシャ人植民地で，ラエリウスいわく「徳の高い市民を育てる知恵以外に何ら取り柄のない」場所だった．しかし後から考えると，ソフィストたちこそがエレアにとっては唯一自慢の種だった．

　ラッセルは次のように言っている．「エレアのゼノン[注30]の論証によって，当時から現代まで構築されてきた空間と時間と無限に関するほぼあらゆる理論の基礎が築かれた」．しかし今となっては，その論証が人との議論の中で展開されたのか，あるいは書物という形で示されたのかは分からない．もしかしたら両方かもしれない！　この厄介な問題に関する数少ない資料の一つであるプラトンの対話篇『パルメニデス』には，ゼノンが師のパルメニデスとともにアテナイ（現在のアテネ）を訪れた際の様子が描かれている．そこには，ゼノンが以前の訪問の際に自らの論証を披露したことを指していると思われる言及がある．しかしそれについて尋ねられたゼノンは，次のように答えている．

　「師の熱意にほだされて若い頃にその本を書いたが，何者かに盗まれてしまったため，公表したくてもできな

くなってしまった．それを書いた動機は，老人の野心によるものではなく，若者の好戦性によるものだった」

もしそうだったとしても，現代の我々はその論証のことをアリストテレスを通じてしか知ることができない．はたしてこのスタゲイロス人[注31]は，すでに世を去った論敵の論証を歪めてしまおうという衝動を抑えられたのだろうか？

その論証を現代の言語で解釈するのはきわめて難しい．翻訳された文書が少ないからではない．実際にはその逆で，翻訳が多すぎて選択に困ってしまうのだ．何十もの翻訳に加えて意訳も何百もあり，解釈の難しさにかけては聖書のどんな難解な文章にも引けを取らない．どの解釈にも著者の持論が反映されていて，著者の人数と同じくらいの数の説が存在する．アリストテレスの『形而上学』に記されているゼノンの四つの論証とは，次のようなものである．

第一の論証：2分法

「第一に，運動は存在しない．なぜなら，運動しているものは必ず，終着点よりも先に中間点に到達しなければならないからだ」

第二の論証：アキレスと亀[注32]

「第二はいわゆるアキレスについて．すなわち，足の遅いほうは足の速いほうにけっして追いつかれることがない．なぜなら，追いかけるほうはまず，追いかけられるほうがいた地点に到達しなければならず，その間に遅いほうは必ず多少は先に進んでいるはずだからだ」

第三の論証：矢

「一様に振る舞う物がすべて，絶えず運動しているか静止しているかのどちらかであって，運動している物がつねに"いま"の各瞬間に存在しているとしたら，運動している矢は静止していることになる」

第四の論証：競技場

「第四は二つの列に関するものである．それぞれの列は大きさが等しい同じ個数の物体からなり，競技トラックの上で，互いに逆向きの等しい速さで進みながらすれ違う．一方の列は初め，ゴール地点とコース中間点とのあいだの空間を占めており，もう一方は中間点とスタート地点とのあいだを占めている．ここから，ある時間の半分がその時間の2倍に等しいという結論が導かれると彼は考えた」

形而上学に傾倒する人は，この論証の中に運動の実在性

に対する反証を見て取る．一方，歴史家タンヌリのような人々は，ゼノンにはそのような意図はなく，逆に運動の実在性を否定しようがないことに基づいて，空間や時間や連続性に対する我々の概念が甚だしい矛盾を抱えていることを指摘したのだと主張している．その考え方にきわめて近いのが，アンリ・ベルクソンの見解である．ベルクソンは，「エレア派が指摘したこの矛盾は，運動そのものでなく，人間の精神による運動の人為的な再構成によるものだ」と主張している．

この最後の考え方によれば，これらの論証の価値は，人類の知識という一般的な枠組みの中で数学が占める位置をまざまざと浮き彫りにしたことにある．この論証が示しているのは，我々の感覚（あるいは現代におけるその延長線である科学機器）が知覚する空間や時間や運動は，それと同じ名前を持つ数学的概念と同じ対象を指しているのではないということだ．ゼノンが提起した問題は，純粋数学者に警鐘を鳴らすたぐいのものではない．論理的矛盾を暴き出すのではなく，言語の持つ曖昧さを明らかにするにすぎない．数学者ならば，自らが作り出した象徴的な世界は自分の感覚の世界と同じではないと認めることで，そのような曖昧さを片付けることができる．

すなわち，直線の性質とされているものは，幾何学者自らが作り出したものである．幾何学者は意図的に幅や太さを無視し，2本の直線の共通部分，すなわち交点はどんな大きさも持っていないと仮定する．これらの幾何学的存在

に算術の法則を当てはめようとする幾何学者は，これから見ていくように，線分を無限に分割するという無限プロセス，すなわちギリシャ人の言う"2分法"が有効であるのは一つの特別な例でしかないと認める．これらの前提から論理的に古典幾何学が導かれるが，その前提自体は意図的なものであって，せいぜい言って便宜上の虚構だ．数学者はそれらの古典的仮定を一つ，あるいはすべて斥け，代わりに新たな一連の前提を据えることもできるだろう．たとえば新たな要素として，"帯"と，2本の帯の共通"領域"を採り上げて，それらを"直線"と"点"と呼び，古典的教義とはまったく違うが同じく一貫性があって，おそらくは有益でもある幾何学を構築することさえできるだろう．

しかし実用面を扱う物理学者や工学者といった人間にとっては，そのような体系をすべて等しく受け入れることはできない．彼らは，少なくとも現実と同じように見えることを求める．つねに具体的な事柄を扱う彼らは，数学の用語を記号や概念でなく，現実を映し出すイメージとしてとらえている．内部的に一貫しているために数学者には受け入れられる体系も，現実的な人間にとっては，現実を不完全な形でしか表現していないために「矛盾」に満ちたものに見えるかもしれない．

奇妙に思えるかもしれないが，ゼノンの論証は物理的現実に数学を当てはめることの有効性を脅かすものなので，深く心配しなければならないのは実用面を扱う人間のほうである．しかし幸いなことに，現実的な人間が論証に興味

を示すことはめったにない.

ゼノンの論証の歴史的重要性は,いくら評価してもしすぎることがないほど大きい[注33).その理由の一つとして,これらの論証によってギリシャ人たちは,時間という概念に対して新たな姿勢を取らざるをえなくなった.

ゼノンが第一の論証で述べているのは,要するに次のようなことである.ランナーはゴールに到着する前にコースの中間点に到達しなければならず,それには"有限の"時間がかかる.さらにその残りの距離の中間点にも到達しなければならず,それにも"有限の"時間がかかる.そして「一度言ったことはいつでも繰り返すことができる」.コースを走りきるまでには無限個の段階があり,そのそれぞれの段階には有限の時間が必要だ.しかし,有限の時間を無限個足し合わせると無限になる[注34).したがって,ランナーはけっしてゴールにたどり着けない.

アリストテレスは,次のようにしてこの論証に決着を付けている.

「時間と空間は等分される.それゆえ,無限個の段階を経ることや,有限の時間内に無限個の要素を一つ一つ採り上げることは不可能であるというゼノンの論証は,間違っている.というのも,"無限"という用語には,分割可能性に関する意味と数に関する意味という二つの意味があって,その両方が,長さや時間,さらにはあらゆ

る連続的な事柄に適用されるからだ．数に関する無限を有限時間内に扱うのは不可能だが，分割可能性に関する無限を扱うのは可能である．なぜなら，時間自体もその意味で言うと無限だからだ」

すなわち，最初の二つの論証（第二の論証は第一の論証を巧妙に言い換えたにすぎない）からは実質的に，"空間の2分法"を仮定するには同時に"時間の2分法"を認めなければならない，という結論が導かれる．しかし理解しにくいのはまさにその点だ！　直線を分割できることは容易に理解でき，棒を切ったり直線に印を付けたりすることでそれは簡単に実現できる．しかし"時間に印を付ける"というのは単なる比喩にすぎない．時間は実験しようのない存在であり，すべては過去か未来のどちらかにある．ギリシャ人にとって，そして我々にとって，時間を分割するというのは精神の活動でしかないのだ[注35]．

時間を無限に分割できるようにするというのは，時間を幾何学的な直線で表して，"時間の長さ"を"線の長さ"と同一視することと同等である．それが，力学の"幾何学化"に向けた第一歩となる．すなわちゼノンの第1の論証は，現代の相対論で言う4次元世界の基礎となった原理とは相反するものだったのだ．

ゼノンの論証が放つ真の一撃は，最後の二つに託された．それはまるで，ゼノンが反対者の抗弁をあらかじめ予

期して，それに合わせて準備していたかのようだ．第4の論証は相対論に関する問題の一端を含んでいて，本書とは関係ない．我々の感覚によって知覚される運動と，それと同じ名前の仮面をかぶった数学的虚構との隔たりをまざまざと暴き出してくれるのは，第三の論証である．

ゼノンの反論を見てみよう．

「あなたが言っているのは，空間が無限個の連続した点からできているのと同じように，時間も無限個の連続した瞬間の集合体にほかならないということだろうか？よろしい！　それでは飛んでいる矢を考えよう．どの瞬間にもその先端は，軌跡上のある決まった点を占めている．矢の先端が"その点を占めている"とき，それはそこに"静止している"はずだ．しかし，点が静止していると同時に運動しているなどということが，はたしてありえるだろうか？」

数学者はこの主張を"独断的に"始末する．運動？　運動は位置と時間の対応関係にすぎないのだ，と．そのような変数どうしの対応関係を，数学者は"関数"と呼ぶ．運動の法則は一つの関数にほかならず，もっと言うとあらゆる"連続関数"の代表例だ．それは本質的に，気体を満たしたシリンダーとその中で自由に滑り動くピストンの例と変わらない．ピストンのすべての位置が，シリンダー内のある決まった圧力と対応する．ピストンの任意の位置に対応す

る圧力を求めるには，その位置でピストンを止めて圧力計の値を読めばいい．

しかし，運動する物体でも同じことが言えるのだろうか？ 観測している運動そのものを止めることなしに，任意の瞬間でそれを静止させることはできるのか？ 当然そんなことはできない！ だとすれば，運動する物体が"ある時間にある位置を占めている"というのは，どういう意味なのだろうか？ それはすなわち，飛んでいる矢の飛行を妨げることなしにそれを静止させる物理的手順を考えることはできないが，"精神の働き"によってそれをおこなうことは可能であるという意味だ．しかしその精神の働きを裏付けているのは，"別の矢"がその瞬間にその地点で留まっている様子を想像できるという現実でしかない．

数学的な運動は，静止状態が無限に連続したものにすぎない．すなわち，数学は動力学を静力学の一分野へと還元するのだ．その置き換えを実現させる原理は，18世紀にダランベールによって初めて定式化された．運動を連続した静止状態と同一視して，それぞれの静止状態では運動している物体は平衡状態にあるという考え方は，一見ばかげているように思える．しかし，"運動のない状態"から運動が構成されているという考え方の滑稽さは，"大きさのない点"から直線ができているとか，"長さのない瞬間"から時間ができているといった考え方と何ら変わらない．

確かにこのような抽象的な考え方は，我々の感覚で知覚される現実の運動の骨組みにさえならない！ 飛んでいる

ボールを見たとき，その運動は，無限小のジャンプの連続としてではなく，全体として知覚される．しかし数学的な直線は，針金を忠実に表現したものでもなければ，理にかなった形で表現したものでもない．人間はこのような虚構を使う訓練を長いあいだ受けてきたせいで，正真正銘の物体よりもその代用品のほうを好むようになってしまったのだ．

ギリシャにおけるその後の科学の進展を見ると，ゼノンの論証が引き起こした危機がギリシャ人の数学的考え方にどれほど大きな影響を与えたかがはっきりと読み取れる．

一方でその危機は，詭弁の時代を生み出した．それは，数学的考え方と宗教的格言や曖昧な形而上学的思索が奇妙に混ざり合ったピタゴラス学派の幼稚な戯言に対する，自然な反発だったといえる．それに比べると，今日まで数学の各分野のモデルになっているエウクレイデスの『原論』は，厳格さの上でどれほど際立っていることか！

他方でゼノンの論証は，ギリシャ人幾何学者の心に"無限への恐怖"を植え付け，彼らの想像力を半ば麻痺させてしまった．無限はタブーであって，何としてでも排除しなければならなかった．それができない場合には，不条理な議論のようなもので覆い隠された．そうした状況の中，無限に関する肯定的な理論がかなわなくなっただけでなく，プラトン以前の時代にはかなり進んだ段階に達していた無限プロセスのさらなる発展さえも，ほぼ完全に妨げられた

のだ.

　古代ギリシャでは，これ以上ない幸運な環境がいくつも重なった．一つは，エウドクソス，アリスタルコス，エウクレイデス，アルキメデス，アポロニオス，ディオファントス，パッポスといった第一級の天才が次々に現れたこと．二つめは，創造的な取り組みや思索的思考を推奨すると同時に，野心的な思索の欠陥を探る者を守る批判的精神を育むという伝統だ．最後に，有閑階級の発達にとってきわめて好都合な社会構造のおかげで，直接の実用性を顧みることなしに思索の追究に没頭できる思想家が次々と生まれた．このような環境の組み合わせは，現代にも引けを取らなかった．それでもギリシャ人数学者は，ディオファントスのような人物がいながらも代数学にあと一歩届かず，アポロニオスのような人物がいながらも解析幾何学に届かず，アルキメデスのような人物がいながらも無限小解析に届かなかった．すでに指摘したように，表記的記号体系が存在しなかったことはギリシャ数学の発展を妨げた．"無限への恐怖"は，それと同じくらい大きな障害だったのだ．

　アルキメデスの"取り尽くしの方法"には，無限小解析に不可欠な要素がすべて含まれていた．というのも，現代の解析学は無限プロセスに関する理論にほかならず，無限プロセスは"極限"の概念に基づいているからだ．極限の概念の正確な定式化は，次の章まで取っておくことにする．ここで言っておくべきは，アルキメデスの考えた極限

の概念はニュートンやライプニッツが微積分を開発するのに十分なもので、それはヴァイエルシュトラスやカントルの時代まで実質的に変化しなかったということだ。事実、"極限に基づく微積分"は、二つの変量の差を慎重に小さくしていけば両者は等しい状態に近づくという考え方に基づいており、その考え方こそが取り尽くしの方法の基礎にもなっている。

さらにこの原理は、実際に極限を求める方法にもなる。その方法とは、ある変量を万力のあごのように別の二つの変量で"挟み込む"というものだ。前に挙げた円周のケースで言うと、アルキメデスは、円周を2組の正多角形で挟み、一方を円に外接させてもう一方を内接させたままで辺の数を増やしていった。そして先に述べたように、この方法によって、π が $3\frac{1}{7}$ と $3\frac{10}{71}$ のあいだにあることを証明した。またこの方法を使って、(上に凸である)放物線の下の面積は、それと同じ底辺と高さを持つ長方形の面積の $\frac{2}{3}$ 倍であることも発見した。この問題は現代の積分の先駆けとなった。

どのように判断しても、アルキメデスは無限小解析の創始者だったと言わざるをえない。18世紀の積分法にあって取り尽くしの方法に欠けていたのは、適切な記号体系と、無限に対する肯定的な、というよりも純粋な態度だった。しかしアルキメデスの跡を継いだギリシャ人は一人もおらず、偉大な師の発見した豊かな大地の探索は次の時代まで持ち越された。

1000年にわたる麻痺状態ののちにヨーロッパ人は、キリスト教の神父たちが巧みに処方してきた眠り薬の効果を振り払って、何よりも先に無限の問題を復活させた。

しかしその復活を特徴づける事実として、ルネサンスの数学者はギリシャの原典にほぼ完全に頼り切っていながら、ギリシャ人の批判的な厳密さをまったく欠いていた。ケプラーやカヴァリエリが切り拓いた荒削りな方法がそのまま用いられ、そのうわべだけが、ニュートンとライプニッツ、無限の記号を考案したウォリス、4人のベルヌーイ、オイラー、そしてダランベールによって洗練されていった。

彼らは論証における必要性に応じて、無限小を定数としても変数としても扱った。そして、大して道理が通らないままで無限数列を操り、極限をもてあそんだ。発散級数を、まるであらゆる収束規則に従うかのように取り扱った。用語を曖昧に定義して手法をおおざっぱな形で利用し、論証の論理を自分の直観に合わせてねじ曲げた。要するに彼らは、厳密さや数学の作法に関するあらゆる規則を破ったのだ。

当時"不可分者"と呼ばれていた無限小の導入は、紛れもなく大騒動を巻き起こしたが、それは自然な反応にほかならなかった。長いあいだ、直観はギリシャ人の厳格さに拘束されていた。今やそれが解放され、その空想を食い止めるエウクレイデスのような人物もいなかったのだ。

もう一つ別の原因も見つかる。忘れてならないのは、当

時の天才たちがみな伝統的な教義の中で生まれ育ったことだ。あるイエズス会修道士は、「子供は8歳まで育てよ、そうすれば自分で自分の面倒を見るようになる」と言った。ケプラーは、聖職者になる望みを絶たれて、しぶしぶながら天文学に携わるようになった。パスカルは数学をあきらめて修道者になった。ガリレオに対するデカルトの共感は、教会に対する信仰によって抑えつけられた。ニュートンは、傑作の合間に神学に関する小冊子を書いた。ライプニッツは、キリスト教にとって世界が安泰となるような数体系を夢見た。秘跡や贖罪、三位一体や化体といった空論に自らの論理を当てはめた人物にとって、無限プロセスの有効性などちっぽけな問題だったのだ。

これは、バークリー主教に対する遅ればせながらの報復とみなすことができる。無限小の計算に関するニュートンの画期的な著作が発表されてから四半世紀後に、主教は『解析者――不信心な数学者に向けた説教』というタイトルの小冊子を書いた。宗教の問題に関しては鵜呑みにされている事柄があまりにも多いというニュートンの主張に対し、主教は反論として、数学の仮定もまた確実な根拠に裏付けられていないではないかと指摘した。そして無類の手腕と知力を駆使して無限小の教義を厳密に解析し、不正確な論証、曖昧な表現、そして紛れもない矛盾を数多く暴き出した。その中には"流率"や"差分"という用語も含まれており、それらに対して主教はアイルランド人ならでは

第7章　この移ろいゆく世界

のユーモアという攻撃の矢を放った.「2次流率や3次流率, 2次差分や3次差分を理解できる者なら, 神のどんな事柄に対しても神経質になる必要などないはずだ」

　ニュートンの言う"流率", ライプニッツの言う"差分"は, 今日では"導関数"や"微分"と呼ばれている. 解析幾何学と並んで応用科学の発展に大いに寄与した数学の一分野である"微積分学"は, これらを基本的な概念として生まれた. 解析幾何学の創始者はデカルトであるとされているが, 微積分を最初に考えついたのがニュートンなのかライプニッツなのかという論争は, 18世紀を通じて吹き荒れつづけ, 今日でも決着は付いていない. しかし, デカルトの『幾何学』が出版される前年でニュートンの『プリンキピア』が出版される68年前の1636年10月22日, フェルマーがロベルヴァルに宛てて書いた手紙の中には, どちらの分野の原理もはっきりと記されている. もしフェルマーが自らの研究成果を発表しないという不可解な習慣を持っていなかったら, このルネサンス期の第二のアルキメデスが解析幾何学と微積分学の両方の創始者として認められ, 数学の世界は1世紀にわたる醜い論争という汚点を免れていたことだろう.

　ニュートンのいう"原理"の内容は運動を例に挙げて説明することができ, それは微分法が最初に適用されたテーマでもある. 直線上を運動する粒子を考えよう. 等しい時間内にそれぞれ等しい空間を横切る場合, その粒子は

"等速運動"していると言い，1単位の時間，たとえば1秒のあいだに進む距離を，その等速運動の"速度"という．等しい時間内に進む距離がそれぞれ等しくない場合，つまり"等速でない"場合，いま使った意味で言う速度というものは存在しない．しかし，ある時間内に進む距離をその時間の長さで割り算し，その比をこの時間内での粒子の"平均速度"と呼ぶことならできる．ニュートンはその比を"主比"(prime ratio) と呼んだ．明らかにこの数は，選んだ時間の長さに左右される．だが時間の長さを小さくしていけば，速度はある一定の値に近づいていく．これは，隣り合った項どうしの差がどんどん小さくなっていって，しばらくすると隣り合った二つの項が区別できなくなるような"数列"の一例となる．ここで，時間間隔を"限りなく"小さくしていくことを考えよう（この発想は，"空間と時間は連続している"という我々の直観によって正当化される）．するとその数列の究極の項（ニュートンの言う"究極比"）は，ニュートンいわく"その時間経過の最初の点における速度"を表すことになる．

今日の我々は，運動する点の任意の時刻における速度を，それに対応する時間経過を際限なく短くしていったときの，平均速度の極限値であると"定義"している．しかしニュートンの時代の人々は，そこまで慎重ではなかった．

この究極比をニュートンは"流率"(fluxion) とも呼んだ．流率とは，長さや面積，体積や圧力のような量が変化

する速度のことである．これらの変化量をニュートンは"変量"（fluent）と呼んだ．このような表現力豊かな単語が生き残らなかったのは残念で，それらは"導関数"や"関数"といった無味乾燥な用語に取って代わられた．ラテン語の"fluere"は"流れる"を意味するので，"fluent"は"流れるもの"，"fluxion"は"流れの速さ"という意味になる．

ニュートンの理論は，連続量を扱いながらも，時間と空間は無限に分割可能だと仮定している．流れについて語りながら，その流れをあたかも微小なジャンプが連なったものとして扱うのだ．そのため流率の理論は，2000年前にゼノンが提起したどんな反論にも答えることはできなかった．そうして，人間が知覚するおおざっぱな現実に数学を合わせようとする"現実主義者"と，現実は人間の精神の命令と一致していなければならないと主張する"理想主義者"とのあいだの，長年にわたる確執が再燃した．待ち望まれたのはもう一人のゼノンであり，そのゼノンはイングランド教会の聖職者という奇妙ないでたちで姿を現した．しかしその話は，のちにクロインの主教となったジョージ・バークリーの言葉に委ねることにしよう．

「我々の感覚がきわめて微小な物体の認識に難儀して困惑するのと同じように，感覚に由来する能力である想像力もまた，時間の最小粒子やそこから生まれる最小増分という考え方を明確に組み立てるのに，きわめて難儀

して困惑する．ましてや，流れゆく量の生まれたままの増分，すなわち根源や存在当初における各瞬間を，それらが有限の粒子になる前に理解するのもしかりだ．そして，そのような生まれたての不完全な存在が持つ抽象的な速度を認識するのは，ますます困難であるように思える．しかし私に間違いがなければ，速度の速度，すなわち2次，3次，4次，5次速度などは，人間のあらゆる理解を超えている．理解を超えたそのような概念を精神で分析して追究していけばいくほど，行き先を見失って困惑させられる．はじめ儚くちっぽけだった物体は，すぐに視界から消える．もちろんどんな意味で言っても，2次流率や3次流率は隠れた謎であるように思える．初期速度の初期速度や初期増加の初期増加，すなわち量を持たないものの初期増分——私に間違いがなければ，それをはっきりと想像するのは不可能であろう……

　流率法の偉大な発案者もその困難を感じ，そのために，体裁の良い抽象概念や幾何学的空論に屈した．受け入れられている原理から何かを導くには，それらの抽象概念や空論を使うしかないと考えたのだ．……彼が流率を建物の足場のように使い，有限の直線がそれに比例することが分かった時点ですぐに脇にずらしたり取り外したりするものとして扱ったことは，認めるしかない．しかしその有限の存在は，流率の助けを借りることで見つけられた．……では，その流率とは何か？つかの間の増分の速度だ．では，そのつかの間の増分とは何か？

それは有限の量でもなければ，無限に小さな量でもないし，無でもない．それは亡くなった量の亡霊とは呼べないだろうか？ ……

そして最後に，ここまで述べた見解が持つ力と目的をよりはっきりと理解し，それを読者自身の考察によってさらに突き詰めることができるよう，以下の質問を付け足しておこう．……

質問 64. 宗教的問題に神経をとがらす数学者は，はたして自らの科学に完全に誠実だろうか？ 権威に屈したり，物事を鵜呑みにしたり，思いもよらないことを信じたりすることはないだろうか？ 謎や，さらには矛盾を抱えてはいないだろうか？」

バークリーのこの機知に富んだ熱弁は，どんな結果をもたらしたのか？ 数学の用語が不適切で整合性がないことを非難したという点では，真の力を発揮した．その後の何十年かで状況は大きく変化して，主比や究極比，初期，変量や流率といった単語は使われなくなった．"不可分者"は今日では"無限小"と呼ばれ，無限小は単に極限で 0 へ近づく変化量となった．全体的な状況は徐々にだが確実に，極限の中心的考え方に支配されるようになっていった．

もしバークリー主教が『解析者』を書いた 50 年後にこの世に復活していたとしたら，かつて自分が叱りつけた子供も立派に成長していて，それが誰だか分からなかっただろ

う．しかしそれで満足しただろうか？ そんなことはないだろう！ 敏感な主教は鋭いまなざしで，模様だけを変えた以前と同じ獣を見つけ出しただろう．バークリーが異議を唱えたのは，言い回しに簡明さが欠けていたことではなく（それも批判に値したが），かつてゼノンが指摘したこと，すなわち，途切れのない存在，分割不可能な存在，部分を持たない存在といった，連続に関する我々の直観的考えを，その新たな手法が満たしていないことだった．というのも，それをいくつかの部分に切り分けようとどのように試みても，解析によってその性質そのものが破壊されてしまうからだ．

さらに想像力を広げて，私たちの心の中に主教が復活したと想像してみれば，主教はやはり同じ異議を唱えて同じ非難を向けることだろう．しかし今度は，敵の陣営の中に，自分を支持するどころか自分のことを先駆者として歓迎する強力な一団がいることを知って，驚喜することだろう．

しかしそれについてはのちほど．

そしてその間にも，警告する批判の声には耳を傾けずに解析学は次々と進歩し，絶えず前進して新たな領域を征服していった．まずは幾何学と力学，続いて光学と音響学，熱の伝播や熱力学，電気や磁気，そして最後にはカオスの法則までもが，その直接支配のもとに入った．

ラプラスは言っている．

「宇宙の現在の状態は，その過去の結果であって未来の原因であると考えることができる．自然を動かす力と自然を構成する存在の相互位置をどの瞬間にもすべて瞬時に知ることのできる知性は，もしその知性が自らのデータを分析できるほどに巨大であれば，宇宙最大の物体や最小の原子の運動をたった一つの式に要約できるだろう．そのような知性にとって不確実なことは何一つなく，未来も過去と同じくその目の前につねに存在するだろう」

しかしこの壮大な構造物は，過去何世紀かの数学者が，その礎となる根拠について大して考えずに作り出したものである．そうだとしたら，おおざっぱな推論と，漠然とした概念と，正当性を欠いた一般化にもかかわらず，そこに深刻な間違いがほとんどなかったというのは，注目すべきことではないのか？「進め，信念は後から付いてくる」を励みの言葉として，ダランベールは疑念を持つ者たちの勇気を奮い立てた．彼らもその言葉を聞いたかのように，無限プロセスの有効性に対するある種暗黙の信念に導かれながら前進していった．

そして決定的な時がやってきた．アーベルやヤコビ，ガウスやコーシーやヴァイエルシュトラス，そして最後にデデキントやカントルが，その構造物全体を綿密に分析して曖昧さや不確かさを取り除いたのだ．この再構成はどんな結果をもたらしたのか？ "先駆者たちの論理は非難された

ものの，その信念は裏付けられたのだ".

　実用的な技術面において無限プロセスが差し迫った重要性を持っていることは，いくら強調してもしすぎることはない．幾何学や力学や物理学，さらには統計学に至るまで，算術のほぼあらゆる応用法には，無限プロセスが直接的または間接的に関わっている．間接的とは，これらの科学に無理数や超越数がふんだんに利用されているという意味であり，直接的とは，これらの科学に用いられているもっとも基本的な概念が無限プロセスを用いないと簡明に定義できないという意味である．無限プロセスを放棄したら，純粋数学も応用数学もピタゴラス以前の人々が知っていた状態へ逆戻りしてしまうのだ．

　そのことを物語る一例が，曲線の一部の長さという概念である．物理的にはその概念は，曲がった針金に基づいている．その針金を"引き延ばす"ことなしに"まっすぐにする"とイメージすれば，その線分がもとの曲線の長さを示す尺度となるだろう．では，「引き延ばすことなしに」とはどういう意味だろうか？　それは長さを変えないという意味だ．しかしこの言葉は暗に，曲線の長さに関する何らかの事柄がもとから分かっていたことを示している．このような表現は明らかに"論点先取りの誤謬"であって，数学的定義にはなりえない．

　もう一つの方法は，曲線に内接する一連の直線を描いていって，その辺の本数を増やしていくというものだ．その

直線列はある極限に近づいていき，曲線の長さはその極限として定義される．

さらに，長さの概念について言えることは，面積，体積，質量，運動量，圧力，力，応力と歪み，速度，加速度などについても言える．これらの概念はすべて，何も起こらない，まっすぐで平坦で一様な"線形で合理的"な世界で生まれたものだ．そうだとしたら，我々の精神に深く根ざしたこれらの初歩的で合理的な概念を棄てて，文字通り革命を進めるしかない．さもなければ，これらの合理的概念を平坦でもまっすぐでも一様でもない世界に当てはめるしかない．

しかしどのようにしたら，平坦でまっすぐで一様なものを，その正反対である，傾いて歪んで一様でないものに当てはめることができるのだろうか？ もちろん有限回のステップは使えない！ 奇跡を起こしてくれるのは，"無限"という魔法使いだけだ．初歩的で合理的な概念にこだわると決めた以上，我々の知覚する"歪んだ"現実は，想像の中にしか存在しない"平坦な"世界の無限列の最終段階とみなすしかない．

それがうまくいくことが奇跡なのだ！

第8章

生成の技術

「計算すること，それ以上の虚構はない．しかし計算するには，初めに虚構を作り出さなければならない」
——ニーチェ

　無理数へ話を戻して，その問題と前の章で述べた連続性の問題との密接なつながりを示したい．しかしまずは，連続性の問題を採り上げる前に棚上げにした話を続けることにしよう．

　有理数の算術を幾何学の問題に適用しようという試みが，数学の歴史における最初の危機をもたらした．正方形の対角線と円の円周の長さを決定するという二つの比較的単純な問題から，有理数領域の中には居場所を見つけられない新たな数学的存在があることが明らかとなった．そうして，有理数の算術が抱える不完全さが強く認識されるようになった．

　さらなる分析によって，代数の手順も一般的には不完全であることが明らかとなった．そして，数の領域の拡張は避けられないことがはっきりしてきた．しかし，それはどのように実現させたらいいのか？　無限，もっと言うと，それぞれ無限個の無理数を含む無限の種類の存在を，いったいどのようにして，密に編まれた有理数という織物の中に

埋め込めばいいのだろうか？ そのためには間違いなく，古い数の概念を作り直さなければならない．古い概念は幾何学の分野でつまずいたのだから，新たな概念のモデルは幾何学の中で探すべきだ．そのようなモデルとしては，無限に伸びる連続した直線が理想的であるように思える．しかしここで新たな困難に突き当たる．我々の数の領域を直線と同一視するのなら，どんな数も一つの点と対応していなければならない．しかし点とは何か？ 定義こそしないにしても，少なくとも，直線の要素である"点"とは何を意味するのかを，明確にしておかなければならない．

　大きさを持たない幾何学的存在という一般的な点の概念は，もちろん虚構である．しかしその虚構を詳しく調べると，その裏には互いに異なる三つの考え方が潜んでいることが分かる．第一に，我々は点を，運動することで直線を描き出す一種の"生成要素"ととらえている．この考え方は，我々が考える直線の第一の属性である"連続性"という直観的概念と，もっとも良く合致するように思える．しかし，この動的な概念に基づいて直線と数の領域との類似性を導こうとすると，二つの矛盾点が出てくる．

　我々の感覚では運動は，独立していて分割不可能で途切れのないものとして認識される．運動を要素に分解しようという行為そのものが，守ろうと決めたはずの連続性を破壊してしまうのだ．数と対応させることを踏まえると，直線は無限小の静止状態が連続したものと考えなければなら

ないが，それは，我々が静止状態と対極に位置すると考えている運動の概念とまさに矛盾する．そこにゼノンの論証の力が潜んでいるのだ．

前に述べたように，数学者はこの食い違いを橋渡しするために無限小解析を考え出した．そうして，幾何学や力学に端を発する解析学が，あらゆる精密科学で支配的立場を獲得し，真の数学的な"変化の理論"となった．実用的な立場から言えば，解析学のその圧倒的勝利は，その方法が有効であることを十分に証明している．しかし，プリンかどうかは食べてみれば分かるだろうが，食べたところでプリンが何であるかはまったく分からない．解析学が成功を収めても，「連続体は何から構成されているのか」という昔からの問題はさらに深まるだけだ．

第二の考え方では，2本の直線が交差したところ，すなわち1本の直線がもう1本の直線上に"残した印"を点とみなす．それ自体は単なる"分割"という行為であって，直線を互いに排他相補的な二つの領域に切断することにほかならない．リヒャルト・デデキントは1872年に発表した『連続性と無理数』という画期的な論文の中で，この考え方を議論の出発点とした．それに関しては次の章で述べることにしよう．

最後の考え方は，直線の一部に"無限プロセス"を適用させたときの"極限の位置"を点とみなすというものだ．そのプロセスは何通りも考えられる．しかしここでは，ギリシャの2分法がその典型例であると述べておけば十分

だ．算術においてこの無限プロセスに対応するのが"無限数列"であり，ゲオルク・カントルは，1884年に初めて発表した無理数に関する有名な理論の手段として，その有理数の無限数列を用いた．本章で採り上げるのは，この単純かつ広く適用できる考え方である．

ある数列[注36]の項がすべて有理数である場合，その数列は"有理的"であると言う．またすべての項が次の項を持っている場合，その数列は"無限"であると言う．無限数列を生成する一連の操作を，無限プロセスと呼ぶことにしよう．

無限プロセスの典型例が，"反復操作"である．実は無限という概念そのものが，"一度言われたりおこなわれたりしたものはつねに繰り返すことができる"という考え方から生まれた．有理数 a に反復操作を適用すれば，

$$a, a, a, a, \cdots$$

という"反復数列"が得られる．このとき，"この数列は数 a を表す"と表現することにしよう．

もう一つの基本的な操作は次々に足していくというものであり，それを"順次プロセス"と呼ぶことにする．

$$a, b, c, d, e, f, g, \cdots$$

という数列があったら，順次プロセスによって

$$a, a+b, a+b+c, a+b+c+d, \cdots$$

という新たな数列が作られる．これを，数列 $a, b, c, \cdots$ から生成する"級数"と呼ぶ．すなわち，反復数列 $1, 1, 1, \cdots$

からは，1, 2, 3, 4, … という"自然数列"が導かれる．

この順次プロセスはもちろんどんな数列にでも適用できるため，どんな数列にも一つの級数が対応する．しかし中でももっとも重要なのは，"徐々に小さくなっていく[注37)]数列"から生成される級数である．そのもととなる数列は項が進むごとに徐々に減少していくので，どんな数を選んだとしても，この数列を十分先まで"進んでいけば"その選んだ数より小さい項を見つけることができる．その種の数列としては，

$$\frac{1}{2}, \frac{1}{4}, \frac{1}{8}, \frac{1}{16}, \frac{1}{32} \cdots$$

や

$$\frac{1}{2}, \frac{1}{3}, \frac{1}{4}, \frac{1}{5}, \frac{1}{6}, \cdots$$

などがある．

さて，数列が二つ与えられれば，項ごとに一方からもう一方を引き算することで第三の数列を作ることができる．そのようにして導かれる"差数列"がたまたま，徐々に小さくなっていく数列になっていることもある．

$$\frac{2}{1}, \frac{3}{2}, \frac{4}{3}, \frac{5}{4}, \frac{6}{5}, \frac{7}{6} \cdots$$

と

$$\frac{1}{2}, \frac{2}{3}, \frac{3}{4}, \frac{4}{5}, \frac{5}{6}, \frac{6}{7} \cdots$$

という二つの数列の場合，対応する項の差は

第 8 章 生成の技術

$$\frac{3}{1\times 2}, \frac{5}{2\times 3}, \frac{7}{3\times 4}, \frac{9}{4\times 5}, \frac{11}{5\times 6}, \frac{13}{6\times 7}, \cdots$$

という数列になる．各項の分母は連続する二つの数の積であり，分子はその同じ数の和である．この数列の 1000 番目の項は 0.002 より小さく，100 万番目の項は 0.000002 より小さい．この数列はもちろん徐々に小さくなっていく．

互いの差数列が徐々に小さくなっていくような二つの数列を，"漸近的"と呼ぶことにしよう．たとえば，

$$1, 1, 1, 1, \cdots$$

と

$$\frac{1}{2}, \frac{2}{3}, \frac{3}{4}, \frac{4}{5}, \cdots$$

というように，漸近的[注38]である二つの数列の一方が反復数列という場合もある．この反復数列は 1 という有理数を表している．このとき，第一の数列と漸近的である第 2 の数列も，"1 という数を表している"，あるいは"極限として 1 に収束していく"と表現することにしよう．

当然ながら，もし二つの数列がそれぞれ第三の数列と漸近的なら，その二つの数列どうしも漸近的であり，さらに，もし一方の数列がある有理数へ収束するなら，もう一方の数列もその有理数へ収束する．そのため，膨大な数の数列が，形は互いに違っていながらすべて同じ数を表すことになる．すなわち，2 という数は有理数列を使って無限通りの形で表現することができ，その中のいくつかを挙げると

$$1.9, 1.99, 1.999, 1.9999, \cdots$$

$$2.1, 2.01, 2.001, 2.0001, \cdots$$

$$1\frac{1}{2}, 1\frac{2}{3}, 1\frac{3}{4}, 1\frac{4}{5}, \cdots$$

$$1\frac{1}{2}, 1\frac{3}{4}, 1\frac{7}{8}, 1\frac{15}{16}, \cdots$$

となる．同じことはどんな有理数についても言える．とくに，"徐々に小さくなっていく数列はすべて，0という有理数を表すものとみなすことができる"．

もっとも単純である[注39)]と同時に，歴史的にも理論的にもきわめて重要な数列が，"等比数列"である．任意の数を第1の項として，別の数を公比として選んでおいて，それぞれの項から次の項へ進む際にその公比を掛けていく．反復数列はすべて，公比が1である特別な等比数列とみなすことができる．そのようなつまらない例を除けば，等比数列は"増加数列"と"減少数列"に分類できる．おのおのの例が，

$$2, 4, 8, 16, 32, 64, \cdots, 2^n, \cdots$$

と

$$1, \frac{1}{3}, \frac{1}{9}, \frac{1}{27}, \frac{1}{81}, \cdots, \frac{1}{3^n}, \cdots$$

である．増加等比数列の場合，項の絶対値は"際限なく"大きくなっていく．すなわち，どんな大きな数を選んでも，この数列を十分先まで"進んでいけば"その選んだ数より大きな項が見つかる．このような数列は"発散する"

と言う．

　減少数列はつねに徐々に小さくなっていくため，ここではとくに注目に値する．しかしそれがきわめて有用であるのは，そのような徐々に小さくなっていく等比数列から生成する級数は必ずある有理数の極限へ収束し，逆に"どんな有理数も何らかの有理等比級数の極限とみなせる"からだ．さらにこれは，"数列の和"を実際に直接計算できる数少ないケースの一つでもある．

　等比数列から生成される級数を"等比級数"と呼ぶ．そして，徐々に小さくなっていく等比数列は"収束級数"を生成する．項 a から始まって公比が r の数列の場合，その級数の極限は

$$S = \frac{a}{1-r}$$

という単純な式で与えられる．この極限をこの数列の「和」と呼ぶ[注40]．

　ゼノンの第一の論証で登場した2分法の数列は，

$$\frac{1}{2}, \frac{1}{4}, \frac{1}{8}, \frac{1}{16}, \cdots$$

という等比数列である．この数列からは

$$\frac{1}{2}, \frac{3}{4}, \frac{7}{8}, \frac{15}{16}, \cdots$$

という級数が生成される．直接計算するか，または和の公式を使えば分かるとおり，この級数は1へ収束する．

$$\frac{1}{2}+\frac{1}{4}+\frac{1}{8}+\frac{1}{16}+\cdots$$

という和は，ゼノンの論証によって無限個の項を持ちながらも，実際には有限の値1を表す．収束と極限という概念の導入に異議を唱える論拠はいくつかあるかもしれないが，ひとたびそれを受け入れてしまえば，無限数列の和は必ず無限になるはずだとするゼノンの論証は力を失ってしまうのだ．

ゼノンの第二の論証も，等比数列と関係している．具体的に考えるために，アキレスは分速100フィートで，亀は分速1フィートで前に進むとしよう．最初のハンディが990フィートだとすると，アキレスはいつ亀を追い抜くだろうか？ ゼノンは，けっして追い抜けないと言う．しかし"常識"に基づけば，アキレスは分速99フィートで亀に追いついていき，もともとあった990フィートの開きは最初の10分でなくなってしまう．だがここではゼノン流に考えることにしよう．もともと亀がいた地点にアキレスが到達したときには，亀はハンディの1/100，すなわち9.9フィート進んでいる．その第2の地点にアキレスが到達したときには，亀は9.9の1/100，すなわち0.099フィート進んでいる．しかし"一度言ったことはつねに繰り返すことができる"．ハンディは

990, 9.9, 0.099, 0.00099, …

と等比数列的に小さくなっていき，和の公式によればその和は1000となる．アキレスは1000フィート進んだところ

で亀を追い抜き，そこまでに10分かかることになる．この場合もまた，無限個の項の和が"有限"になるのだ[注41]．

"循環小数"は，等比級数が姿を変えたものにすぎない．たとえば，"純粋に"循環的な

$$0.36363636\cdots$$

という無限小数を考えよう．これを省略して0.(36)と書くことにする．

この記述が表している実際の意味は，

$$\frac{36}{100}+\frac{36}{10{,}000}+\frac{36}{1{,}000{,}000}+\cdots$$

である．しかし，これは公比が$\frac{1}{100}$である等比級数にほかならず，和の公式からこの級数は，$\frac{36}{99}$，すなわち$\frac{4}{11}$という有理数に収束することが分かる．これと同じことはいわゆる"混合循環小数"についても言える．たとえば0.34(53)の場合，それに100を掛ければ$34\frac{53}{99}$という純粋循環小数が得られ，もとの混合循環小数はこの$\frac{1}{100}$であることから，$0.34(53)=\frac{3419}{9900}$となる．

有限小数も，"周期0"の循環小数とみなすことができる．たとえば

$$2.5 = 2.50000\cdots = 2.5(0)$$

となる．

学校で分数を小数へ変換する方法を教わった．その手順は長除法と呼ばれ，経験上その答は，$\frac{1}{8}=0.125$のように有限小数になるか，または$\frac{1}{7}=0.(142857)$のように無限循環

小数になるかのどちらかである．この性質は厳密に証明することができ，次のような命題で表現できる．「任意の有理数は，無限循環小数によってただ1通りに表すことができる．逆にどんな循環小数も一つの有理数を表現する」．

その一方で当然ながら，"無限だが周期的でないような"小数もいくらでも作ることができる．数字の並びはランダムな場合もあれば，規則的だが"非循環的な"法則に従う場合もある．たとえば，

$$1.10111213\cdots 192021\cdots 100101\cdots$$

といったものだ．もしその小数と漸近的である反復有理数列 $a, a, a, \cdots$ が見つかれば，その小数は有理数 a を表すことになる．しかしそれは不可能であることが分かっている．もし可能であれば，その小数は循環小数ということになってしまって，矛盾するからだ．ではその小数は何を表すのか？ それは分からない．先ほど収束と極限を定義した方法に従う限り，この小数を数に分類できる可能性は完全に排除される．しかし我々は，収束と極限に対して，"大きくなりつづけるが"決してある値を超えないもの，あるいは"小さくなりつづけるが"決してある値を下回らないものという直観的概念を持っている．この直観的観点からすれば，非循環無限小数も"確かに収束する"し，

$$\left(1\frac{1}{2}\right)^2, \left(1\frac{1}{3}\right)^3, \left(1\frac{1}{4}\right)^4, \left(1\frac{1}{5}\right)^5, \cdots$$

のようなほかの数多くの数列も収束することになる．ちなみにこの数列は超越数 e を表す．

解析学の初期に公理として採用されたのは，収束と極限に対するこのような単純な考え方である．そこには落とし穴がいくつかあったが，微積分学が初めて成功を収めたのはこの考え方に負うところが大きいと認めざるをえない．そこで，当然次のような疑問が浮かんでくる．収束と極限に対するこの曖昧で直観的な考え方を，正確に定式化された定義として表現することは可能だろうか？ そのような定義を使って新たな道具を作り，非周期的小数などで表される新たな数学的存在を，有理数の極限を持つ特別な小数と同様に確実に取り扱うことはできるのだろうか？

　これらの問題に答えるには，有理数の極限に収束する特別な数列が持っている性質の中で，有理数へ収束しないより幅広い種類の数列にも直接一般化できるものがあるかどうかを調べなければならない．ゲオルク・カントルはそのような性質を一つ発見し，ここではそれを収束数列の"自己漸近性"と呼ぶことにしよう．

　それを説明するために，再び2分法の数列を考える．その第1の項を切り落として，第2項を第1項とし，第3項を第2項とすることで，数列を"前にずらして"みよう．このずらすというプロセスによって

$$\frac{1}{2}, \frac{3}{4}, \frac{7}{8}, \frac{15}{16}, \frac{31}{32}, \frac{63}{64}, \frac{127}{128}, \ldots$$

$$\frac{3}{4}, \frac{7}{8}, \frac{15}{16}, \frac{31}{32}, \frac{63}{64}, \frac{127}{128}, \frac{255}{256}, \ldots$$

$$\frac{7}{8}, \frac{15}{16}, \frac{31}{32}, \frac{63}{64}, \frac{127}{128}, \frac{255}{256}, \frac{511}{512}, \cdots$$

という一連の数列ができ，このプロセスは明らかに無限に続けることができる．簡単に調べただけでも，これらの数列はすべて互いに漸近的であって，どの二つを取ってもその差数列は徐々に小さくなっていくことが分かる．

この"自己漸近性"は，有理数の極限へ収束するすべての数列が持つ性質であることを証明できる．しかしそれだけに限らない．実は，どんな非周期的無限小数も同じ性質を持っているのだ．例として，

0.101112131415…

という小数を考えよう．これは

0.1, 0.10, 0.101, 0.1011, 0.10111, 0.101112, …

と書くことができる．これらの有理数近似値のはじめの項をいくつか切り落としても，明らかにもとの小数はまったく影響を受けない．したがってこの小数列は

0.101112, 0.1011121, 0.10111213, 0.101112131, …

と書くこともでき，これは明らかに最初の小数列と漸近的である．

カントルは，それまで有理数を表す循環小数列と漸近的な小数列にしか適用されなかった"収束"の概念を，"自己漸近性"と"収束性"という二つの用語を同一視することによって拡張した．さらに，自己漸近的な小数列は新たな種類の数学的存在を生成するとみなし，はるか以前から"実数"と呼ばれていたものをそれと同一視することで，

"極限"の概念を拡張した[注42].

したがって, もし形式不易の原理の条件がすべて満たされることを証明できれば, そのような存在に"数"という名前を当てはめても差し支えないだろう.

第一の条件が満たされることは, 収束数列の中に有理数の極限を持つものが存在するという事実から導かれる. 次に, 第二の条件は順序の基準に関するものだった. そこで, 実数 a と b を定義する A と B という二つの数列を考え, その差数列 $A-B$ を作ってみよう. その差数列が徐々に小さくなっていって, A と B が互いに漸近的である場合, 数 a と b は "等しい" と呼ぶことにする. 例として,

$$\left(1\frac{1}{2}\right)^2, \left(1\frac{1}{3}\right)^3, \left(1\frac{1}{4}\right)^4, \left(1\frac{1}{5}\right)^5, \cdots$$

と

$$2+\frac{1}{2!}, 2+\frac{1}{2!}+\frac{1}{3!}, 2+\frac{1}{2!}+\frac{1}{3!}+\frac{1}{4!},$$

$$2+\frac{1}{2!}+\frac{1}{3!}+\frac{1}{4!}+\frac{1}{5!}, \cdots$$

という二つの数列を採り上げよう. これらは漸近的であることを証明でき, したがって同じ実数を表す. その数は超越数 e である.

差数列が徐々に小さくならない場合, もしそのある項以降がすべて正であれば, 数列 A は数列 B より "優位にある", あるいは実数 a は実数 b より "大きい" と言う. もし

差数列のある項以降がすべて負であれば，A は B より"劣位にあり"，a は b より"小さい"と言う．A と B が有理数の極限を持つ場合，この判断基準はもともとの基準へ還元されることを証明できる．

最後に，二つの実数の和や積を，それぞれに対応する数列の各項を足す，または掛けることによって得られる数列で表される実数として定義する．もちろんこれは，得られた数列自体も収束することを暗に意味しており，実際にそうであることは厳密に証明できる．さらに，このようにして定義された足し算や掛け算が結合的，交換的，分配的であることも証明できる．

したがって形式不易の原理の観点からすると，これらの新たな量はれっきとした数として認めることができる．それらを付け加えることで，有理数領域は，"実数領域"と呼べるもっとずっと広大な領域の一部分にすぎなくなる．

この新たな領域には，算術における無理数や解析学における超越数が含まれるのだろうか？　その答はイエスで，それを説明するために方程式 $x^2=2$ に立ち返ってみよう．この方程式は，2000年以上以前に正方形の対角線を求める問題という姿を借りて危機を引き起こし，それが結果的に実数領域を生み出したのだった．

学校で平方根を開く方法を教わる．その手順を使えば，$\sqrt{2}$ と呼ばれるものに対する一連の有理数近似値が得られ，それらは

$$1, 1.4, 1.41, 1.414, 1.4142, 1.41421, \cdots$$
という収束数列を作る[注43]. この数列は有理数の極限を持たないが，各項を2乗して得られる数列
$$1, 1.96, 1.9881, 1.999396, \cdots$$
は有理数2へ収束する．

　すなわち，この数列が方程式 $x^2=2$ の正の解を表していて，それによって定義される数が $\sqrt{2}$ と表記されるなら，その2乗した数列は単に収束するだけでなく，"有理数の極限"（この場合は2という数）を持つ稀な種類の収束数列の一つだということになる．要するに，この数列が $\sqrt{2}$ を表すのは，それを2乗した数列が，平方数ではない2という極限に収束するからにほかならない．

　同様の手順は，ほかの代数方程式や超越方程式にも適用できる．求めたい解へ収束する数列をあらゆるケースで導くことのできる手法を実際に発見するのは，数学的にかなり難しい問題かもしれない．しかしひとたびそのような手法が考案されれば，どんな数列も，収束して実数を表す無限小数へ書き換えることができる．

　このように，無限プロセスの有効性を認めることで，有理数の算術という限られた領域の境界を乗り越えることができる．それによって"一般的な算術"，すなわち"実数の算術"が生まれ，有理数の算術では無力だった問題に挑戦する手段が手に入るのだ．

　一見したところ，有理数列の極限に"実数"（real num-

ber）というあまりにも一般的な名前を付けたことは，先見の明を欠いていたようにも思える．というのも，その次にはそのような無理数の無限数列を考えるのが自然だからだ．最初のタイプの無理数を"第1階層の"無理数と呼ぶならば，それらの新たな極限は第2階層の無理数と呼ぶことができ，さらにそこからは第3階層の無理数が導かれるだろう．それが単なるつまらない言葉遊びでないことは，$\sqrt{1+\sqrt{2}}$ のような単純な式を直接解釈すると
$$\sqrt{2.4}, \sqrt{2.41}, \sqrt{2.414}, \cdots$$
という"無理数の"数列が得られることから分かる．

しかし少なくともこの場合，そのような考え方には根拠がない．というのも，$\sqrt{1+\sqrt{2}}=x$ と表せば，単純な代数的操作によって x は方程式 $x^4=2x^2+1$ の解であることが示されるからだ．そしてこの方程式に，平方根を開くのと同様の手順を適用させることができる．そうすると一連の有理数近似値が導かれ，それは，最初に考えた無理数列と漸近的である有理数列として，$\sqrt{1+\sqrt{2}}$ を表すことになる．

最初は奇妙に思われるかもしれないが，これはきわめて一般的な事実である．"どんな無理数列に対しても，それと漸近的である有理数列（たいていは複数個）を割り当てることができる"．したがって，"階層的な"無理数を導入するというのは，純粋に形式的な立場からすれば興味深いかもしれないが，一般的な算術を考える限りは完全に無用である．

無限数列で表現可能なものはすべて有理数列で表現できるという命題は，基本的な重要性を持っている．この命題は，理論の中で有理数に特別な役割を与えている．すべての実数を収束無限有理数列で表現できるとしたら，収束と極限という概念によって力を与えられた有理数領域は，それだけで算術を構築し，さらに算術を通じて現代数学の土台である関数論を構築できることになる．

　しかしこの肝心な事実は，応用数学においても同じく大きな重要性を持っている．どんな有理数列も無限小数で表現できるのであれば，あらゆる計算を体系化できることになる．コンピュータは，小数の桁数をある位までに制限することで，どんな無理数や超越数の問題に対しても有理数近似値を求めることができる．さらに，その手順の正確さは容易に見積もることができるだけでなく，前もって決めておくこともできる．

　ルイ14世は，自らの国際政策の指針原理を尋ねられて，皮肉混じりに次のように答えたという．「併合だ！　その行為を正当化させられる賢い法律家なんて，必ず見つけられるさ」

　無限と無理数という二つの問題の歴史について考えると，私はいつもこの逸話を思い出す．世界はヴァイエルシュトラスやカントルを待たずして，無理数をその有理数近似値の一つで置き換える手法，すなわち同じことだが，無限数列の極限をその数列の前のほうの項で代用するという

手法を受け入れた。実数領域を測量して構造物を建て、トンネルを掘って橋を架け、力を行使して"有理数近似値"を土台とした装置を設計しながらも、それに関わる原理の有効性については何ら疑問を持たなかったのだ。

前のほうで、テオンやヘロンによる整数の平方根の近似値について述べた。その問題はさらに古い起源を持っていて、おそらくは初期のピタゴラス学派にまでさかのぼるらしいという証拠がある。しかしその原理を初めて体系的に応用したのは、アルキメデスである。

数学が歩んできたさまざまな段階を見事に映し出している伝統的な円積問題に、再び立ち返ることにしよう。すでに述べたように、アルキメデスの方法は、外接するものと内接するものという2組の多角形で円周を挟み込むというものだった。アルキメデスは6角形から始めて辺の数を2倍ずつにしていき、最終的に96角形まで進めた。内接する多角形の外周長は一つの数列を構成し、外接する多角形も別の数列を作る。もしこのプロセスを際限なく続けていけば、二つの数列は円周の長さという同じ極限に収束するだろう。円の直径が1であれば、その共通の極限はπになる。

これらの数列に関して注目すべきは、どちらも無理数列であることだ。第一の数列における最初のほうの項は$6, 6(\sqrt{6}-\sqrt{2})$、第二の数列では$4\sqrt{3}, 24(2-\sqrt{3})$であり、それより後の項にはさらに複雑な累乗根が入ってくる。アルキメデスは、確信を持ってこれらの無理数列を有理数列に

置き換え，π は $3\frac{1}{7}$ と $3\frac{10}{71}$ という二つの有理数のあいだに含まれるという結論を導いた．

累乗根の導出と π の算出という，古くからの二つの問題は，もう一つの重要な無限プロセスである"連分数"の発展を勢いづけた．数学史家の中には，ギリシャ人はすでに連分数を知っていた[注44]と言う者もいるが，連分数に関する入手可能な最初の記録は，1572年にボンベリが著した書物に見られる．しかしボンベリは次のように述べている．「他の著述家たちの著作には，分数を作るための方法が数多く示されている．彼らはまっとうな理由もなしに互いに攻撃や非難しあっているが，私が考えるにそれは，彼らがみな同じ目標を目指しているからだ」．この記述から判断するに，連分数の手法は16世紀前半にはすでに知られていたに違いない．

ボンベリの言う"同じ目標"とは，累乗根に対する有理数近似値を見つけることである．$\sqrt{2}$ の場合の方法を説明しよう．この数は1と2のあいだにあるので，$\sqrt{2}=1+1/y$ と置く．ここから $y=1+\sqrt{2}=2+1/y$ が導かれる．同じことを続けていくと，次のような分数が得られる[注45]．

$$\sqrt{2} = 1+\cfrac{1}{2+\cfrac{1}{2+\cfrac{1}{2+\cfrac{1}{2+\cdots}}}}$$

これは特別な種類の連分数で，分子がすべて1であること

から"単純連分数"と呼ばれ，さらに分母が繰り返されることから"循環連分数"と呼ばれる．

連分数の項を一つ，二つ，三つなどに制限すると一連の有理数近似値が得られ，それらは"近似分数"と呼ばれる．$\sqrt{2}$ の場合，その近似分数は

$$1, 1\frac{1}{2}, 1\frac{2}{5}, 1\frac{5}{12}, 1\frac{12}{29}, 1\frac{29}{70}, 1\frac{70}{169}, \cdots$$

となる．

連分数は二つの性質を持っているために，きわめて有用である．第一に，"単純連分数は必ず収束する"．第2に，連分数は"振動するという性質"を持っている．近似分数は，第1項，第3項，第5項…と，第2項，第4項，第6項……という，二つのグループに分けることができる．$\sqrt{2}$ の場合は，

$$1 \quad 1\frac{2}{5} \quad 1\frac{12}{29} \quad 1\frac{70}{169} \quad \cdots$$

$$1\frac{1}{2} \quad 1\frac{5}{12} \quad 1\frac{29}{70} \quad 1\frac{169}{408} \quad \cdots$$

という互いに漸近的な二つの数列が得られる．第一の数列は連続的に増加して，その上界は $\sqrt{2}$，第二の数列は連続的に減少して，その下界は $\sqrt{2}$ である．このように振動するという性質を持っているために，どんな連分数でも，途中で打ち切った場合の誤差を容易に見積もることができ，それゆえ精確な近似値を求める上できわめて役に立つ．

18世紀にオイラーが，"2次方程式から導かれるどんな

無理数も単純循環連分数によって表現できる"ことを証明し，そのすぐ後にラグランジュが，その逆，すなわち"どんな単純循環連分数も2次方程式の解を表現している"ことを証明した．すなわち，循環連分数と2次方程式との関係は，循環小数と1次方程式との関係に相当するのだ．

$\sqrt{2}$ を例に説明したこの手順はどんな方程式にも通用するため，もっとも一般的な方程式の実数解もすべて連分数として表現できる．しかし，連分数が循環的になるのは2次方程式の場合だけである．一見したところ，連分数はなぜか代数的操作だけに通用するように思える．もしそうであれば，代数的無理数と超越数とを区別する何らかの判断基準が存在することになる．何らかの代数的手順に由来する連分数は，その各要素の値に何らかの制限が掛けられており，そのような場合には確かに判断基準が存在する．事実，リウヴィルはその制限を利用して"非代数的数"の存在を明らかにした．しかしそれ以外の場合には，連分数においても，また（知られている限り）どんな種類の数列においても，代数的手順が特権的な地位を占めることはない．超越数の理論が大きな困難に直面するのは，無限プロセスが代数に対して驚くほど"無関心である"からだ．

そのため，本章の最後に挙げた表から分かるとおり，例えばπやeという超越数も，連分数を使ってかなり簡潔な形で表現できる．

πを連分数に展開する方法は1761年にランベルトによ

って発見され，歴史的には大きな重要性を持っている．この連分数が循環的でないことによって，π が有理数を係数とする2次方程式の解ではないことが決定的に証明される．そしてそのことから，円積問題は直定規とコンパスだけでは解けないことが示唆される．"証明"でなく"示唆"と言ったのは，π が，2次方程式から導かれる無理数のみを係数に持つ2次方程式の解であるという可能性もまだ残されており，その場合，連分数は循環的でないのに，定規とコンパスによる作図は可能だからだ．

単純連分数と無限小数列とのあいだには，注目すべき類似性がある．第一に，どちらの数列も必ず収束する．つまり，連分数の分母や小数の各数字がどんなにランダムに並んでいても，それは必ず一つの実数を表現しているということだ．第二に，循環的な並び方を持つ小数列は有理数を表す一方，循環連分数は2次方程式の解である無理数，すなわち a と b を有理数として $a+\sqrt{b}$ という形の数を表す．最後に，通常の分数を連分数の特別なケースとみなせば，どんな実数も小数列と連分数のいずれかで表現できる．

このような性質ゆえ，この2種類の無限プロセスは実数を表現するのにとくに適している．しかし無限プロセスの歴史は，もっとずっと一般的に通用するある手順を中心に展開し，そのあまりの一般性と曖昧さゆえにいくつもの厄介で逆説的な結果をもたらした．

その手順は間違いなく等比級数に由来しており，ゼノン

の論証から分かるとおり，それは古代から知られていた．正の等比級数に限定すると，公比が 1 未満であれば級数は収束し，そうでなければ発散する．この結果は，公比が負である"交代等比級数"にも直接一般化できる．交代等比級数も，公比が真分数（1 未満）であれば収束し，そうでなければ発散する．しかし興味深いのは，公比が -1 の場合である．その場合，級数は

$$a - a + a - a + a - a + a - a + \cdots$$

という形になる．この級数は決して a を超えることはないが，今日では発散すると呼ばれている．この級数は

$$a, 0, a, 0, a, 0, \cdots$$

という数列に書き換えることができ，これには決まった極限はない．しかしライプニッツは違うふうに考えた．a と 0 という極限が"等しい確率を持つ"と論じ，この和は極限としてその平均値である $\frac{1}{2}a$ に近づくと主張したのだ．

　級数を採り上げたそのライプニッツの論文は 17 世紀後半に発表され，それがこのテーマに関する初の出版物の一つとなった．級数の初期の歴史に特徴的なのは，今日では基本的だとみなされている収束発散の問題が当時はおおかた無視されていたことである．そのため例えば，もし級数のもとになる数列が徐々に小さくなるものであれば，その級数は必ず収束すると広く信じられていた．先ほど述べたように，等比級数に関してはそれが成り立っていて，そこからこの間違いが大きく広まったのは明らかだ．この問題に関してよりはっきりとした洞察が得られたのは，1713 年

にヤコプ・ベルヌーイが無限級数に関する研究成果を発表したときだった．そのきっかけとなったのは，

$$1+\frac{1}{2}+\frac{1}{3}+\frac{1}{4}+\frac{1}{5}+\frac{1}{6}+\cdots$$

という"調和級数"である．この級数のもとになる数列は徐々に小さくなっていくため，この級数は収束すると広く考えられていた．しかしベルヌーイは著書の中で，弟ヨハンの手を借りて，この級数はゆっくりとだが間違いなく発散することを証明した[注46]．

ベルヌーイのこの研究によって，収束条件を確立する必要性へと人々の関心が向けられた．"一般項"，すなわち級数のもとになる数列が徐々に小さくなっていくことは，もちろん"必要条件"だが，一般的にそれだけでは不十分である．その"十分条件"は，ダランベール，マクローリン，コーシー，アーベルなど数多くの人物によって確立された．この話題は本書全体の目的には馴染まないため，長々と述べることは控えよう．しかし，今日でもいくつかのケースでは級数が収束するかどうかを見分けるのが難しいということは，述べておくべきだろう．

だが初期にかなりの関心を集めたのは，一般項が徐々に小さくなることがそのまま収束条件となる，ある特別なタイプの級数である．それはいわゆる交代級数と呼ばれ，その代表例が

$$1-\frac{1}{2}+\frac{1}{3}-\frac{1}{4}+\frac{1}{5}-\frac{1}{6}+\frac{1}{7}-\cdots$$

だ．この級数は2の"自然対数"*へ収束し，その近似値は 0.693 である．しかし，この"絶対値"の級数は調和級数

$$1+\frac{1}{2}+\frac{1}{3}+\frac{1}{4}+\frac{1}{5}+\cdots$$

となり，すでに述べたようにこれは発散する．

ここでこのタイプの級数を採り上げたのは，それが数多くの厄介な事件の火種となったからだ．17世紀や18世紀には一般的に，級数は数列の一種ではなく，無限個の項の"和"にすぎないとみなされていた．そのため当然ながら，その"足し算"も，有限の演算に備わった結合性や交換性の性質を持っているとされていた．すなわち，無限和は項の並べ方には左右されず，項を好きなように並べ替えても差し支えないと思われていたのだ[注47]．

1848年にルジューヌ・ディリクレが，すべての項が正である収束級数の場合には，確かにそれが成り立つことを証明した．しかし，級数に負の項が含まれている場合は，二つのケースが起こりうる．級数が"絶対収束"する場合，すなわちその絶対値の級数が収束する場合には，結合性と交換性が成り立つ．しかし級数が"条件収束"する場合，

---

* 数 A の"自然対数"は
$$e^x = A, \ x = \log A$$
の指数 x で与えられる．ここで e は，これまでにも何度か採り上げた"超越数"である．その近似値は $e=2.71828$.

すなわち絶対値の級数が発散する場合には,これらの性質は成り立たない.その場合,項を適当に並べ替えることで,その和をどんな数とも等しくさせることができてしまうのだ.

そのためディリクレ以前には,級数,とくに"条件収束"する級数をいじくり回すことで数多くの奇妙な答にたどり着いてしまったのも,しかたのないことだった.その歴史的な一例が調和級数である.その奇数番目の項の"和"を x,偶数番目の項の"和"を y と書くことにしよう.すると,

$$y = 1 + \frac{1}{2} + \frac{1}{4} + \frac{1}{6} + \cdots = \frac{1}{2}\left(1 + \frac{1}{2} + \frac{1}{3} + \frac{1}{4} + \frac{1}{5} + \cdots\right)$$

と書くことができる.うっかりするとここから

$$y = \frac{1}{2}(x+y) \quad \text{ゆえに} \quad \frac{1}{2}x = \frac{1}{2}y \quad \text{すなわち} \quad x - y = 0$$

という式を導いてしまう[注48].実際には交代調和級数は極限として2の自然対数へ近づいていくのに,0へ収束するという間違った結論に達してしまうのだ.

今日ではこのような論証はあまりにばかげて見えるが,18世紀だけでなく19世紀初めまで,このような論証はきわめて一般的に導かれていた.アーベルは1828年になってもなお,かつての師ホルンボエに宛てた手紙の中で次のような不満を語っている.

「発散級数は悪魔の発明品であって,それに基づいて

どんな証明をおこなうのも恥ずべきことです．それを使えばいくらでも好きな結論を導くことができ，そのため発散級数はあまりにも多くの誤謬やパラドックスを生み出してきました．……私はそのことにきわめて注意深くなりました．等比級数を例外として，和を厳密に決定できる無限級数など，数学の中には一つも存在しません．別の言い方をすれば，数学でもっとも重要な存在は，同時にもっとも根拠が薄弱なのです．それにもかかわらずそれらの大半が正しいというのは，きわめて驚くべきことです．私はその理由を見つけようとしています．これはあまりにも興味深い問題です」

このアーベルの手紙には，すでに新たな精神の息吹が感じられる．数学にとってきわめて重要な新時代の夜明けだった．文芸復興の始まり以来支配的だった素朴な考え方は，終わりを迎えようとしていたのだ．すでに数理科学のあらゆる分野がすさまじい大成功を収めていた．いまやそれらの成果を体系にまとめなければならない．そこで何よりも必要だったのは，それらの体系の基礎となるべきものを注意深く調べることだった．

コーシーやアーベル以降の無限プロセスに関する話を語るには，現代の解析学や関数論について説明しなければならず，本書の範囲を超えてしまう．しかし，無限プロセスに関する初期の歴史をおおざっぱに紹介しただけでも，カントルの無理数の理論は長い歴史的進化の結果でしかない

π

$\dfrac{\pi}{2}$ = 積の極限: $\dfrac{2\cdot 2}{1\cdot 3}\cdot\dfrac{4\cdot 4}{3\cdot 5}\cdot\dfrac{6\cdot 6}{5\cdot 7}\cdot\dfrac{8\cdot 8}{7\cdot 9}\cdot\dfrac{10\cdot 10}{9\cdot 11}\cdots\cdots$

$\dfrac{\pi}{4}$ = 級数の極限: $1-\dfrac{1}{3}+\dfrac{1}{5}-\dfrac{1}{7}+\dfrac{1}{9}-\dfrac{1}{11}+\dfrac{1}{13}-\dfrac{1}{15}+\dfrac{1}{17}-\dfrac{1}{19}+\dfrac{1}{21}\cdots\cdots\cdots$

$\dfrac{\pi}{2}$ = 級数の極限: $1+\dfrac{1}{3}\left(\dfrac{1}{2}\right)+\dfrac{1}{5}\left(\dfrac{1\cdot 3}{2\cdot 4}\right)+\dfrac{1}{7}\left(\dfrac{1\cdot 3\cdot 5}{2\cdot 4\cdot 6}\right)+\dfrac{1}{9}\left(\dfrac{1\cdot 3\cdot 5\cdot 7}{2\cdot 4\cdot 6\cdot 8}\right)+\cdots$

$\dfrac{4}{\pi}$ = 連分数の極限: $1+\dfrac{1^2}{2}+\dfrac{3^2}{2}+\dfrac{5^2}{2}+\dfrac{7^2}{2}+\dfrac{9^2}{2}+\dfrac{11^2}{2}+\cdots\cdots$

e

e = 数列の極限: $\left(1\dfrac{1}{2}\right)^2,\ \left(1\dfrac{1}{3}\right)^3,\ \left(1\dfrac{1}{4}\right)^4,\ \left(1\dfrac{1}{5}\right)^5,\cdots\cdots$

e = 級数の極限: $1+\dfrac{1}{1!}+\dfrac{1}{2!}+\dfrac{1}{3!}+\dfrac{1}{4!}+\dfrac{1}{5!}+\dfrac{1}{6!}+\cdots\cdots$

e = 連分数の極限:

$$e = 2 + \cfrac{1}{1+\cfrac{1}{2+\cfrac{1}{1+\cfrac{1}{1+\cfrac{1}{4+\cfrac{1}{1+\cfrac{1}{1+\cfrac{1}{6+\cfrac{1}{1+\cfrac{1}{1+\cfrac{1}{8+\cfrac{1}{1+\cdots}}}}}}}}}}}}$$

ことが分かってもらえただろう．その進化はピタゴラス学派の危機に始まり，あらゆる思考の発展が妨げられたときに一時的に中断して，文芸復興とともにようやく復活した．

　一つ前の章で紹介した解析学のケースと同様に，長期にわたる暗中模索を導いたのは，"無限の絶対性"を信じるという暗黙の信念だった．その信念は最後に最高の姿を現した．それがこれから述べる，新たな"連続体"の理論である．

第 9 章

隙間を埋める

「である」と「でない」は厳密に定義されるが
「上下」は論理によって定義されるので
人が理解しようとすべきものに
私は何一つ没頭しなかった——ワインを除いては

ああ，だが人は言う
私の計算法によって年をもっと正確に計算できるように
　なったのかと——いや
それは暦によって刻まれるだけであり
明日はまだ生まれておらず，昨日はすでに死んでいる
——オマル・ハイヤーム（E. フィッツジェラルドによる訳）

　無限プロセスの有効性を認めることで，有理数領域という狭い牢獄から抜け出して，有理数の算術では歯が立たなかった問題に挑むための手段を手にした．そこで次のような疑問が自然と湧き上がってくる．直線上の点と数の領域とを完全に対応させるという古くからの問題を解決する上で，今や我々はよりふさわしい立場に立ったのだろうか？

　有理数の算術ではその問題は解決できないことが分かっている．しかし，一般算術，すなわち実数の算術がその点でもっと有効なのかどうかは，まだ分からない．有理数による記述からこぼれ落ちた直線上の点に対しても，算術による定式化は可能なのだろうか？ そもそもの危機を引き起こし，算術の基礎の修正を余儀なくさせた古くからの問

題が，次に示すようなより一般的かつ新たな形で再び姿を現すのだ．

　「**任意の実数は直線上の点で表せるか？　実数は直線上の任意の点に割り当てられるか？**」

　もしその答がイエスなら，実数領域と点の集合とのあいだには完全かつ相互的な対応関係が存在することになる．そのような対応関係が存在するなら，我々は自信を持って，算術的な解析を定式化する上で直観的な幾何学の言語を利用し，幾何学の問題を数や量へ還元することができる．この疑問はきわめて基本的であり，その答によってとても多くの事柄が左右されるのだ！

　この問題に対して現代になって与えられた答を理解するには，実数領域と直線上の点という二つの集合体の性質を別々に理解しなければならない．

　実数領域に関して分かっていることは，次のとおりである．

1. 整列している．すなわち，aとbという二つの実数のどちらがより大きいかを，必ず言うことができる．さらに，もしaがbより大きく，bがcより大きければ，aはcより大きい．要するに，このような数の無限個の集合体を，精神の働きによって大きさの順に並べることができる．さらに，"すべての"実数がそのように並んでいると考えることができる．以上が，実数の集

合は"整列している"という言葉の意味である.
2. 実数領域には最初のメンバーも最後のメンバーもない. どんなに大きい正の実数に対してもそれより大きい実数が存在し,どんなに小さい負の実数に対してもさらに小さい実数が存在する. このことを,実数領域は負の無限大から正の無限大まで広がっていると表現する.
3. 実数の中にすべての有理数が見つかる. "有理数領域"は,より大きい実数領域の部分領域にほかならない.
4. 実数の集合は"至るところで稠密"である. どんなに近接している二つの実数のあいだにも,無限個の別の実数を挿入することができる.

このことから,実数領域はすべてを含んでいるとは言えないだろうか? 迷わずそう断定したくなるところだが,有理数での経験があるのでそうとも言えない. 実数領域に関していま述べたことは,すべて有理数領域にも等しく通用する. それなのに有理数領域は,コンパクトな構造を持っているにもかかわらず"隙間だらけ"だった. 無理数や超越数がそれらの隙間を完全に埋めてくれるという保証はあるのだろうか? そんなに遠くない将来に新たなプロセスが発見され,それによって新たな数学的存在が作られて,今度は実数領域に新たな隙間があったことが明らかになるなどということが,絶対にありえないと保証できるの

だろうか？

　カントルはこの疑問に答えるために，有理数領域と実数領域との本質的な違いを探ることにした．

　有理数の集合は，整列していてコンパクトであるにもかかわらず"不完全"である．それは，有理数領域が無限プロセスに関して"閉じていない"からだ．さらにそれは，無理数の存在が示しているように，収束はするが有理数を極限に持たない無限有理数列が存在するからである．要するに，有理数の集合が不完全であるのは，それが有理数自体のすべての"極限値"を含んでいないからだ．

　しかし実数の集合は，整列していてコンパクトなだけでなく，"完全"（完備）でもある．それは，実数の集合が"すべての"無限プロセスに関して"閉じている"からだ．実数の無限数列は，もし収束すれば実数を表す．そのような無限数列は，たとえそれ自体が有理数列でなくても，それと同じ極限へ収束する有理数列に置き換えることができ，定義上その極限は実数となる．実数の集合は実数自体の"極限値"をすべて含んでおり，そのために"完全"なのだ．

　有理数領域に関する解析から分かるように，コンパクトな集合がすべて完全というわけではない．しかしカントルが証明したとおり，"完全な集合はすべてコンパクトである"．整列していてかつ完全である集合を，カントルは"連続体"と定義した．実数領域は一つの連続体を構成しており，それを"算術的連続体"という．それに対して有理数

領域は不完全であり，連続体は構成しない[注49]．

そこで，実数領域を包括的に説明するならば，「実数領域はカントルの言う連続体である」となる．すでに見たように，"連続"，"連続的"，"連続性"という単語は，精密科学の最初期から使われていた．太古の昔から"連続的"という言葉は空間や時間や運動に対して使われていて，それが何となく意味するのは，途切れがなく，最小部分が全体と同じ性質を持ち，"一つに繋がっている"何ものか，要するに"連続的な何か"というものだった．それは曖昧で漠然としたたぐいの概念で，その意味は直観によって認識される．しかし，それを正確に定義しようとしても決まって，「何を言わんとしているか分かるだろう？」といったもどかしさが残ってしまう．

このような条件を満たす概念の典型例が，我々が心の中で第一級の連続体と考えている直線である．そのため，直線と実数領域とのあいだに完全かつ相互的な対応関係を作ろうとしたら，直線が持っているとされる直観的な連続性の概念と，カントルによって科学的に正確に定義された実数の連続性とのあいだに，目に余るような不一致があってはならない．

連続性に関する我々の直観的概念を正確に記述することなしに，"連続"とはどういう意味かをおおざっぱに説明するとしたら，私は次のように心の内を語るべきだろう．

「時間は万物の本質である．母なる自然が途切れを"作らない"のは，父なる時間が途切れを"知らない"からだ．時間を中断させることは考えられないので，自然においてひとりでに起こるものは何もない．時間は流れ，その流れが考えうるすべてのものを運んでいる」

そのため，どんな現象の連続性を記述しようとしても，無意識とはいえ必ず時間の連続性を使ってしまう．直線が連続したあらゆるものの典型例に思えるのは，我々が直線を，連続的な移動によって生成するものとみなし，時間の流れをいわば凍結させて具体的に表現したものにほかならないと考えているからだ．

それ以外のいくつもの現象もそうである．ひとりでに起こる事柄に対して我々は尻込みするもので，それゆえ我々の科学理論は必死になって進化にこだわる．宇宙進化論であれ生命の理論であれ，あるいは社会学的な仮説であれ，そのような大激変の恐怖は至るところに見られる．我々はどんなことがあっても，大異変や大変革，自然発生や偶然の発見が宇宙や人類の歴史を支配してきたなどとは考えたくないのだ．

また，進化の概念が我々の過去を連続的な形で描き出したのと同じように，因果律の原則がすべての現象を一つの連鎖としてつなげ，我々の未来をあらゆる自然発生的な混乱から保護し，我々を混沌の恐怖から守っている．連続性と因果律という漠然とした概念は互いに密接に結びついて

いて，一方がもう一方の根拠として引き合いに出されることがつねだ．そして当然ながら，宇宙は連続しているという信念と，出来事どうしのあいだには因果関係があるという信念は，我々が"時間"と呼ぶその素朴な直観が持つ二つの側面にすぎない．それゆえに我々は，自然には途切れがないと確信する一方で，"前後関係と因果関係を混同する"という思い違いをしてしまうのだ．

ここに，我々の物理的概念を生み出した幾何学的直観と，算術の論理との不一致の根源が見て取れる．宇宙のハーモニーはレガートというたった一つの形式しか持たないが，数のシンフォニーはその対極にあるスタッカートしか奏でない．この不一致を解消しようという試みはいずれも，スタッカートを速くすると我々にはレガートのように聞こえるかもしれないという希望的観測に基づいている．しかし我々の知性は，決まってそうした試みにぺてんの烙印を押し，そのような理論を無礼なものとして，つまり逆の意味にねじ曲げて言い逃れようとする形而上学として拒絶する．

だが，そのような抵抗も結局は無駄である．我々の時間の概念が持つ連続性と，数の構造が本来持っている不連続性とのあいだの亀裂を橋渡しするには，"一度可能なおこないを際限なく繰り返す様子を考えることのできる"精神の力を，再び持ち出さなければならない．それが無限の歴史において重要な役割を果たした．連続性の問題と無限の

問題が,一つのジレンマの持つ表と裏の顔でしかなかったのは,そのためだ.それらを折り合わせる長いプロセスは,カントルの理論で最高潮に達した.その理論では,すべての数を無限回繰り返されるジャンプの"終着点"として考え,連続体はすべての"中継地"だけでなくすべての終着点を含むものとみなされる.これは究極のスタッカート理論だが,それでも時間の圧制からは逃れられない.時間の流れを,猛烈に速くしたテンポの動悸が無限に続いたものとみなすことによって,時間の圧制に自らを合わせているにすぎないのだ.

人間の精神はその圧制に抵抗して,幾何学や力学という外部的影響とは無縁の数の理論を求める.そうして歴史は,もう一つの出来事を目撃することになる.それは無理数に関する新たな理論という形を取り,それにはリヒャルト・デデキントの名が冠された.

デデキントの考え方の真髄は,カントルが同じテーマの著作を発表する 10 年前の 1872 年に発表された,『連続性と無理数』という画期的な論文の一節に込められている.以下に引用しよう.

「直線は,有理数領域が個々の数で満ち溢れているよりも無限に多く,個々の点で満ち溢れている.……
そのため,直線を支配する現象を算術的に調べようとすると,有理数領域では不十分であることが分かる.数

の領域に直線と同じ完全性，すなわち，今となっては同じことだが，直線と同じ連続性を持たせるには，新たな数を作り出してこの道具を改良することが絶対に必要となる．……

　有理数領域を直線と比較することで，前者には隙間が存在し，それは不完全で不連続であることが分かった．それに対して我々は，直線を完全で隙間がなく連続なものと考える．その連続性はどこにあるのだろうか？ すべてはこの疑問の答に左右され，すべての連続領域の探究の科学的基盤は，それを通じてのみ得られるはずだ．最小部分における途切れのない繋がりに関して漠然としたことを言っても，明らかに何も得られない．問題は，有効な演繹の基礎となりうる連続体の正確な性質を特定することだ．私は長いあいだそれに関して無為な考えを重ねてきたが，ついに探していたものを発見した．その発見に対しては，人それぞれ異なる評価を下すだろう．大多数の人はその内容を至極当たり前と思うかもしれない．それは次のようなものだ．前の節では，直線上のどの点もその直線を二つの部分に分け，一方の部分に含まれるすべての点がもう一方の部分に含まれるすべての点より左側に来るという事実に注目した．私はその逆，すなわち次に述べる原理に，連続性の本質を見出した

　もし直線上のすべての点が二つの集合に分けられ，第一の集合に含まれるすべての点が第二の集合に含まれるすべての点よりも左側に来るならば，すべての点をその

ような形で二つの集合へ分ける点はただ一つ存在し，それが直線を二つの部分へ分割する

　先ほども言ったように，私は決して，誰もがすぐにこの命題を正しいと認めるだろうなどと，早合点すべきではないと思う．さらに読者の大部分は，このありきたりな認識によって連続性の秘密が解き明かされることになると知って，大きく落胆することだろう．それに対して私は，上記の原理があまりに明白で，直線に対する自らの考えとも一致することを誰もが分かってくれて，ありがたいと言いたい．というのも，私にはそれが正しいことの証明を挙げることはまったくできないし，ほかの誰にもその力はないからだ．直線の性質に関するこの仮定は，直線に連続性を与えて直線の連続性を定義するための，一つの公理に他ならない．空間が真に存在するとしても，それが連続であるとは"限らない"．もし空間が不連続であっても，その性質の多くは変わらないだろう．そして，もし空間が不連続であることが確実に明らかとなっても，望むならば頭の中でその隙間を埋めて，空間を連続なものにすることを妨げるものは何もない．隙間を埋めるということは，すなわち個々の新たな点を作り出すということで，それは上記の原理にしたがっておこなわれなければならない」

このデデキントの原理を詳しく見てみよう．デデキントもカントルと同様，有理数領域を出発点に据えた．しかし

デデキントは，実数を収束有理数列と同一視するのではなく，精神の力が生み出した，有理数を二つに分類するものとして，実数をとらえた．その特別な分類方法をデデキントは"Schnitt"と名付け，この単語は"デデキントの切断"や"デデキントの分割"などさまざまに訳されている．私は後者を使うことにする．

この分割方法は，デデキントが直線の連続性を定義する上で用いた概念と正確に対応する．直線がその上の任意の点によって，重複なしに隣接する二つの領域へ分割されるのと同じように，どんな実数もすべての有理数を二つの集合へ分割する手段となる．その二つの集合は共通要素を持たず，両者で有理数領域をすべて網羅する．

逆に，どんな方程式や分類法やプロセスであっても，有理数領域をそのような形で分割できるものであれば，それは結果的に一つの数とみなすことができる．そしてそれは定義上実数であり，この新たな領域の要素となる．

有理数はすべてそのような分類法として考えることができるので，有理数はこの広大な実数領域の一部分である．事実，どんな有理数を与えられても，それを基準としてすべての有理数を二つの集合へ分類できる．例えば2の場合，2以下の数が"下位の集合"に含まれ，2より大きな数が"上位の集合"に含まれる．この二つの集合に共通要素はなく，両方合わせて有理数全体を網羅する．有理数2は一つの"分割"とみなすことができ，それゆえ実数ということになる．

しかしもちろん，適用範囲の広いこの原理が持つ潜在力を，このような至極当然な分割操作によって語り尽くすことはできない．例としてすべての有理数を，その2乗がある有理数，たとえば2以下であるものと，2より大きいものに分けることも可能だ．その二つの集合は，前の例と同様互いに排他的であり，また二つの集合ですべての有理数を網羅する．この分割もまた実数を定義し，それを我々は古くから知られた $\sqrt{2}$ と同一視するのだ．

その一方で，有理数も無理数も分割によって表現できるが，有理数と無理数とでは本質的な違いがあるため，有理数を分割の基準に選ぶと特別なことが起こる．分割を引き起こす有理数自体は下位の集合に含まれる．それはまるで，"ある政治家"が政党を二つに割って，自分は左派に属するようなものだ．しかし，無理数の区切りは完全に第三者的である．それはちょうど，"ある問題"によって政党が二つに割れるが，その問題自体は右派にも左派にも属さないようなものである．したがって，分割を引き起こす無理数は下位の集合にも上位の集合にも属さない．すなわち有理数の場合，下位の集合には最大の要素があるが，上位の集合には最小の要素はなく，無理数の場合，下位の集合に最大の要素はないし，上位の集合にも最小の要素はないということになる．

デデキントの理論によれば，これが2種類の数を区別する唯一の特徴である．"一方の集合に属する"のが有理数の特徴で，"どちらにも属さない"のが無理数の特徴だ．

デデキントの分割が正真正銘の数であることを証明するには，それが形式不易の原理の条件をすべて満たすことを示さなければならない．前の節の記述によって，第一の条件が満たされていることは証明される．残りの条件が満たされることは，きわめて単純かつ完全に厳密な形で証明できる．順序の基準，演算の定義，それらの演算の結合性，交換性，分配性の証明，これらはすべてカントルの理論における命題と正確に対応しているので，その詳細を並べ立てて読者を退屈させることはやめよう．

カントルの理論における基本的定理，すなわち，実数領域は無限プロセスに関して閉じているという定理についてもまた，それと対応するものがデデキントの理論には存在する．ひとたび実数領域を定義してしまえば，当然ながら，その原理をさらに適用するともっと領域が広がるのではないかと考えたくなる．すなわち，すべての"実数"を二つの集合に分けるように分割しようということだ．はたしてそのような分割は，"実数"の中に見つからない新たな種類の量を生み出すのだろうか？　答はノーだ．そのような分割はすべて，有理数領域における分割へ分類できる．有理数領域におけるすべての分割の集合は，"閉じている"のだ．

算術的連続体に関するこの二つの理論が完全に同等であることは，それらの理論を打ち立てた本人たちによって認識され，もし両者の間に対立があったとしても，今日では

それは歴史上の出来事でしかない．有理数領域のどんな分割にも無限数列の極限値が対応し，逆にどんな無限数列の極限値も有理数領域を分割するものとして用いることができる．すべての分割とすべての有理数列の極限値はまったく同等であり，算術的連続体という同じ集合を2通りに記述したものにすぎないのだ．

形而上学的な立場からすれば，これはまさに不可解に思える．すでに述べたように，カントルの理論は長い歴史的プロセスから生まれたものであり，一方でデデキントの分割は大胆な独自の概念である．カントルの理論では数の領域を生み出すために無限プロセスを用いるが，デデキントは実数の定義の中で"無限"という言葉を一度も明示的には使っていないし，"傾向がある"，"測れないほど大きくなる"，"収束する"，"極限"，"与えられたどんな量よりも小さい"などといった言葉も用いていない．カントルの理論はあからさまに"動的"であって，点の運動が中心に引き寄せられるのときわめて似た形で極限値が生み出される．それに対してデデキントの理論は本質的に"静的"であり，ある決まった方法に従って要素を分類するという精神の力以外にはどんな原理も利用していない．そのため一見したところ，幾何学や力学と長いあいだ結びつけられてきた直観的時間という足枷から，数の概念をようやく完全に解放できたように思える．

しかし，出発点も正反対で攻略方法もまったく異なる二つの理論が完全に同等だという事実は，デデキントの原理

で見かけほど片が付くわけではないということを示している．事実，デデキントの手順をさらに調べていくと，露骨には用いられていないものの，そこには無限の概念が暗に含まれていることが分かってくる．分割の原理を"有限の"有理数集合に適用すると，自明な結果が導かれてしまってその無意味さが露呈する．さらに，ある無理数を決定するためにこの原理を実際に用いようとすると，カントルの言う無限数列に似た何らかの仕掛けをどうしても利用するしかないのだ[注50]．

同じことは，この理論と時間に対する直観との関係についても言える．デデキントの公理とは，「もし直線上のすべての点が二つの集合に分けられ，第一の集合に含まれるすべての点が第二の集合に含まれるすべての点より左側にあるならば，すべての点をそのように二つの集合へ分ける手順となる点はただ一つ存在し，それが直線を二つの部分に分割する」というものだったが，この公理は，我々が考えている時間の基本的性質を巧みに言い換えたものにすぎない．我々は精神の働きを通じて直観的に，"すべての時間"を"過去"と"未来"という二つの集合に分けている．それらは互いに排他的だが，二つ合わせるとすべての時間，すなわち"永遠"を構成する．"現在"はすべての未来とすべての過去を分割する．過去のどの瞬間もかつては"現在"だったし，未来のどの瞬間もいずれは"現在"となる．そしてどの瞬間も，そのような分割として作用するこ

とができる．もちろん我々は過去の中の個々の瞬間しか知らないが，精神の働きによってその隙間を埋めることができる．記憶の中で互いに近接しているどんな二つの瞬間のあいだにも，必ず別の瞬間が存在すると考え，それと同じコンパクトさは未来にも当てはまると仮定している．これが我々の考える時間の流れだ．

さらに逆説的に思えるかもしれないが，現在という瞬間は，デデキントの言う意味で言えば"真に無理数である"．というのも，現在という瞬間は分割として作用するが，過去の一部でも未来の一部でもないからだ．もし純粋な時間に基づく算術が可能だとしたら，その中では現在という瞬間は当然ながら無理数と考えられ，我々の論理における努力はすべて，有理数の存在の証明へ向けられることだろう．

最後に，「もし空間が不連続であることが確実に明らかとなっても，望むならば頭の中でその隙間を埋めて，空間を連続なものにすることを妨げるものは何もない」というデデキントの言葉は，いわば"後知恵"である．その埋め合わせのプロセスははるか昔に終わっているし，時間の中に隙間を認識することができないという単純な理由から，空間の中にも隙間はまったく発見できないだろう．

カントルもデデキントも，時間に対する直観から連続体を解放させることはできなかったが，連続体に対する我々の考え方と数に対する科学的概念との古くからの衝突は，

後者の圧倒的な勝利で幕を閉じた．それは，フェルマーやデカルトの時代から解析学にとって不可欠な道具だったある手順の正しさを立証し，正当化することが，歴史の必然だったからだ．次の章の一部は，その"解析幾何学"という分野の歴史に割かれている．ここで述べておくべきは，この分野は幾何学の問題を算術的に解析しようという試みから生まれたものの，最終的には数の抽象的な性質を人間の精神へ送り届ける媒体となったということである．この分野は解析学に豊かで表現力に富んだ言語をもたらし，解析学をそれまで考えられなかったような一般化の道へ導いた．

　解析幾何学を進める上では，直線上や平面上や空間内の点は数によって表現できるという暗黙の前提がある．この前提はもちろん，直線上の点と実数とのあいだに完全な対応関係を確立できるという仮定と同等である．解析学にも幾何学にも大いに貢献した解析幾何学の大成功は，この前提に圧倒的な実用力をもたらした．数学の一般的な論理構造にこの原理が付け加わるのは，必然であった．しかしどのようにして？

　このような状況では，数学は"命令に従って"進められる．そうすることで，直観と道理との溝が適切な仮定によって埋められる．その仮定によって直観的概念が排除され，論理的に首尾一貫した概念に置き換えられる．どんな直観も曖昧さを持っているので，そのような置き換えは妥当なだけでなくきわめて好ましい．

この場合にもそのとおりとなった．一方には，実数とその集合，すなわち算術的連続体という論理的に首尾一貫した概念が存在し，もう一方には，点とその集合，すなわち直線の連続体という曖昧な概念が存在していた．必要なのは，この二つが同じものであると宣言すること，要するに次のように断言することだった．

「直線上のどの点にもただ一つの実数を割り当てることができ，逆にどの実数も直線上の点としてただ一つの形で表すことができる」

これが有名な"デデキント゠カントルの公理"である．

この命題は，200 年以上にわたって解析幾何学の礎となってきた暗黙の前提を正当化することで，この分野における基本的公理となった．この公理も他の数多くの公理と同様，実際には定義が仮面をかぶったものにすぎず，"算術的直線"という新たな数学的存在を定義している．それによって，直線や平面や空間は直観的概念ではなくなり，"単なる数の運び手"へ還元される．

つまりこの公理は，幾何学の算術化にほかならない．それは，解析学を幾何学的直観という生まれ故郷から解放した．それだけでなく，今後は解析学が幾何学や力学を支配し，それらを通じて，我々の感覚によるありのままの現実にもっと近いそれ以外の知識をも支配するという，大胆な宣言でもある．

現実のイメージの中に算術を構築しようという長年にわ

たる苦闘は，その現実が曖昧だったがゆえに失敗した．そこで，算術のほうが自らのイメージの中に新たな現実を作り出した．有理数がつまずいた場所で，無限プロセスは成功を収めたのだ．

「数は世界を統治する」

第10章

数の領域

「アルキメデスのもとに,一人の若者が教えを乞いに来た.
若者は言った.師よ,教え給え.
天の知にかくも気高く奉仕し,
天王星の先にさらなる惑星があることを解き明かした神業を.
賢人は答えた.まさに汝が言うとおり,それは神業だ.
しかし,宇宙を探究する前から,天の知に気高く奉仕する前から,
そして天王星の先にさらなる惑星があることを解き明かす前から,
それは神業だった.
宇宙の中に汝が見るのは神の影にすぎず,
天を治めるその神とは永遠の数である」

—— K. G. J. ヤコビ

我々の知識は,試行錯誤や模索とつまずきによって進歩してきた.厳しい生存競争や周囲に転がる遊び道具,そして時間の伝統という足枷に,邪魔されつつも駆り立てられながら,人はその進歩の中で,論理ではなく直観に,そして人類に蓄積されてきた経験に導かれてきた.それは人間に関するあらゆる事柄に言えることであり,私はここまで苦労して,数学もその例外ではないことを示してきた.

しかしひょっとすると,物事を体系的に説明するという,長年の教育経験による習慣のせいで,私はいつの間に

かその一線を越えてしまったのかもしれない．数の進化を概略として説明すれば，それはある論理的一貫性を持っているように見える．しかし概略とはたいていおおざっぱなもので，真の重要性についてはほとんど教えてくれない．曲線の真の性質について多くのことを教えてくれるのは，その形よりも不規則性の方だ．同様に人間のどんな取り組みにおいても，その根底にある要素をよりはっきりと明かしてくれるのは，似た取り組みと共通する性質よりも，不規則性のほうである．

　数学の教科書の体系的な説明は，論理的一貫性に基づいていて，歴史的な流れに基づいたものではない．しかし高校の標準的な授業はおろか，大学の数学の講義でさえ，その事実に触れられることはなく，そのため学生たちは，数の歴史的進化は教科書の章立てどおりに進んできたという印象を持ってしまう．そのような印象を抱かせてしまう大きな原因が，数学の中には人間的要素は何一つないという，広く受け入れられた考え方である．数学は足場を使わずに建てられた構造物であり，一層一層，温かみを欠いた偉容さを持って屹立していると思われているのだ！　その構造物は純粋な道理を基礎としているため，欠陥は一つもない．その壁面は失敗や誤りやためらいなどなしに建っていて，そこには人間の直観は含まれていないので，難攻不落である！　要するに，一般人にとって数学という構造物は，間違いを犯しやすい人間の精神ではなく，絶対的に正しい神の魂によって建てられたかのように見えるのだ．

数学の歴史は，そのような考え方が間違っていることを明らかにしてくれる．数学の進歩には一貫性がなく，そこでは直観が支配的な役割を果たしてきたことを教えてくれる．中間の地域が探検される前に，あるいは探検者が中間の地域の存在に気づいてもいないうちに，遠方の辺境地が領土となった．新たな形式は直観の働きによって作り出され，その形式を受け入れたり却下したりする権利は，"その誕生には関わっていない"論理に与えられている．しかしその判断が下されるまでには時間がかかり，その間にもその子供たちは生きなければならない．そして，論理によってその存在が認められるのを待つ間も，子供たちは成長してさらに子孫を増やすのだ．

　数学の歴史の中でももっとも奇妙な出来事である，複素数の概念の進化は，そのような成長の証をことごとく有している．ヴァイエルシュトラスやカントルやデデキントが論理的基礎に基づいて実数の存在を確立させるまで，数の学問は新たな征服には乗り出さなかったのだろうか？　そんなことはない．数学は，実数の正当性を当然のものとみなして，もう一つの神秘的な辺境の探索へ乗り出し，その探検によってかつてない規模を持つ有望な数の領域を獲得したのだ．

　その新たな概念を根源までさかのぼってみたい．そこで，実数の源となった代数学の問題について，再び考察を進めていくことにしよう．その考察は，無限に関する長い

余談によって中断していた．とてつもなく豊かになった数の概念と，無限プロセスという強力な新兵器を携えて，それを再開するのだ．今や，有理数の集合の代わりに算術的連続体を自由に使うことができ，有限の代数学における有理数のプロセスに加えて，解析学の強力なしかけから力を借りることができる．もはや我々は，代数学の一般的な方程式に自信を持って挑む立場に立っているはずだ！

初歩的な代数学を覚えている読者なら，そんなことはないとご存じだろう．すべての代数方程式を解くには，実数でも不十分である．そしてそれを証明するのに，より高次の複雑な方程式を作る必要はない．もっとも単純な方程式の一つである，$x^2+1=0$ という2次方程式を考えるだけで十分なのだ．

この方程式からデデキントの分割を定義することはできないし，2乗が -1 へ収束するようなカントルの数列を作ることもできない．12世紀にヒンドゥー教の聖職者バースカラは，この事実を単純かつ印象的な文章で表現した．

「正の数の2乗も負の数の2乗も正である．そして正の数の平方根は，正と負の二つある．負の数の平方根は存在しない．なぜなら負の数は平方数ではないからだ」

この方程式の解を $x=\sqrt{-1}$ と書きたいと思っても，そのような式は具体的な意味を持たないという知識がその衝動を抑えつけた．インド人数学者もアラブ人たちも，その

衝動をこらえた．"虚数"の発見の栄誉は，ルネサンス期のイタリア人たちに与えられている．カルダーノが1545年に初めて，その無意味な存在をあえて記号で表した．10という数を二つに分けて，それらの積が40となるようにするのは不可能であるという主旨の論文の中で，その形式解は $5+\sqrt{-15}$ と $5-\sqrt{-15}$ というありえない式を導くことを示したのだ[注51]．

しかし，負の数の場合と同様にこの場合も，ありえないものを書き下しただけでそれは記号的な存在となった．確かにそれが書かれた際には，「これは無意味でまやかし，不可能で神秘的で実在しない」という但し書きが付けられていた．しかし単なるあだ名や悪口でも，そこには多くのことが込められているものだ．

奇妙なことに，このような神秘的な存在を正真正銘の数として取り扱おうとする原動力となったのは，2次方程式でなく3次方程式だった．その顛末は次のとおりである．

3次方程式 $x^3+ax+b=0$ は少なくとも一つの実数解を持ち，ときには実数解を三つ持つこともある．シピオーネ・デル・フェッロやタルタリアやカルダーノは，解のうち一つだけが実数である場合に関して，いわゆるカルダーノの式と呼ばれる解法を編み出した．しかし三つの解がすべて実数である場合には，その式に含まれる累乗根が"実在しない"数を表してしまうため，この式は使えない．

ボンベリが1572年に発表した代数学の論文の中で採り

上げられている，$x^3=15x+4$ という歴史的に重要な方程式について考えてみよう．この方程式は，$4, -2+\sqrt{3}, -2-\sqrt{3}$ という三つの実数解を持つ．しかしカルダーノの式を当てはめると，
$$x = \sqrt[3]{2+\sqrt{-121}} + \sqrt[3]{2-\sqrt{-121}}$$
という完全に実在しない結果が導かれてしまう[注52]．

そこでボンベリは，もしかしたらこの二つの立方根は $p+\sqrt{-q}$ と $p-\sqrt{-q}$ という二つのタイプの式を表しているのではないかと考えた（今日では"共役複素数"と呼ばれている）．もしそうだとして，そのような存在を通常の規則に従って足し合わせることができるとしたら，この二つの"まやかしの"量の和は実数となって，問題の方程式の実際の解の一つになるかもしれない．それが4であることは分かっている．ここからはボンベリ本人の言葉に委ねよう．

「多くの人が判断するところでは，それは乱暴な考えだった．私も長いあいだ同じ意見だった．すべて真理でなく詭弁に基づいているように思えた．それでも私は長いあいだ考え，実際にそれが正しいことを証明した」

ボンベリは，この二つの立方根が $2+\sqrt{-1}$ と $2-\sqrt{-1}$ へ単純化され，その和が4になることを示したのだ．

確かにこのような存在などありえない！しかし実際の

問題を解くための道具として使えるのだから，まったく役立たずというわけではない．こうしてボンベリは，自らの成功に勇気づけられて，このような複雑な存在の演算規則を編み出すことにした．

今日では，$\sqrt{-1}$ に i という記号を当てはめることで，ボンベリの表記法は単純化されている．かの複雑な存在は，いずれも $a+ib$ という形を取る．この表記法を用いると，ボンベリの方程式の解は

$$x = \sqrt[3]{2+11i} + \sqrt[3]{2-11i} = (2+i)+(2-i) = 4$$

となる[注53]．

ボンベリが導いたこの存在を"複素数"と言う．その"数"という名前を正当化するために，それが形式不易の原理の条件をすべて満たしていることを証明したい．ボンベリはその原理については何も知らず，自らの数学的良心，すなわち直観だけを道しるべとした．しかし表記法を別にすれば，この天才イタリア人はそのすべての規則を，事実上今日教えられているのと同じ形で知っていたのだ．

複素数 $a+ib$ は部分領域（$b=0$）として実数を含んでいるので，第一の条件は満たされる．順序の基準に関しては，$a=c$ かつ $b=d$ ならば $a+ib$ と $c+id$ は等しく，それ以外の場合には等しくないと定めればいい．しかし，どちらがより大きいか小さいかという基準に関しては，そんなに単純ではない．だがこの困難はそれほど深刻ではなく，ここで特別に触れておく必要はない．

二つの複素数の和は，その実部と虚部を別々に足し合わ

せて得られる複素数となる．差も同様だ．二つ以上の複素数の積は，代数学の通常の規則に従って個々の数を掛け合わせ，i の累乗が出てきたらすべて下の表に従って置き換えることで得られる．

$i=\sqrt{-1}$	$i^5=i$	$i^9=i$	
$i^2=-1$	$i^6=-1$	$i^{10}=-1$	以下同様
$i^3=-i$	$i^7=-i$	$i^{11}=-i$	
$i^4=1$	$i^8=1$	$i^{12}=1$	

したがってボンベリの演算は，交換性，結合性，分配性を有している．形式不易の原理の条件は満たされる．こうして"複素数領域"が作られた．実数領域が有理数領域に取って代わったように，複素数領域が実数領域の座を奪ったのだ．

そこから導かれる事実として，複素数に対して加減乗除をおこなうと必ず複素数が得られる．言い換えれば，複素数領域は加減乗除に関して"閉じている"．

はたして複素数領域は，無限プロセスに関しても閉じているのだろうか？　つまり，無限プロセスや収束や極限という概念を拡張して，そこに複素数も含まれるようにすることは可能だろうか？　この問に対する肯定的な答が，19世紀にガウスやアーベル，コーシーやヴァイエルシュトラスによって与えられ，その基本的な事実が現代の関数論の基礎となった．

18世紀にはすでに，複素数は純粋に代数学的な性質を失

いはじめていた．ド・モアヴルが発見した有名な恒等式によって，三角法における複素数の役割が明らかとなり，オイラーが超越数 e を導入したことでその式はさらに拡張された．本書で説明すべき範囲は超えるが，完全を期すために，そのオイラーの見事な恒等式

$$e^{i\pi}+1=0$$

について触れておこう[注54]．当時，形而上学に傾倒した人々は，この式に神秘的な意味を嗅ぎ取った．事実，この式には現代数学でもっとも重要な記号の数々が含まれており，それはいわば"神秘的な調和"であるとみなされた．すなわち，算術は 0 と 1 として，代数学は記号 i として，幾何学は π として，そして解析学は超越数 e として象徴されている．

ここで当然ながら，次のような疑問が湧き上がってくる．はたして複素数を付け加えれば，代数学の基本的問題，すなわち，もっとも一般的な方程式の解を決定するという問題を解けるようになるのだろうか？．

すでにボンベリは，複素数を使えば 2 次方程式と 3 次方程式を完全に解けることを知っていた．言い換えれば，もっとも一般的な 2 次や 3 次の方程式は必ず，実数または複素数の解を少なくとも一つ持っている．この結論は，これらの方程式が平方根や立方根を用いて形式的に解けるという事実から導かれた．立方根の中に複素数が含まれてしまう場合もあるが，それは $a+ib$ という形に分解することが

できる.

4次方程式に対する同様の解法がフェラーリの方法によって確立し、その解もまた複素数で表現できるようになった。実数解はその特別なケースに相当する.

これらの事実は17世紀に明らかになった。また、実数を係数とする代数方程式の複素数解はペアで存在することも分かった。すなわち、もし$a+ib$がそのような方程式の解ならば、その共役複素数$a-ib$もその解であるということだ。ここから、奇数次数の方程式は少なくとも1個の"実数解"を持つという結論が導かれる.

1631年にイギリス人のトーマス・ハリオットが、任意の方程式を"多項式=0"という形で表現するという、巧妙かつ応用範囲の広いアイデアを思いついた。さらにそこから、もしaがある代数方程式の解ならば、$x-a$がそれに対応する多項式の因数になるという定理（今日では因数定理と呼ばれている）を導いた。この基本的事実によって、任意の方程式を解くという問題は因数分解の問題へ還元された。そして、もしある方程式が実数解であれ複素数解であれ解を持つことが分かれば、結果的にその方程式はその次数と同じ個数の解を持つことが、最終的に証明された。もちろん注意事項として、"解の個数は、それに対応する因数が多項式に何個含まれているかに基づいて数えなければならない".

17世紀初めにジラールが、4次までの方程式に関して言えることは一般的にも成り立つと予想し、18世紀中頃にダ

ランベールがその予想を，"どんな代数方程式も少なくとも1個の実数解か複素数解を持っていなければならない"という命題として定式化した．しかしダランベールはこの予想を厳密に証明することができず，その後も大勢の人が努力したにもかかわらず，この命題はそれから50年のあいだ予想のままであった．

この予想は，"どんな方程式も累乗根を使って解くことができる"という別の命題を思い起こさせる．すでに見たように，ラグランジュの時代になっても多くの数学者が，それもまた自明であると考えていた．しかし，この二つの命題を比較するのは正しくない．後者の予想に対しては不完全帰納法と呼ばれる形の一般化手法が用いられたが，この命題が実は誤りだったことで，その手法の危険性が浮き彫りになった．それに対してダランベールの予想は，まったく違うたぐいの直観から導かれた．

その直観は，この"代数学の基本定理"に対してダランベールの時代以降に与えられたあらゆる証明に反映されている．ダランベール本人，オイラー，そしてラグランジュが不完全な論証を与え，アルガンが1806年と1816年に証明し，偉人ガウスによる四つの証明によってこの命題が立証され，それ以降も証明は改良が繰り返された．

それらの証明は原理的には互いに異なるが，いずれも一つの共通する特徴を持っている．場所や方法はさまざまだし，明示的な場合もあれば暗黙の場合もあるが，本来は解

析学の領域に属する，代数学にとっては馴染みのない連続性の考え方が，そのすべてに組み込まれているのだ．

単純な例で説明しよう．$Z=z^2+1, z=x+iy$ と置けば，代入することで $Z=(x^2-y^2+1)+i(2xy)$ という式が得られる．ここで，x と y は連続的に変化して $-\infty$ と $+\infty$ のあいだのすべての値を取りうると仮定すれば，括弧内の式もそれと同じ範囲のすべての値を取るとみなすことができる．そのことを一般のケースで厳密に"証明"するのはかなり難しい．ダランベールや天才ガウスもその目標に向けて努力したが，成功しなかった．しかしそれが正しいことを"理解"するのはまた別の話で，その際には"連続性に関する直観"がうまく機能した．変数 x と y がある値であればこれらの多項式は正になり，別の値であれば負になる．その変化は連続的であって，x と y には，第一の項を0にするような中間的な値が無限個存在する．第二の項が0になるような値も，別のある領域にわたって存在している．そしてこの二つの領域には，"共通するペア"がいくつか存在する．a と b をそのようなペアとすると，$a+ib$ は方程式 $Z=0$ の解となる．これが数学的直観の示すところであり，ダランベールが証明しようとした事柄である．ガウスはダランベールの失敗こそ克服したが，この代数学の基本定理に対するガウスの最初の証明は，自分自身が長く心を苦しめる解析学の考え方に頼っていた．そこで16年後にもう一つの証明を考え出した．ガウスが示したのは，偶数次数の任意の方程式は純粋に代数学的な手法によって

奇数次数の方程式に還元できるということだった．したがって，もし奇数次数の方程式が少なくとも一つの実数解を持つことを証明できれば，この基本定理もまた証明されることになる．しかし残念ながら，純粋な代数学とは異質な考え方を持ち込まない限り，その命題は証明できないのだ．

　代数学の基本定理に対する証明が代数学と異質なプロセスを含んでいるという事実を踏まえると，この定理はもっと一般的な範囲に通用するのではないかと考えられる．そして実際にそのとおりである．複素数領域に解を持つという性質は，代数方程式の専売特許ではない．例えば $e^z+z=0$ といった方程式をはじめ数多くの超越方程式も，複素数解を取りうる．

　多項式は，ヴァイエルシュトラスが"整関数"と名付けた関数の集合の中でも，きわめて小さな一部分でしかない．整関数も多項式と同様に，変数として適切な値を選ぶことで，あらかじめ定められたどんな複素数の値も取ることができ，もちろん0も取りうる．そして整関数の集合には，サインやコサインや指数関数といったきわめて重要な超越式も含まれる．関数論の立場から見れば，"整関数"は多項式を直接拡張したものにほかならない．

　これらの事実は，複素数変数を持つ関数の理論の基礎としてコーシーやヴァイエルシュトラスやリーマンによって確立され，19世紀の数学の発展において支配的な要素とな

る.

しかし本筋に戻ることにしよう.

1770 年にオイラーの著書『代数学完全入門』が出版され,その中で複素数の応用法がいくつも示された.しかしそこには,次のような記述が見て取れる.

「$\sqrt{-1}$ や $\sqrt{-2}$ といった式は,すべて論理的に不可能,つまり実在しない数である.それは,これらの式が負の量の平方根を表しているからだ.このような数は,0 でもないし,0 より大きくもないし,0 より小さくもないとはっきりと断言でき,そのため実在しない,すなわち不可能である」

一方,ガウスは 1831 年に次のように記している.

「古代の幾何学の範囲をはるかに超えた一般的算術は,完全に現代の産物である.正の整数の概念から始まった算術は,徐々にその領域を拡大してきた.整数に分数が付け加わり,有理数に無理数が付け加わり,正の数に負の数が付け加わり,そして実数に虚数が付け加わった.しかしこの進歩はつねに,最初はおびえつつためらいがちなステップを踏んできた.初期の代数学者は方程式の負の解を偽の解と呼んだが,その方程式に関係した問題が,その量の特徴ゆえ負の解を認めないような形で記さ

れていれば，確かにその負の解は偽である．しかし一般的な算術の場合，数えられるもので分数が意味をなさないものが数多くあるからといって，分数を認めたがらない者は誰一人いない．それと同様に，無数のものが負の数を認めないからといって，負の数に正の数と同じ権利を与えることを拒むべきではない．それ以外の無数の場合には負の数を適切に解釈できるのだから，負の数が実在することは十分に正当化できる．この事実は長いあいだ受け入れられてきたが，その一方で，実数との対比からかつて頻繁に（今でも間違って）"不可能な量"と呼ばれてきた虚数は，いまだにかなり拒絶されていて完全に受け入れられてはいない．どちらかというと虚数は，無意味に記号をもてあそんでいるだけのように見える．その記号遊びが実数どうしの貴重な関係性に大きく貢献したという事実を軽視しない人でさえ，虚数の基盤となりうるものは断固として否定するのだ．

　筆者は長年にわたって，このきわめて重要な数学の一分野を異なる観点から考察してきた．虚数にも負の数と同様に客観的な実在性を当てはめることができるという立場だが，これまでその考え方を発表する機会がなかった」

この二つの文章を隔てる，このような劇的な態度の変化があった60年間には，はたして何が起こったのだろうか？　それに対してガウスは自らの言葉で，「これらの想像

上の存在には客観的な実在性を当てはめることができる」と答えている．言い換えれば，負の数を方向の変化とみなすのと同じたぐいの，具体的な解釈ということだ．

その解釈について完全に理解するには，しばし 17 世紀へ戻り，前のほうの章で繰り返し触れた解析幾何学について振り返って調べなければならない．

科学が我々の生活にもたらした重大な変化といえば，物理学や化学を思い浮かべるものだ．産業や交通を一変させた機械的発明の中に，そのとてつもない大変革の明らかな証拠が見て取れる．電気の利用によって，家事の単調さが減り，人どうしのコミュニケーションが想像もできない規模にまで拡大した．化学の成果によって，それまで無用の長物だった物質が生存や快適や快楽の源へ変わった．そうして人々は，これらの科学の功績を尊重してそれに驚嘆することを学んだ．

それよりもっと広範にわたっていて，それゆえもっと気づきにくいのが，数学が我々にもたらした恩恵である．確かに数学は，これらの発明を可能にした理論やその発明の着想において大きな役割を果たしている．しかしそれは専門家にとっての話だ．人は日常生活の中で，水を構成する元素の知識や，短波長の波と長波長の波との違いに関する知識からは恩恵を得ているかもしれないが，幾何学や微積分の研究は人の幸福にはほとんど寄与しないだろう．

しかし数多い数学の功績の中には，人々の日常生活に浸

透していて，直接的な意味で有用な発明とみなせるものもいくつかある．その中には，平均的な知能の人でも計算ができるようにしてくれた，位取り記数法も含まれる．そのような直接的な実用法としては，それまでわずかな人にしか理解できなかった一般的関係の略記法を自由に使えるようにしてくれた，代数学の記号体系，とくにヴィエトの"記号計算"も含まれる．またその中には，デカルトが世界に与えた偉大な発明品である"解析的図式（グラフ）"も含まれる．これは，ある現象を司る"法則"や，影響しあう出来事どうしのあいだに存在する"相互関係"，またはある状況の時間的"変化"を，"図式的"に一目で見せてくれる．

注目すべきは，一般の人にとってもっとも理解しやすい数学的発明が，純粋数学の発展にももっとも大きな影響を及ぼしたという事実である．位取りの原理は，負の数という概念の発展に不可欠である"0"をもたらし，それによって方程式を標準化する道が開かれ，因数定理が生まれた．文字記号による表記法は，数学の対象を特定の例から一般の事柄へ変え，また不可能な存在を記号化することで，一般的な数の概念へ向かう道を整えた．

最後にデカルトの発明は，解析幾何学という重要な分野を生み出しただけでなく，アルキメデスやその後フェルマーが自らの深遠かつ広範にわたる考え[注55]を表現しようとする上で欠いていた武器を，ニュートンやライプニッツ，オイラーやベルヌーイに与えた．

「母親から生まれていない子供たち」．幾何学者シャールは，デカルトの偉業をこのような言葉で表現した．位取りの原理や文字記号による表記法に対しても，その先駆けとなったものが同じように不当な扱いを受けていたことを考えれば，これと同じ言葉が成り立つのではないだろうか．位取りの原理はカウンティング・ボードの空白欄にまでさかのぼるし，文字記号による表記法はすでに見たように，古代以来の数学者や数学者に近い人々が実践していた文章的記号体系を発展させたものにほかならないのだ．

同様にデカルトの偉大な発明も，プラトンの時代に始まる古代からの有名な問題を根源としていた．定規とコンパスでは解けなかった，角の三等分，立方体倍積問題，円積問題を解こうという取り組みの中で，ギリシャの幾何学者は新たな曲線を探した．そうして"円錐曲線"を発見した．円錐曲線とは円錐を平面で切ったときの切り口のことで，"楕円"，"双曲線"，"放物線"がある．その美しい性質はギリシャの幾何学者を魅了し，まもなくそれ自体が研究対象となった．偉人アポロニオスは円錐曲線に関する論文の中で，それらの曲線が持つもっとも重要ないくつかの性質を記述して証明した．

そこには，のちにデカルトが一つの原理へと押し上げた手法の核心部分が読み取れる．アポロニオスは放物線に軸と主接線を書き加え，弦の長さの半分は"通径"とその弦の高さとの幾何平均[注56]に等しいことを示した．今日我々はこの関係を $x^2=Ly$ というデカルト方程式で表現し，弦

<figure>

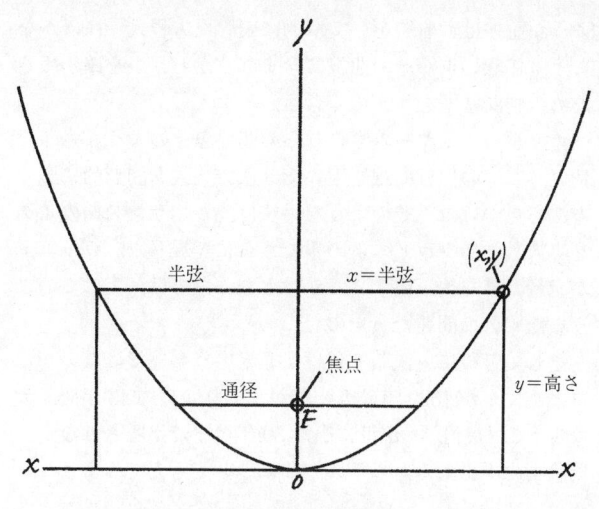

見せかけの解析幾何学
ペルガのアポロニオスによる放物線の取り扱い
</figure>

の高さを"縦座標"(y),弦の長さの半分を"横座標"(x)と呼んでいる.すると通径は,yの係数,すなわちLとなる.

注目すべきは,ギリシャ人が,円錐曲線を含め自分たちの発見した数多くの曲線を"軌跡"と名付けたことだ.つまり,彼らはそれらの曲線を,何らかの固定した基準系に対して測定可能な位置を持つすべての点の"場所"として記述した.すなわち,楕円は固定された2点からの距離の和が一定である点の"軌跡"だ,ということである.この

ような記述は，曲線を"文章的に表した方程式"にほかならず，任意の点がその曲線に含まれるかどうかを確かめるための判断基準を与えてくれる．

オマル・ハイヤームもこれらの関係をそのような意味で使い，二つの円錐曲線を用いて3次方程式を図形的に解く方法を見つけた．そのような手法は，ルネサンス期のイタリア人数学者やヴィエトの手でさらに発展した．ヴィエトが記号計算を編み出すきっかけとなったのは，実はこのようなたぐいの問題だったのだ．

そして最後に（決して付け足しというわけではないが），フェルマーが1629年に書いたが，それから約40年間，デカルトの『幾何学』が世に出た30年後まで出版されなかった論文の中にある，以下の一節について考えてみよう．

「最終的な方程式に二つの未知量を代入すれば必ず"軌跡"が得られ，その未知量の一方は直線や曲線を記述する．直線は単純でただ1種類しかないが，曲線の種類は，円，双曲線，放物線，楕円などと限りなくある．……
　方程式の概念を支えるためには，この二つの未知量が，直角とみなされる角を作るようにすることが望ましい」

デカルトの幾何学は，けっして母を持たない子供ではなかった．あえておどけた言い方をすれば，デカルトの着想にはギリシャ幾何学という母親がいただけでなく，双子の

兄弟もいたのだ．デカルトの『幾何学』とフェルマーの『序論』をざっと調べただけでも，数学の歴史に溢れかえっている双子現象の一つを目の当たりにすることになる．同じ世紀，もっと言うと同じ世代に，デザルグとパスカルが射影幾何学を，またパスカルとフェルマーが偶然に関する数学理論の原理を発見した．しかしこのような現象は，17世紀だけには留まらなかった．18世紀にはニュートンとライプニッツを巡る出来事があったし，19世紀には，ヴェッセルとアルガンとガウスがほぼ同時に複素量に対する一つの解釈を発見し，ロバチェフスキーとボヤイとガウスがおおよそ同時期に非ユークリッド幾何学を考えついた．そしてその世紀の後半には，カントルとデデキントが連続体を定式化した．

　同様の例はほかの科学にも存在する．二人以上の人物の脳の中に，同じ概念がほぼ同時に浮かんでくるのだ．多くの場合，彼らは互いに何千マイルも離れ，まったく異なる国家に属していて，互いの存在に気づきさえしていない．また，デカルトとフェルマーのような二人の人物のあいだには，気質，境遇，態度の著しい違いも見られる．この奇妙な現象は，どのように説明できるだろうか？　それはまるで，人類の経験が積み重なっていって，ある段階に達してあふれ出してきたとき，それがたった一人の人物に流れ込むのか，二人の人物に流れ込むのか，あるいは大勢の人がみんなでその大量のあふれ出したものをかき集めるのかは，単なる偶然の問題でしかないかのように思えるのだ．

フェルマーもデカルトも，自分たちの発見の重要性を完全には理解していなかった．フェルマーは純粋数学者の立場から，そしてデカルトは哲学者の立場から，それぞれ幾何学の統一原理を構築することに関心があった．エウクレイデスやアポロニオスの業績によって最終形に落ち着いたギリシャ幾何学には，そのような統一原理はなかった．すべての定理やすべての解釈が，一般原理の応用というよりもいわば芸術作品のように見えた．数々の作図の裏には，どのような考え方が隠されているのだろうか？　ある問題は直定規だけで作図できるのに，別の問題にはコンパスも必要で，さらに別の問題は，定規とコンパスの達人だったギリシャ人の創意工夫でも歯が立たなかったのは，いったいなぜだろうか？　このような問題は当時の数学者たちの心をかき乱した．フェルマーやデカルトもそうだった．

　二人はその手がかりを代数学に求めた．そうして"代数的な幾何学"へ歩を進め，最終的に解析幾何学へ行き着いた．彼らは，幾何学の問題を代数学の無味乾燥な演算へ還元するための手法の基礎を築いた．伝説的な輝きを放って誕生し，長年にわたって有能な数学者たちを魅了しつづけてきた古代の有名な問題が，デカルトによってついに解決されたのだ．そのためにデカルトが証明した命題とは，1次方程式を導く問題はすべて直定規だけで幾何学的に解くことができ，直定規とコンパスによる作図は2次方程式を解くことと同等であり，もしある問題が3次以上の"既約方程式"を導くなら，その問題を定規とコンパスだけで幾

第 10 章 数の領域　　265

何学的に解くことは不可能だというものである．

　デカルトは（そしてもちろんフェルマーも），自分が新たな数学の基礎を築いていることには気づいていなかった．自分自身の目的は，古代の幾何学を体系化することだった．実はそれが，数学の歴史の中で 17 世紀という時代が果たした役割だったのだ．この時代は，古代の数学文化の"清算期"だったといえる．ガリレオやフェルマー，パスカルやデカルトを初めとした人々の著作の中には，凋落の時代に頂点にたどり着けなかった歴史上のプロセスの成就が見て取れる．ローマ人の無関心さと宗教的反啓蒙主義という長い暗黒時代が，1500 年にわたってそのプロセスの再開を妨げていたのだ．

　同時に彼ら天才たちは，古代の数学の残骸を始末して，新たな数学のための基礎を整えた．現代の数学的思考の本質的な特徴は，"形式的法則の不易性"と"対応原理"にある．前者は一般化された数の概念を導き，後者は一見したところかけ離れた相異なる概念のあいだに関係性を築いた．デカルトは，現代数学におけるこの二つの基本的原理を無意識にさえ理解していなかったが，その解析幾何学には，これらの原理の発展に必要なものがすべて含まれていたのだ．

　そこに，無理数を有理数と同等なものとして暗黙に認める代数学が登場した．その代数学が，古くからの幾何学問題に応用されることになる．ギリシャ人が巧妙だが体系的

でない方法によって得たものと同じ結果を，秩序立った直接的プロセスによって生み出すことになるのだ．何よりも厳密さにこだわっていたギリシャ人は，無理数や無限に対する恐れに阻まれていた．この事実ゆえ，デカルトの論証は実用的に計り知れない力を獲得した．まさに一事成れば万事成るだ．

続いて解析幾何学は，性質上かけ離れているだけでなく，数学の初期から直接対立することが分かっていた，"算術"と"幾何学"という二つの数学分野のあいだに近縁関係を築くという，歴史上初めての例となった．この最後の段階は，フェルマーやデカルト，そして彼らと同時代の人々にとっては明らかでなかったものの，その後の200年で，数学的思考の発展にもっとも大きな影響を及ぼすことになる．

前の章で述べたように，デカルトは暗に，実数と固定軸上の点とのあいだに完全な対応関係が存在すると仮定した．それだけでなく，わざわざ言及するまでもなく当たり前のこととして，"平面上の点と実数のすべてのペアとのあいだにも完全な対応関係を築けること"を，暗黙のうちに公理として認めた．すなわち，デデキントとカントルの公理は，二人が生まれる200年前に，2次元へ拡張された形としてある学問の中に暗黙のうちに取り込まれていたのだ．その学問は，微積分，関数論，力学，物理学といった，以後200年にわたるあらゆる成果の検証台となった．解析幾何学というその学問は，どんな場でも矛盾にぶつかるこ

とはなかった．そして，新たな問題を提起してその結果を予測する力を持っていたために，どこに応用されてもすぐに研究に欠かせない道具となった．

2本の軸を直交させて，そのそれぞれに向きを付ける．すると，それらの軸を含む平面上のどんな点も，二つの数で表現することができる．それぞれの数は正でも0でも負でもいいし，また有理数でも無理数でもいい．それらの数はその与えられた点から基準軸までの距離の"尺度"であり，軸によって決まる四つの"象限"のいずれにその点があるかによって，頭にプラスかマイナスの記号が付けられる．

この原理はあまりに単純であまりに自然なので，それが発見されるまでに3000年もかかったというのはなかなか信じにくい．この事実は，位取り記数法の原理に代表される現象と同じく，注目に値する．位取り記数法も，我々の数の言語構造に暗に含まれていながら，5000年ものあいだ発見されなかった．直交軸を用いた原理は人体の対称構造から直接導かれるもので，古代から物体の相互位置を表すのに使われてきた．確かに，"左右"，"前後"，"上下"という概念に定量的な意味を与えさえすれば，完全な"座標幾何学"ができあがるように思える．

しかもこの原理は，はるか昔から利用されてきたことが分かっている．古代のおとぎ話には，財宝のありかを，東に何歩進んで北に何歩進めといった形で教えているものが

ある．エジプトの測量師は，南北と東西の線を引いて，それらの軸を使って物体の位置を表すというように，この方法をあからさまに利用していた．

このような実用的な手順から解析幾何学へ発展するには，もちろん0や負の数の概念の誕生が必要だった．しかしそれらの概念は，ヨーロッパではフィボナッチの時代から知られていた．だとしたら，なぜ数学者はもっと早く"座標の原理"を思いつかなかったのだろうか？ その答は，ギリシャの考え方がヨーロッパの思想に与えたすさまじい影響の中に見つかるだろう．ギリシャ人による抑圧から数を解放するのは，今日の我々が思うほど容易なことではなかったのだ．

デカルト幾何学では，平面上のすべての点に二つの実数を割り当て，すべての実数のペアに平面上の点を割り当てる．つまり，実数のペアの集合と平面上の点とを同一視する．そこからたった一歩踏み出せば，点を"一つの数"としてみなすことができる．しかしその一歩もまた，200年近くにわたって踏み出されることはなかった．

1797年にヴェッセルという名前の無名のノルウェー人測量技師が，デンマーク科学アカデミーの場で複素数の幾何学的解釈に関する発表をおこなった．しかしその発表は聞き流され，100年後にようやく科学界に知られるようになる．同じ1797年に20歳のガウスは，代数学の基本定理に関する博士論文の審査を受けたが，そこには複素数領域

の幾何学的表現が暗に用いられていた．1806年，スイス出身でパリに住む無名の簿記係ロベール・アルガンが，複素数の幾何学的解釈に関する小論を発表した．それもまた顧みられなかったが，約10年後にある有名な数学雑誌に再掲された．そして1831年にようやくガウスが，前に引用した小論の中で，"デカルトの平面幾何学と複素数領域との数学的同等性"を正確に定式化した．

その定式化は本質的にヴェッセルやアルガンと同じもので，それによれば，一つの実数はデカルトのグラフにおけるx軸上の一つの点を表す．aを実数とし，x軸上でその数が表す点をAとすれば，iを掛け算するというのは，"ベクトル"OAを反時計回りに90度回転させることと同等であり，そのためiaという数はy軸上の点A′を表す（次ページの図を参照）．それに再びiを掛けると$i^2a=-a$が得られ，これはx軸上の点A″を表す．以下同様に続いていき，90度回転を4回繰り返せば，点はもとの位置に戻る．これが，250ページの表に挙げた関係性に対する幾何学的解釈である．

さらに，実数aが表す点をA，"純虚数"ibが表す点をBとすれば，$a+ib$という和はベクトルOAとOB[注57]の"合成"として解釈される．したがって$a+ib$は，OAとOBを辺とする長方形の対角線の端点を表すことになる．すなわち，"複素数$a+ib$は，デカルトのグラフにおいて横座標がa，縦座標がbである点と同一のものとみなされる"．

PとQという点で表される二つの複素数の和は，二つの

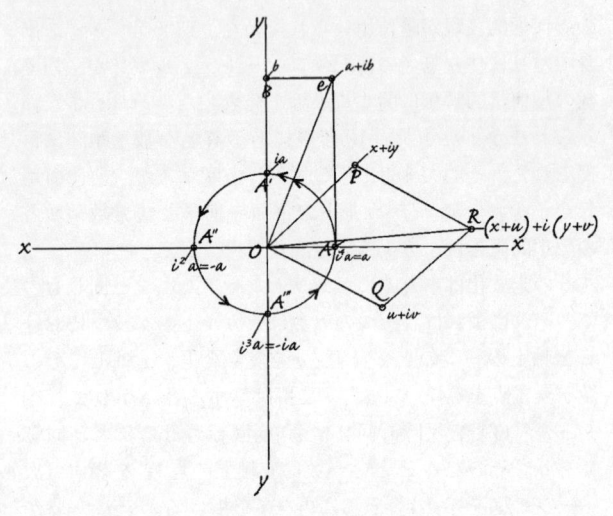

ガウス゠アルガンの図

ベクトル OP と OQ を"平行四辺形の規則"に従って合成したものと同一視される．実数，例えば 3 を掛け算するというのは，ベクトル OP を 3 倍に"引き延ばす"ことを意味する．i を掛け算するのは，反時計回りに 90 度回転させることを意味する．

これらの演算の詳細は，上の図で例として示されている．

この具体的な解釈が発見されたことで，ボンベリの生み出した亡霊めいた存在に血と肉が与えられた．そして"複

素数"から"架空性"が取り払われ,その"イメージ"が定着した.

この発見に加えて,それと同時に導かれた,代数方程式や超越方程式はすべて複素数領域で解けることの証明が,数学に真の革命を引き起こした.

解析学の分野ではコーシー,ヴァイエルシュトラス,リーマンなどが,無限プロセスの道具一式を複素数領域へ拡張した.そうして複素数の変数を持つ関数の理論が確立され,それが解析学や幾何学や数理物理学に幅広い影響をもたらした.

幾何学の分野では,ポンスレーやフォン・シュタウトなどが,複素数を出発点に一般的な射影幾何学を確立させた.また,ロバチェフスキー,ボヤイ,リー,リーマン,ケイリー,クラインなど大勢の人が,非ユークリッド幾何学という豊かな分野を開いた.無限小幾何学への複素数の応用は,最終的に絶対微分幾何学(テンソルの理論)へ成長し,それが現代相対論の基礎となった.

数論では,クンマーが複素数による素因数分解の方法を考案し,それを"理想数"と名付けた.それによって,フェルマーの問題やそれに関連した問題が,思いもよらなかった段階にまで前進した.

この大成功をきっかけに,二つの方向でさまざまな一般化が進められた.第一に,$i^2=-1$以外の法則に従う複素数単位も利用できるのかという問題が検討された.その方

向で数多くの研究がなされたが，それは本書ととくに関連性はない．第二に当然ながら，3次元空間内の点も個々の数としてみなせるのかという疑問が出てきた．この疑問からは新たな分野が生まれ，それが最終的に，現代の力学で基本的な役割を果たす"ベクトル解析"となった．この疑問から生まれた理論としてはほかに，ハミルトンが打ち立てた"四元数"の理論や，それに関連するグラスマンの"広延論"がある．

このような一般化によって，複素数領域を超える拡張をおこなうには"形式不易の原理を破る必要がある"という重大な事実が明らかとなった．複素数領域は，形式不易の原理の最後のフロンティアだった．それを超えると，演算の交換性か算術における0の役割かのいずれかを犠牲にしなければならないのだ．

それを受けて，一般的な演算の性質が研究されるようになった．そして形式不易の原理は，制限の一部を取り払うことで拡張された．そうして構築されたのが，要素の並び全体を一つの数とみなす，適用範囲の広い行列の理論である．そのいわば"書類整理棚"は足したり掛けたりすることができ，その行列の計算法に基づいて，複素数の代数学の延長線ともみなせる分野が確立した．近年になってその抽象的存在は，原子の量子力学などの科学分野において目を見張る形で解釈されている．

以上が，複素量に関する物語のあらすじだ．何世紀もの

あいだ複素量は，道理と空想とを結ぶ神秘的な存在だった．ライプニッツは次のように言っている．

「神の御霊は，この解析学の驚異，理想世界の兆し，存在と非存在の両生，すなわち我々が負の単位の虚数根と呼ぶものの中に，崇高なるはけ口を見出した」

多くの人は，複素数は単なる記号遊びだが，説明できない何らかの理由でそこから実際の結果が導かれるのだと考えた．結果が役に立っただけに，その結果を導く手段としての複素数の存在は正当化されたのだ．複素数がその手段を提供し，解決不可能だった多くの問題を先回りして解決した．そうしてこれらの亡霊はたびたび呼び起こされたものの，恐れられなくなることは決してなかった．

しかしその後，ボンベリの生んだそれらの亡霊は実は亡霊でも何でもなく，実数と同様に具体的な存在であると証明される日がやってくる．さらに，それらの複素数はいわば二重の存在となった．一方では算術のすべての法則に従い，それゆえ正真正銘の数となった．他方では，平面上の点として完全に実体を持った．こうして複素数は，平面上の図形どうしの複雑な幾何学的相互関係を数の言語に翻訳する道具として，これ以上ないものとなった．

このことが認識されると，フェルマーやデカルトが図らずも始めた"幾何学の算術化"は一つの既成事実となった．そして，"虚構を表す記号"に端を発する複素数は，最終的

に，数学的概念の定式化に不可欠なツール，複雑な問題を解くための強力な道具，および互いに離れた数学分野どうしの関係性をたぐる手段となった．

　教訓：虚構は解釈を探す一つのやり方である．

第11章

無限の構造

「数学の本質はその自由さである」
——ゲオルク・カントル

　無限集合の"数多性"を測るというのは，一見したところ奇妙な考えに思える．しかしいくら数学的概念に疎い人でも，無限には"無限の種類があって"，自然数列と結びつけられた無限という用語と，直線上の点に結びつけて用いられる無限という用語とが本質的に違うことは，漠然と感じられる．

　無限集合の"内容量"というこの漠然とした考え方は，網にたとえることができる．それはちょうど，メッシュ 1 の網を投げて整数だけを選び出し，それ以外の数はふるい落としてしまうようなものだ．続いて，メッシュ $\frac{1}{10}$ の第二の網，さらにはメッシュ $\frac{1}{100}$ の第三の網……と続けていけば，次々に多くの有理数が集まってくる．網の目を細かくしていくこのプロセスに，限界は考えられない．どんなに細かい網を投げたとしても，それよりもっと細かい網を使えるはずだからだ．想像力を解き放てば，とてつもなくメッシュの小さいきわめてコンパクトな（密な）究極の細かさの網で，"すべての"有理数をすくい上げる様を思い浮かべられる．

このたとえを究極まで推し進め，この極限の網を固定していていわば凍結したものとみなすと，ゼノンが巧みにあぶり出した例の困難に突き当たる．しかしここでは，さらにもう一つの困難が問題となる．

この究極の有理数の網は，たとえ実現できたとしても"すべての数"を集めることはできないのだ．代数的無理数を扱うにはさらに"コンパクトな"網が必要だが，その"代数的な"網でも超越数を集めることはできない．そこで直観的には，整数領域よりも有理数領域のほうがコンパクトで，代数的数はそれよりさらに密に並んでおり，最後に実数領域，すなわち算術的連続体は，"超稠密媒体"，つまり隙間のない媒体でメッシュ０の網であると考えることができる．

そのため，ゲオルク・カントルが実際に無限集合の分類を試みて，それぞれの数多性を数で表そうとしたと初めて聞かされたら，当然ながら，カントルはさまざまなコンパクトさの指標を見つけたのだろうと考えたくなる．

予想されていたのはまさにそういうことだったため，カントルの成果は人々に多くの驚きを与え，中には不条理の一歩手前と思われるものもあったのだ．

集合のコンパクトさを網を使って評価しようという試みは，算術的でなく原理的に物理的であるため，そもそも失敗する運命にある．算術的でないのはなぜかというと，算術全体の基礎である対応原理に基づいて構築されていない

からだ。"実無限"、すなわちさまざまな数多性を持つ無限集合を分類することが可能だとしたら、その分類作業は、有限集合の大きさを分類する方法の延長線上で進めていかなければならない。

冒頭の章で、"絶対的な数多性"という概念は人間の心にもとから備わっているものではないと述べた。自然数、もっと言えば基数の誕生は、物をマッチングさせるという人間の能力にまでさかのぼることができ、それによって集合どうしのあいだに対応関係を築くことができる。"等しい"、"大きい"、"小さい"という概念は、数の概念より先に存在する。人は、"数を見積もること"よりも前に"比較すること"を学ぶのだ。算術は、数ではなく"基準"とともに始まった。等しいや大きいや小さいというその基準を適用させることを学んだ人類は、次に"それぞれの種類の"数多性を表すためのモデルを考え出した。メートル原器がパリの経度委員会に置かれているのと同じように、それらのモデルは人間の記憶の中にしまわれている。"1, 2, 3, 4, 5…"の代わりに"自分、翼、クローバー、脚、手…"でも一向にかまわないし、誰でも知っているとおり、それは現在の形式の数よりも前から存在していた。

対応原理は整数を生み出し、整数を通じて算術全体を支配する。同様に、無限集合の数多性を測るには、それらを比較する術を学ぶ必要がある。どのようにして？ 有限集合で成功したのと同じ方法を使う。有限の算術でこれほど注目に値する役割を果たしているマッチングのプロセス

を、"無限の算術"にまで拡張するのだ．なぜなら，二つの無限集合の各要素も一つ一つマッチさせることができるのだから．

二つの無限集合の間に対応関係を構築できることは，無限集合の話題を扱った歴史上初めての文献であるガリレオの対話篇の中に示されている．1638年に出版された『新科学対話』というタイトルの本から，その対話をそのまま引用しよう．この対話は3人の人物のあいだで交わされている．その中の一人ザグレドは現実主義者を代表していて，シンプリチオは哲学的手法を学んでおり，またサルヴィアティはおそらくガリレオ本人である．

サルヴィアティ：我々の持つ有限の心によって無限を議論し，有限の限られた存在に対して我々が与えている性質を無限に当てはめようとすると，さまざまな困難が生じる．しかし無限の量を，一方が大きいとか小さいとか，あるいは等しいなどと言うことはできないのだから，私が思うにそれは間違っている．それを証明するためにある論証を思い浮かべ，分かりやすくするためにそれを，この困難を提起したシンプリチオへの質問という形で表現したい．

あなたは，どの数が平方数でどの数がそうでないかを知っているものとする．

シンプリチオ：平方数はある数をその同じ数と掛け合

わせた答であり，4，9，…は2，3，…をそれ自身と掛け合わせて得られる平方数であることを，私はよく知っている．

サルヴィアティ：よろしい．ならば，それらの積を平方数と呼ぶのと同様に，それらの因数を平方根と呼ぶことも，あなたは知っている．それに対して，二つの等しい因数からできていない数は，平方数ではない．そこで，平方数と非平方数を含むすべての数は平方数より多いと断言するなら，それは正しいことを言っていることにはならないだろうか？

シンプリチオ：間違いなくそのとおりだ．

サルヴィアティ：平方数はいくつあるかと尋ねれば，それに対応する平方根と同じだけ存在するという返事が返ってくるだろう．なぜなら，すべての平方数に対してそれぞれ平方根があり，すべての平方根に対してそれぞれ平方数があるが，二つ以上の平方根を持つ平方数はないし，二つ以上の平方数を持つ平方根もないからだ．

シンプリチオ：まったくそのとおりだ．

サルヴィアティ：しかし，平方根はいくつ存在するかと尋ねられれば，それが数と同じだけあるということは否定できない．なぜなら，すべての数は何らかの平方数の平方根だからだ．このことを認めれば，平方数は数と同じだけ存在すると言わなければならない．なぜなら，平方数はその平方根と同じだけあり，またすべての数は平方根だからだ．しかし初めに，数の大部分は平方数で

ないのだから，平方数より数のほうが多いと言った．それだけでなく，数が大きくなるにつれて平方数でない数の割合は大きくなる．すなわち，100 までには平方数が 10 個あって，平方数は数のうちの 10 分の 1 を占めているが，10000 まででは平方数は 100 分の 1 しかなく，100 万まででは 1000 分の 1 しかない．ところが無限の数というものを考えることができたとすると，その中には，すべての数を合わせたものと同じ個数だけ平方数が存在すると認めざるをえない．

　ザグレド：ではそうした状況では，どのような結論を導くべきなのか？

　サルヴィアティ：私が考える限り，平方数は無限にあってその平方根も無限にあると推論するしかない．平方数はすべての数より少なくないし，すべての数は平方数より多くもない．そして，"等しい"や"大きい"や"小さい"という性質を無限に当てはめることはできず，有限の量にしか当てはめることはできない．

　すなわち，シンプリチオがさまざまな長さの直線を持ち出して，長い直線が短い直線よりも多くの点を含んでいないなどということがありうるのかと尋ねれば，私は，一本の直線に含まれる点はほかの直線に含まれる点と比べて多くも少なくも等しくもなく，それぞれの直線は無限個の点を含んでいると答える．

このガリレオのパラドックスは，当時の人々には何の印

象も残さなかったらしい.200年のあいだ,この問題は何一つ進展しなかった.そして1820年にボルツァーノという人物が,『無限のパラドックス』という題の小冊子をドイツで書いた.しかしそれもまたほとんど関心を集めなかった.それから50年後に集合論が流行のテーマになっても,その人物が何者かを知っている数学者はほとんどいなかった.

今日では,ボルツァーノの成果は純粋に歴史的な興味の対象でしかない."実無限"に関する疑問を最初に提起したのがボルツァーノだったのは事実だが,彼がそれを十分に突き詰めることはなかった.それでも,このあとで簡単に述べる,集合の"パワー"(濃度)というきわめて重要な概念を生み出した人物には,それ相応の栄誉が与えられてしかるべきである.

現代の"集合論"は,ゲオルク・カントルによって産声を上げた.その新たな数学分野の基礎を築いたカントルの論文は,『無限点集合について』というタイトルで1883年に発表された.これは,実無限を明確な数学的存在として扱った初の文献である.この論文から引用した次の文章は,カントルがこの問題をいかにして取り組んだかを明らかにしてくれる.

「従来は,無限は限りなく大きくなったものとみなされたり,あるいは,17世紀からは収束数列という密接に関連した形式の中で考えられたりしてきた.それに対し

て私は無限を，完成されたものという明確な形の中でとらえ，単に数学的に定式化できるだけでなく，数として定義できるものとして考える．無限に対するこのような考え方は，私が大切にしてきた伝統にも反するし，ましてや，この見方を受け入れなければならないことは自分の意志にも大いに反する．しかし，長年にわたる科学的思索と挑戦は，これらの結論が論理的必然であることを指し示しており，そのため私は自信を持って，自分には処理できない有効な反論は出てこないはずだと考えている」

過去の伝統をこれほど公然と破るのにどれほどの勇気が必要だったかを知るには，カントルの世代が"実無限"に対して一般的にどのような態度を取っていたかを理解しなければならない．そこで，偉人ガウスがシューマッハに宛てた手紙を引用しよう．その手紙は 1831 年に書かれ，その後半世紀にわたる数学界の風潮を決定づけた．

「あなたの証明に関して言えば，無限を完成されたものとして用いていることに激しく異議を唱えなければなりません．それは数学では決して認められないからです．無限とは単なる言葉のあやにすぎません．『ある量を好きなだけ接近させることのできる極限が存在し，またあらゆる上限を超えて大きくすることのできる量も存在する』，という文章を簡潔に表したものでしかないの

です……

有限である人間が誤って無限を固定したものと考えたり，身についた習慣として無限を上限のあるものとみなしたりしない限り，矛盾が生じることはありません」

当時，この問題に関するガウスのこの考え方は誰もが共有しており，カントルの大胆な挑戦が正統派のあいだにどのような波乱を巻き起こしたかは想像に難くない．それは，実無限がカントルの時代にふさわしい身なりをしていなかったからではなく，このような問題に対する従来の態度が，いわば不倫に対する南部の紳士の態度に似ていたからだ．つまり，女性の前では言葉よりも行動に出るということである．

カントルはその後何年ものあいだ一人で戦わなければならなかったが，幸いなことに熟考を重ねていたため，攻撃に立ち向かうための鉄壁の防御ができていた．凄まじい戦いだった．数学の歴史の中で，それに匹敵する激しさの戦いは記録されていない．集合論の誕生に関する物語は，数学のような抽象的な分野でさえ，人間の感情を完全に拭い去ることはできないのだということを教えてくれる．

カントルは，ガリレオが立ち止まった地点から出発した．二つの無限集合の間には対応関係を築くことができ，それは一方がもう一方の一部分であっても可能だ！　そこで正確を期すために，"有限であれ無限であれ"二つの集合

がその要素ごとにマッチする場合，それらの集合は同等，あるいは同じ"パワー"（濃度）を持つと言うことにしよう．二つの集合が"異なるパワー"を持つ場合には，マッチングの途中で一方が使い尽くされても，もう一方にはマッチしなかった要素が残ることになる．言い換えれば，第一の集合は第二の集合の"一部分"とマッチするが，第二の集合は第一の集合のどんな一部分ともマッチしないということだ．このような場合，第二の集合は第一の集合よりも"大きい"パワーを持つと表現する．

A と B が二つの"有限"集合で，それぞれが同じ個数の要素を含んでいれば，当然両者は同じパワーを持つ．逆に A と B が同じパワーを持つ"有限集合"であれば，二つは同じ"基数"を持つ．もし A と B のパワーが異なれば，パワーの大きいほうがより大きい基数に対応する．したがって，"有限集合の場合，パワーの概念は基数の概念と同じものとみなすことができる"．さて，"有限の算術"ではパワーと基数を同じものとみなすことができるのだから，当然次のような疑問が浮かんでくる．無限集合のパワーを，いわば"超限数"とでも呼ぶさらに高次の数と同じものとみなし，その新たな概念を用いて，"超限算術"すなわち無限の算術を構築することは可能だろうか？

有限算術の誕生プロセスを手本として進めていくのであれば，モデル集合，すなわち典型的な数多性を持つ何らかの代表的なモデルを探さなければならない．そのようなモデルなら手近にある．自然数列，有理数領域，代数的数領

域，算術的連続体など，つねに利用していてすでに馴染み深いものになっているこれらの無限集合はすべて，比較の基準としてまさにふさわしい．そこでこれらの基準集合に記号を与え，超限算術ではそれらの記号に，有限算術で有限の基数 1, 2, 3, … が果たしているのと同じ役割を担ってもらうことにしよう．

カントルはそれらの記号を"超限基数"と呼んだ．そしてそれらをパワーの大きさの順に並べ，それらの抽象的存在に対して加法，乗法，累乗を定義し，超限基数どうしや超限基数と有限基数との組み合わせ方を示した．要するに，カントルの才能が生み出したそれらの架空の存在は，有限量と同じ性質を数多く有しているため，ひとくくりに"数"という称号を与えるのがふさわしいように思える．しかし，超限基数は一つきわめて重要な性質を欠いている．それは"有限性"である．この文は当たり前のことを言っているように聞こえるが，決して自明なことを言おうとしているのではない．これから紹介するパラドックスはすべて，数の姿を装ったこれらの数学的存在が，通常の数の持つもっとも基本的な性質をいくつか欠いているという事実に由来している．この定義から導かれるもっとも注目すべき結論の一つが，集合の一部分は必ずしもその全体より小さくはなく，両者が同じになりえるというものである[注58]．

"部分は全体と同じパワーを持ちうる"．これは数学とい

うよりも神学のように聞こえる．事実この考え方は，数多くの神学者や神学者に近い人の手によってもてあそばれた．信仰が哲学や数学や性教育と魅力的に混じり合っているサンスクリットの教典では，このような考え方はきわめて一般的である．バースカラも，$\frac{1}{0}$ という数の性質に思いめぐらす中で，「それは無限のようなものであり，古い世界が破壊されたり新たな世界が作られたりして，無数の生物種が生まれたり無数の生物種が滅んだりしてもまったく変わらない，不変神のようなものである」と述べている．

"部分は全体と同じパワーを持ちうる"．それがガリレオのパラドックスの根幹である．しかしガリレオが，「等しいや大きいや小さいという性質を無限に当てはめることはできず，有限量にしか当てはめることができない」と言い切って問題をごまかしたのに対し，カントルはこの問題を自らの集合論の出発点に据えた．

デデキントはさらに歩を進めた．そして，部分が全体とマッチしうるというのは，すべての無限集合が持つ性質であると考えた．説明のために，順序づけられていてそれに応じてラベル付けされている何らかの無限数列を考えよう．そして，その最初のほうの有限個の項を省いて，その短くなった数列にラベルを付けなおす．すると，この第二の数列のどの項に対しても，第一の数列の中にそれと同じラベルを貼られた項が存在し，またその逆も成り立つ．すなわち完全な対応関係があって，二つの数列は同じパワーを持っている．それでも，第二の数列が第一の数列の一部

分であることは否定しようがない．このような現象は無限集合でしか起こりえない．なぜなら，全体が部分と等しくならないというのは，"有限集合"だけの性質だからである．

カントルの理論に話を戻そう．自然数集合のパワーを記号aで表すことにする．aというパワーを持つすべての集合を，"可算的[注59]"と呼ぶ．ガリレオの論証で用いられた平方数の列は，そのような可算集合の一つである．そして他のどんな数列も可算集合である．なぜなら，すべての項に順番を付けることができるという事実だけから，その数列と自然数とのあいだには完璧な対応関係が存在することが分かるからだ．偶数，奇数，等差数列，等比数列など，すべての数列は可算的である．

さらに，そのような数列を自然数領域から取り除いたとすると，残った集合もやはり無限で可算的である．そのため，"項を間引く"ことによって可算集合のパワーを小さくすることは不可能だ．例えば，すべての偶数を取り除き，次に残った3の倍数をすべて取り除き，さらに残った5の倍数をすべて取り除いてみる．このプロセスを際限なく続けても，残った集合のパワーはまったく変わらないのだ．

カントルの言葉を借りれば，"数aより小さい超限数"は存在せず，aはあらゆる可算無限集合の数多性の指標となる．

しかし，自然数列を間引くことによってより小さい超限

数を得ることが不可能だとしたら，逆に隙間を埋めていくというプロセスによってパワーを大きくすることもできないのだろうか？ 至るところで稠密である有理数領域のパワーは，離散的な自然数列よりも大きいはずだと思える．しかし，ここでも再び直観は欺かれる．カントルが，有理数集合もまた可算的であることを証明しているのだ．それを証明するには，一つ一つの有理数に明確な順番を付けることで，有理数も数列として並べることが可能であるのを示せばよい．カントルも実際にそのような方法を用いた．その方法の概略は，幾何学的に考えることで理解できる．

次ページの図には，互いに直交する縦横2種類の平行線が描かれている．この図で，水平な直線をそれぞれ整数 y とみなし，y は $-\infty$ から $+\infty$ まですべての整数を取るとしよう．数 x も同様に，垂直な直線と対応づけて考える．そうして組み上がった無限格子の各接合点に，その地点で交差する水平直線と垂直直線が持つ二つの数でラベル付けをする．すると，記号 (y,x) はこの格子の中のある決まった点と同一視することができ，逆にどの点もそのような形で表現できる．

次に，それらの接合点は全体で可算集合を形作っていることを示そう．この驚くべき事実を証明するには，図のようにらせん状の角張った線を引き，その線に沿った順序で接合点をたどっていけばいい．

一方，記号 (y,x) は分数 $\dfrac{y}{x}$ と同一視することができる．しかしその場合，当然ながら"すべての"接合点をそれぞ

第 11 章　無限の構造　　　289

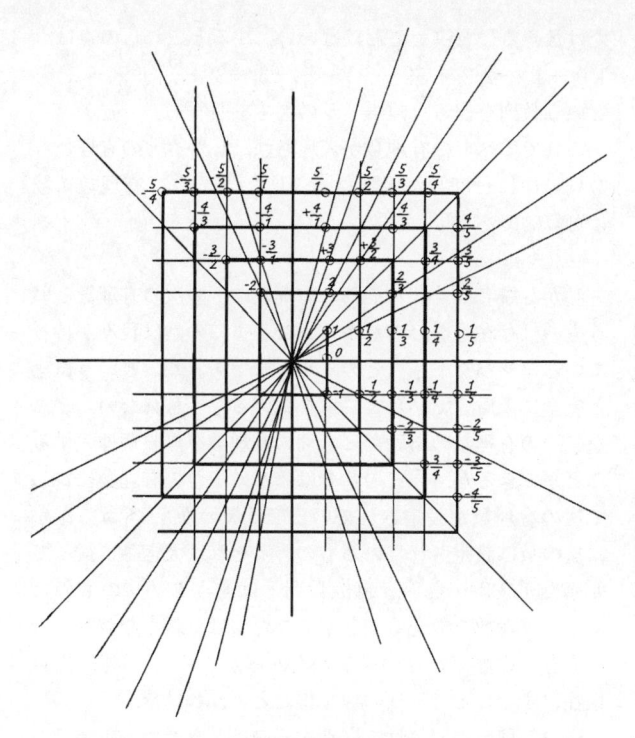

有理数領域の数え上げ

れ異なる有理数でラベル付けすることはできない．容易に理解できるとおり，原点を通る一本の直線上に位置する接合点はすべて同じ有理数を表すからだ．この重複性を取り除くには，"それぞれの分数はそれが最初に現れたときに

だけ数える"と決めておけばいい．するとこれらの点は，
$1, 0, -1; -2, 2, +\frac{1}{2}, -\frac{1}{2}; -\frac{3}{2}, -3, +3, +\frac{3}{2}, +\frac{2}{3}, +\frac{1}{3}, \cdots$
という数列を作る（前ページの図を参照[注60]）．

これですべての有理数が表現され，しかもどの有理数も数列の中に一度しか現れない．したがって，"有理数領域は可算的である"．

しかし読者は，それぞれの有理数にその次の有理数というものは存在しないのだから，ここまでの話は我々が持っているコンパクトさ（どのくらい密であるか）という概念と完全に矛盾していると，声を荒げるかもしれない．どんな二つの有理数のあいだにも別の有理数を無限個挿入することができるが，いまの話では確かに一つの有理数に対して次の有理数が設定されているではないか！　実は，確かに次の数は設定されているものの，それは大きさに従って並べた $1, 2, 3, \cdots$ という自然数列とは違うタイプのものである．有理数を数えることができたのは，新たな並べ方では大きさの順序を保つ必要がなかったからだ．"連続性を犠牲にすることで"次の数を得たというわけだ．

この2種類の同等性を区別するのは，きわめて重要である．"対応関係"という観点から見れば，要素ごとにマッチしさえすれば二つの集合は同等だ．"順序"という観点から見た場合でもそれは不可欠である．しかし完全な同等性，すなわち"対等性"を言うためには，それに加えて，マッチングの過程で並びの順番が崩れてはならない．すな

わち，集合 A の中で要素 a の次の要素が a' だとしたら，集合 B の中でそれに対応する要素 b は b' という次の要素を持たなければならないということである．大きさに従って並べた有理数集合と，有理数を数え上げたときのようにらせん状に並べた集合とは，対応関係から見れば同等だが，順序から見れば同等ではない．言い換えれば，両者は同じ基数 a を持っているが，"基数の種類"は違うのだ．

そうしてカントルは，有限算術における序数に相当する"順序型"の理論を提唱した．しかしそれまで我々は，等しい基数を持つ二つの集合はすべて序数も等しいという基本的性質を知っていて，両者を変換する際にはそれを頼りにしていた．だがカントルによる無限算術の場合，基数では等しいと評価される二つの集合が，序数的には異なる，すなわちカントルいわく"相似でない"場合もあるのだ．

つまり，単にコンパクトなだけでは数え上げの障害にはならないし，隙間を埋めていくプロセスは数を間引くプロセスと同様に，集合のパワーには影響を与えない．そのため，カントルが導いた次の帰結はさほど衝撃的ではない．それは，"代数的数の集合もまた可算的である"というものだ．この定理に対するカントルの証明は，人類の叡智がもたらした一つの勝利といえる．

カントルはまず，方程式の"高さ"というものを定義した．これは，方程式の係数の"絶対値"を足し合わせたものに，方程式の次数引く 1 を加えたものである．例えば

$2x^3-3x^2+4x-5=0$ という方程式の高さ h は，$2+3+4+5+(3-1)=16$ で $h=16$ となる．

次にカントルは，どんな正の整数 h についても，高さ h の方程式は"有限個"しか存在しないことを証明した．したがって，"すべての"代数方程式を高さの順にグループ分けすることができる．高さが1の方程式は一つしかなく，高さ2の方程式は三つ，高さ3の方程式は22個などとなる[注61]．

さて，それぞれの高さのグループの中で方程式を並べる方法はいくらでもある．例えば，同じ次数を持つ方程式をすべて一つのサブグループにまとめ，サブグループの中では最初の係数の大きさに従って並べ，最初の係数が同じものの中では二番目の係数に従って並べ，と続けていけばいい．

このような方法を使えば，すべての代数方程式を階層的に並べて，それらを数え上げる，つまり各方程式に順位を付けることができる．さて，それらの方程式一つ一つにはそれぞれ一つ以上の実数解を対応づけることができるが，その個数は必ず有限で，しかもその方程式の次数を超えることはなく，したがって方程式の高さを上回ることもない．ゆえにそれらの解も，大きさにしたがって並べることができる．この手順全体を考えればもちろん重複が見つかるはずだが，有理数の場合と同様に代数的数も，プロセスの中で最初に登場したときだけ数えると決めておけば，そのような重複は避けることができる．

こうして，すべての代数的数に階層的な順番を付けることができた．要するに"代数的数の集合を数え上げた"ことになる．

ここまでで読者の頭の中には，「すべての集合が可算的なのかもしれない」という思いが強くなってきたことだろう．もしそうだとしたら，超限数は一つしか存在しないことになり，有理数や代数的数の集合について言えたことは連続体に関しても一般的に成り立つはずだ．そして，カントルが提唱した高さのような何らかの仕掛けによって，どんな無限集合も階層的に並べて数え上げることができるはずだ．実はカントルも，研究の初期段階ではそのように考えていた．"実数を数え上げること"がカントルの野心的な計画の目標の一つで，超限数の理論は"連続体を数え上げる"試みから誕生したのだ．

しかしカントルは早くも 1874 年の時点で，すべての実数を可算的な順序に並べるのは不可能だということに気づいた．だがその証明は 1883 年まで導くことができなかった．証明の詳細にまで立ち入ることはできないが，その概略を述べると，まずすべての実数を階層的に並べたと仮定し，次に"対角線論法[注62]"と呼ばれる方法を用いて，実数なのに数え上げたものの中には含まれない数を特定できることを証明する．

この証明を別の視点からとらえたものが，歴史的には重要な意味を持っている．読者は，リウヴィルによる超越数

の発見を覚えているだろう.リウヴィルによるその存在定理が,連続体は可算的でないというカントルの定理の副産物として再度証明された.リウヴィルにとっては漠然とした意味しか持っていなかった,代数的数と超越数という二つの数領域の相対的な大きさが,カントルによって厳密に定式化されたのだ.カントルは,代数的数領域のパワーは自然数の集合と同じaだが,超越数は"連続体と同じcというパワー"を持っていることを示した.それによって,超越数は代数的数より"はるかに数多く"存在するという主張が真の意味を獲得したのだ.

さらに,実数領域においても部分が全体と同じパワーを持つことがあり,ガリレオによる古風な言い方を使えば,"長い直線は短い直線と同じ個数の点を含む[注63]".どんなに短い線分も限りなく伸びた直線と同じパワーを持っているし,どんなに小さい面積も無限に広がった3次元空間と同じパワーを持っている.要するに,"分割や結合も間引きや穴埋めと同様に,集合のパワーには何の影響も及ぼさないのだ".

ここで再び直観がささやきかけてくる.さらに高次元の集合についてはどうなのか? 平面上の点の集合と同一視される複素数領域,空間内の点,ベクトルや四元数,テンソルや行列,さらには,数学者が個別の数として扱い,数の演算規則にも従うが,直線上の点のように連続的には表現できない複雑な存在については,はたしてどうなのだろ

うか？ きっとそれらの集合は，"1次元連続体"よりも大きいパワーを持っているはずだ！ 3次元空間，すなわち全方向に限りなく広がるこの宇宙にはきっと，長さ1インチの線分上よりもたくさんの点が存在するはずだ！

これもまた，カントルが初期に抱いていた考えだろう．しかしカントルは，ここでも我々の直観が道を誤ることをはっきりと証明した．2次元や3次元の無限集合も，四つ以上の変数で定義される数学的存在も，"1次元連続体"と同じパワーを持っている．もっと言えば，どの瞬間にも互いに独立した無限個の変数によって状態が決定される存在，すなわち"可算無限次元の世界"に"生きている"存在を思い浮かべることもできるが，そのような存在さえも，1次元連続体や長さ1インチの線分と等しいパワーを持っているのだ．

この主張は，次元に対する我々の考え方に真っ向から矛盾していてばかげているように思える．カントルがこの主張を初めて発表したとき多くの人はそのような感想を抱き，第一級の学者の中には，控えめに言うと警戒しながら受け止める者もいた．しかしこの基本的命題に対するカントルの証明は，賢い子供でも理解できるほど単純なのだ．

この命題を平面上の点に当てはめて説明しよう．その論証が完全に一般的に通用することは，読者にも分かってもらえるだろう．長さ1の線分に含まれる点は際限なく伸びる直線と同じパワーを持っていて，辺の長さが1の正方形に含まれる点は限りなく広がる平面と同じパワーを持って

いるのだから、この正方形と線分のあいだに1対1の対応関係を築けることを示せれば、それで証明は十分である。

すでに見たように、次ページの図に示した正方形 OAFB の中にある点 P はすべて、x と y という二つの座標を使って表すことができる。その二つの数は1以下の実数で、適切な小数[注64]を使って表現することができる。それらの小数は必ず無限小数とみなすことができ、有限小数の場合でも、最後の数字の後に0を付け加えていくことで無限小数にできる。そこでこれらの小数を、

$$x = 0.a_1|a_2|a_3|a_4|a_5|a_6|\cdots$$
$$y = 0.b_1|b_2|b_3|b_4|b_5|b_6|\cdots$$

という形で書くことにしよう。そうしておいて、x と y の数字を交互に取ってきて第三の小数 z を作る。

$$z = 0.a_1|b_1|a_2|b_2|a_3|b_3|a_4|b_4|\cdots$$

この小数も一つの実数を表現しており、それは線分 OC 上の点 Q として表すことができる。このようにして築かれた P と Q の対応関係は、相互的かつ一意的である。なぜなら、x と y が与えられれば必ず z をただ1通りに作ることができるし、逆に z が分かれば数 x と y、すなわち点 P を再現できるからだ。

では、この二つの超限数のあいだには何があって、またその先には何があるのか？

カントルの理論は、a より大きく c より小さい超限数が存在する可能性を排除してはいない。しかし既知の点集合

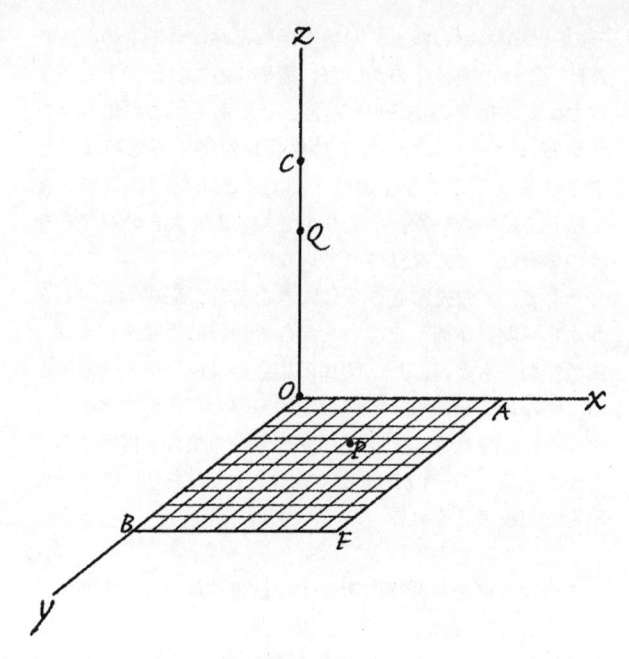

正方形を線分上に対応づける

はすべて，有理数領域や代数的数領域のように可算的であるか，そうでなければ超越数のように算術的連続体と同じパワーを持っている．自然数列より"強くて"直線上の点の集合より"弱い"ような点集合を人工的に作ろうという試みは，いまのところいずれも成功を収めてはいない[注65]．

一方，c より大きいパワーを持つ集合は知られている．

その一つが，いわゆる"関数空間"と呼ばれるものだ．これは，二つの連続体のあいだに構築することができる"すべての対応関係の集合[注66)]"のことである．この集合は自然数とはマッチしない．この集合に対応する基数はfと表される．ここでも理論はcとfのあいだの基数の存在を禁じてはいないが，fより小さくcより大きいパワーを持つ集合はいまだ発見されていない．

そして，fの先にもさらに大きな基数が存在する．連続体から"関数空間"を導いた際の対角線的手順を使えば，関数空間をもとに，対応関係の集合とはマッチさせることができない"超関数"の関数空間を導くことができる．このようにして次々に大きいパワーを持つ集合を構築することができるし，そのプロセスを"途中で打ち切ること"は不可能だと考えられる．

このようにして究極の限界まで拡張されたカントルの理論によれば，"最後の超限数は存在しない"と断言できる．この主張は，"最後の有限数は存在しない"というもう一つの主張と奇妙なまでに似通っている．しかし後者は"有限算術"における基本的前提であって，明らかに前提にすぎないが，"無限算術"でそれに対応する命題は，理論全体の論理的結論であるように思える．

"最後の超限数は存在しない！"この命題にはとくに害はないように聞こえるが，実は，カントルが反対者たちによる激しい抵抗を克服して自らの原理の勝利を確信したと

き，実はその中には理論全体を台無しにしかねない爆発物が含まれていた．見た目の特徴は互いに違うものの，何かが間違っていることを指し示すいくつもの"現象"が，ほぼ同時期に明らかとなった．イタリアのブラリ＝フォルティ，イギリスのバートランド・ラッセル，ドイツのケーニッヒ，そしてフランスのリシャールが，おのおのの考案者の名前が冠されている矛盾やパラドックスを発見したのだ．再び，カントルの方法や論証の有効性，そして実無限を数学に用いることの正当性に対して，疑問が湧き上がってきた．

　発見されたそれらの矛盾の性質に詳しく立ち入ろうとすると，話はあまりにも先へ進んでしまう．それらのパラドックスは互いに性質が異なるが，いずれも，「数学では"すべて"という言葉をどのように用いるべきか」という問がその中心にあるように思える．この"すべて"という言葉を，"考えられるどんな精神活動にも"結びつけて自由に用いることができるとしたら，"すべての集合の集合"というものを考えることができるはずだ．それがカントルの言う意味で一つの集合だとしたら，それはやはり基数を持っていなければならない．すべての集合の集合よりもパワーの大きい集合など考えることはできないのだから，この超限数は"考えうる最大のもの"ということになるのではないか？　したがってこの基数は"最後の超限数"であって，我々が数と呼ぶ抽象的存在の進化における真に究極のステップということになる．しかしそれでもやはり，最後の超

限数は存在しないのだ！

　矛盾に満ちたこれらの疑問が最初に提起されてから，すでに長い年月が経っている．数多くの解決法が提唱され，この疑問に対する正否両方の立場から何千という論文が書かれ，カントル信奉者やその反対者たちは辛辣な批判に終始してきた．しかしいまだにまったく解決していない．カントルは数学が一体であることを見出した一方で，それを互いに争い合う二つの集団へ切り裂いていったのだ．

　対立するそれらの"数学政党"の"公約"を専門用語を避けてなるべく単純な形で説明するのは，不可能である．しかし，現代数学でもっとも重要なこの問題を無視したら，本書の目標は達成できない．そこでこのジレンマについては，対立する集団の代表者たちの言葉を借りて簡潔に述べることにしよう．

　"形式主義者"の側にいるのが，ヒルベルト，ラッセル，ツェルメロである．カントルを擁護した彼らは，カントルの"最低限の計画"を守ろうとしたという意味でいわば"メンシェヴィキ"（ロシア社会民主労働党で大衆政党路線を主張した少数派）と言える．彼らは，"すべて"，"集合"，"対応"，"数"という言葉を無制限に用いるのは認められないと主張した．しかし彼らの解決法は，集合論を完全に否定することではなく，集合論を純粋な道理に沿った形で作り直すことにあった．そのためには，理論の基礎となる一連の公理を考え出さなければならないし，しかも二度と直

観に惑わされないよう，純粋に"形式的"で論理的に一貫した一連の公理の図式を，内容を含まない単なる骨組みとして構築しなければならない．そのような包括的で一貫した体系が構築されれば，それが無限の算術の基礎となって，心の平安を乱すパラドックスや矛盾は二度と起こらないと確信できるはずだ．ヒルベルトいわく，「カントルが作ってくれた楽園からは，何ものも我々を追放することはできないのだ」．

一方，クロネッカーに始まってポアンカレによって力を増した"直観主義"は，現在では，オランダのブラウワー，ドイツのワイル，フランスのボレルといった天才たちに牽引されている．直観主義者は集合の定義について，形式主義者とは違う話を語る．病はカントル以前から存在し，数学の全身をむしばむ根深いものである．ワイルいわく，

「我々は新たな節度を身につけなければならない．これまで我々は楽園に嵐を巻き起こそうとしてきたが，結局は霧の上に霧を重ねただけであって，必死になってその霧の上に立とうとしても支えてはくれない．有効なものがこれほど無意味に思えるのだから，そもそも解析学は可能なのだろうかと本気で疑われる」

直観主義者にとって，問題は集合論の範囲をはるかに超えている．彼らの主張によれば，一つの概念を数学の世界

に導入するには，それが"明確に定義されている"だけでは不十分であって，"構成的"でなければならない．その概念が単に名前として存在するだけでなく，その概念が表す対象を規定する実際の構築法が与えられなければならないということだ．その構築法として許されるのは有限プロセスだけだが，妥協策として，有限個の規則によって有限プロセスへ還元できる無限プロセスも認められる．無限個の対象をひとまとめに考えたり，集合を一つの対象として扱ったりする行為は，許される概念には含まれず，算術ではそもそも禁止されなければならない．これは集合論の解体を意味するだけでなく，無理数という概念さえも根底から修正され，見境のない無限の利用によって撒き散らされた汚物が解析学から一掃されることになる．ワイルいわく，「数学は，その基礎となる論理形式まで完全に自然数という概念に依存している」からだ[注67]．

解析学の基礎が有効かどうかというこの激しい論争の一方で，解析学の構造そのものは驚くべき速度で成長しつづけている．19世紀には何十年もの研究を必要とした進歩が，今では毎年のように起こっている．数学的解析を進んで受け入れる新たな帰納的知識の分野が，10年単位で次々と開かれている．解析学が初めに征服した物理学に関して言えば，相対論で言う汎宇宙は別の形の宇宙にすぎないし，極微宇宙の不連続現象が従う波動力学の法則は，どう見ても微分方程式論を単に応用したにすぎないように思え

る.

　そして，帝国は不安定な土台の上に立っていると声高に主張する人々の奇妙な姿が見られ，その悲観的な祭司たちは，自分が発した警告の言葉をたびたび無視して，帝国の拡張や遠方の戦線のさらなる拡大を進める活動に加わる.

　それがこの王国の論理なのだ！

　人類が，キジのつがいと2日間はどちらも2という数の実例であると奇跡的に理解した日から，数を使って自らの抽象化の能力を表現しようと企てる今日に至るまでには，長く苦しい道が続き，そこには紆余曲折も数多くあった.

　我々は袋小路に入ってしまったのだろうか？ 元に戻って別の道を進んでいかなければならないのだろうか？ それとも，現在の危機は単なる難所の一つであって，過去に基づいて未来を判断するなら，そこから数は再び勝利を収め，さらに高い抽象化へ登っていくのだろうか？

第12章

二つの現実

> 「我々は未知の海岸で奇妙な足跡を見つけた．そしてその由来を説明するために，難解な理論を次から次へと考え出した．そしてついに，その足跡を残した生き物を再現することに成功した．すると何ということか．それは我々自身の足跡だったのだ！」
>
> ——A. S. エディントン

　私の話も終わりに近づいてきた．本書の目的は，数の科学の現状を過去の視点から展望することだった．そこでこの最後の章では，未来を垣間見るのがいいだろう．しかし未来は予言者の専売特許であって，彼らの特権は尊重すべきだ．

　"いつまでも付きまとう問題"が残っている．それは現実に関する問題だ．この問題は，人類が初めて意識的に，宇宙における自分の位置を見極めようとしたとき以来，哲学者の専権事項でありつづけてきた．今日でも哲学者が何より没頭している問題である．

　そのため，この終章のテーマとして現実に関する話題を選ぶと，私の受けた教育や世界観とはかけ離れた分野に首を突っ込んでしまうことになるのは，自分でも良く分かっている．さらに白状しておくが，私はこの古くからのジレンマに対して貢献するようなことは何も書けないし，相対立する学派の哲学者たちがソクラテス以来この問題に関し

て語ってきたことを蒸し返すつもりもない.

　私の関心はもっぱら,人類の知識全体の中で数の科学がどういう位置を占めているかにある.その観点から私は,数の概念と我々の持つ感覚の現実性との関係について考え,そこから,"新たな現実",すなわち現代科学で言う"超現実"の構築において数学が果たしてきた歴史的役割に光を当てられればと思う.

　哲学者と数学者では,現実に関する問題に対する態度に根本的な違いがある.哲学者にとってはそれは至上の問題だが,数学者が現実に対して抱く愛情は,純粋にプラトニックだ.

　数学者は自ら進んで,自分はもっぱら精神の活動について論じているのだと主張する.もちろん数学者も,自分の商売道具である巧妙な発明品の由来が,漠然とした現実と同一視される感覚印象にあることを知っており,ときにその発明品がその揺りかごであった現実とぴたり合致することに気づいても決して驚かない.しかし数学者は,その見事な一致に基づいて自分の偉業を評価することもない.自分の創造力から生まれた存在の価値は,物理的現実に対するその応用範囲によって評価すべきではなく,数学の成果は数学固有の基準で評価すべきだというのだ.それらの基準は,我々の感覚による漠然とした現実とは独立している.その基準とは,論理的矛盾を持っていないこと,生み出された形式を支配する法則が一般性を持っていること,

その新たな形式と以前の形式とのあいだに類似性が存在することである.

　数学者は，自分の作った服がどんな人に合うかまったく気にしない衣装デザイナーにたとえることができる．その衣装デザイナーの技術は，本来は人に着せる必要性がおおもとにあるが，それはもはや遠い過去のことだ．今日では，逆に体型のほうが服にぴたり合って，まるで服のほうをあつらえたかのように見えることもある．そして驚きと喜びが尽きることはないのだ！

　そのような嬉しい驚きは数多くあった．円錐曲線は，神託所の供物台の大きさを2倍にせよという問題を解くために考え出されたが，結局は惑星が太陽の周りを回る際の軌道へと姿を変えた．カルダーノやボンベリが考え出した架空の量は，交流電流の特徴的な性質を奇妙な形で記述する．リーマンの空論として誕生した絶対微分は，相対論の数学的な道具となった．そして，ケイリーやシルヴェスターの時代には完全に抽象的存在だった行列は，原子の量子力学によって説明される風変わりな場面と見事に合致するようだ．

　このような驚きは確かに愉快かもしれないが，数学者が創造的な研究を進める上では，これらの発見が原動力になっているわけではない．数学者にとって数学は，自分の個性をもっとも良く表現できる分野である．数学は数学のためにある！ ポアンカレは次のように言っている．「人々はこの格言に衝撃を受けたが，もし人生がみじめでしかない

としたら,それは人生のための人生ほどのものだ」

　宗教は科学の母である.その子供は成長して母のもとを去ったが,哲学は年老いた母の面倒を見るために家に残った.その長い同居生活は,母親よりもその娘のほうにより大きな苦労を掛けた.
　今日でも哲学の中心的問題は,神学の趣を帯びている.私には,哲学にもっとも欠けているのは相対性の原理であるように思える.
　相対性の原理は,単なる制限規則にすぎない.この原理は一つの分野が活動すべき限界を定め,ある一連の事実が"観測対象"の性質であるのか"観測者"の幻覚であるのかを見極める方法は存在しないということを,率直に認めるものである.
　相対性の原理はいわばあきらめるという行為であり,哲学における相対性の原理は,「宇宙はそれ自体で存在しているのか,それとも人間の心の中にのみ存在するのか」という古くからのジレンマが解決不可能であることを,率直に認めるものになるだろう.科学者にとって,ある仮説を受け入れるか別の仮説を受け入れるかというのは,「生きるべきか死ぬべきか」という疑問とはまったくの別物である.なぜなら,論理の観点からすればどちらの仮説も反論に耐えうるし,経験の観点からすればどちらの仮説も証明できないからだ.そのため,どちらを選択するかは,いつまで経っても便宜上の問題でしかない.科学者は,この世

界は自分の思考や行動から独立した法則に支配される絶対的統一体であるかのように"みなして", そのように振る舞うものだ. しかし, 驚くべき単純さや圧倒的な普遍性を持った法則, あるいは宇宙の完全な調和を指し示す法則を発見したときにはつねに, その発見に際して自分の心がどんな役割を果たしたのか, そして, 永遠の水たまりの中に自分が見た美しい姿はその永遠の本性を暴き出すものなのか, それとも自分の心を映し出しただけなのかという疑いを持つのが賢明だろう.

現実に関する哲学者の思索は, 一般的な数の概念に対してどの程度の現実性を当てはめるべきかを決める上では, ほとんど役に立たない. 別の確実な方法を見つけなければならないのだ. しかしまずは, 用語の曖昧さを片付けてしまおう.

数学者が用いている専門用語も所詮は普通の単語であって, 数学的かどうかにかかわらず自分の考えを表現するための手段として古代から人々が用いてきた, 限られた語彙の中に含まれる. "geometry"（幾何）や"calculus"（微積分）といった一部の用語は, 本来持っていた二重の意味を失い, 誰もがそれを数学の授業で学んだ明確な意味として理解している. しかし, "logical"（論理的）や"illogical"（非論理的）, "rational"（有理的）や"irrational"（無理的）, "finite"（有限）や"infinite"（無限）, "real"（実）や"imaginary"（虚）といった別の用語は, 今でも複数の意味

を持ちつづけている．形而上学の領域にめったに立ち入らない数学者にとっては，これらの単語はきわめて明確でまったく曖昧さのない意味を持っている．それらを商売道具として使っている哲学者にとっては，やはりきわめて明確だが完全に異なる意味を持っている．そして哲学者でも数学者でもない人にとっては，これらの言葉は一般的でかなり曖昧な意味を持っている．

問題が起こったのは，哲学者が一般人に対して，数学の基本的概念に対する独自の分析結果を示そうとしてからだった．それ以来，無限や現実といった言葉に付け加えられたさまざまな意味が，一般人の心にどうしようもない混乱をもたらしたのだ．

それがとくに良く当てはまるのが，"実"と"虚"という概念である．この不適切だが歴史的に放棄することのできない用語は，デカルトという一人の哲学者に由来している．"虚"という用語を $a+\sqrt{-b}$ という式に当てはめることは，このような量に具体的な実体を与えられなかった当時としては正しかった．しかし，これらの量に対する解釈が発見された瞬間に，"虚"という用語は不適切であることが明らかとなった．次の言葉はガウスによるものだ．

「この問題がこのような誤った視点から扱われて，このような不可解な曖昧さに覆い隠されてきたのは，おもに不適切な用語が用いられてきたからだ．もし $+1, -1,$ $\sqrt{-1}$ を，"正"，"負"，"虚"と呼ぶ代わりに，例えば

"直", "逆", "横"とでも呼んでいたら, この曖昧さは避けられていただろう」

しかしこのような抗議はほとんど無駄だった. "虚数"という言葉があまりに深く根付いていたからだ. 数学の用語はこのように驚くほど安定である. それは数学者の保守性によるものかもしれないし, あるいは, 曖昧さが生じない限り数学者は言葉の選択に無関心だからかもしれない. いずれにせよ, やがて"虚数"の代わりに"複素数"という用語が渋々ながら使われるようになったが, 今でも両方の用語が用いられているし, "実数"という単語についてはいまだに, もっと適切な用語に変えようという提案すら示されていない.

専門家の中には, "虚数"という用語がこの意味で用いられていることを, 現代数学に染み込んでいる神秘主義の証であると解釈している者もいる. 彼らの主張によれば, 数学者はこれらの用語を選ぶというまさにその行為によって, それらの量が架空の性質を持っていることを認めたのだという. このような主張は, 鉱物学者が,「"calculus"（微積分）という言葉は小石のことも意味しているのだから, 無限小解析は石のような性質を持っている」と言うのと, 理屈の上では似たり寄ったりだ.

もし複素数に非現実的な面があったとしても, それはその名前に潜んでいるのでもなければ, $\sqrt{-1}$ という記号の

使い方に潜んでいるのでもない．複素数は単に実数のペアを一つの単体とみなしたものにすぎず，架空かどうかで言えば，それを構成する実数と何ら変わりはないのだ．したがって，複素数の概念の現実性に対する批判は，実数に向けられるべきである．哲学者ならそこに，数学の中に探している神秘主義の証拠を数多く見つけることだろう．

我々の持つ自然数の概念がどれほど抽象化に頼っていたとしても，この概念は有限集合という堅固な"現実"の中で生まれたものである．確かに，それらの数を一つの総体として捉えたことで，我々は"すべて"という言葉にさまざまな意味を与えなければならなくなった．それでも無限という概念は，有理数の算術で用いられる限り，どの数にも次の数があるという主張に限定されていた．数えるプロセスを際限なく続けられるという性質は，整数に対する演算の規則に完全な一般性を与えるという目的だけに利用された．無限は"現実のもの"としてではなく，"可能なもの"としてのみ使われたのだ．

有理数は単に二つの整数のペアにすぎず，そのため整数と同じ現実性を有している．クロネッカーが求めたように，もし無限プロセスやそれに基づく無理数の導入を避けていたとしても，複素数は単なる有理数のペアであって，有理数が持っていると考える現実性や非現実性は複素数の中にも備わっていたはずだ．しかし，すべての代数方程式が解を持ちうるような領域を探す中で，無限プロセスは正当化せざるをえなくなり，その結果として生まれたのがい

わゆる実数だった．もはや無限という言葉を，比喩表現としてや，「どんなに大きい数よりも大きい数がある」という文の省略形としてのみ使うことはなくなった．"生成行為"が，あらゆる数を生み出す原理としての無限を呼び覚ましたのだ．すべての数は無限プロセスの究極のステップとみなされるようになり，無限という概念は一般化された数の概念の枠組みそのものに織り込まれた．

　自然数領域は，"1 を加えるという操作を限りなく繰り返すことができる"という前提に基づいて作られ，丁寧にも，"そのプロセスの究極のステップは数とはみなされない"と取り決められていた．しかし実数への一般化によって，この無限反復の有効性があらゆる有理数演算にまで拡大されただけでなく，実際にこの制限が取り払われ，このようなプロセスの極限が正真正銘の数として認められるようになった．

　そうして皮肉なことに，自然数に対して我々が与えていた"現実性"の一部を犠牲にすることで，いわゆる"実数"にたどり着いたのだ．

　それらの無限プロセスは，算術にこのような絶対的な一般性を与えて，算術を幾何学的や力学的な直観の道具に仕立て上げ，幾何学や力学を通じて物理学や化学の現象を数で表現できるようにしてくれたのだが，ではそれらの無限プロセスにはどれほどの現実性があるのだろうか？　現実性を我々の感覚による直接的経験に限定したとすると，この概念が現実性を持っていると考える者は，数学者であれ

哲学者であれ一般人であれ一人もいないはずだ.

しかし一般的な意見として, 無限の有効性は経験科学の進歩がもたらした必然の結果だと考えられている. この主張を私が自分の言葉で論破するのはおこがましいが, ダフィット・ヒルベルトはヴァイエルシュトラスに向けた有名な追悼スピーチの中で, この主張に対して雄弁にも次のように答えている.

「無限! これほど人の心を深く動かした問題はいまだかつてないし, これほど人の知性を実り多い形で刺激した考え方もない. しかしまた, 無限ほどに説明を必要とする概念もない. ……

無限の本質は何か, という問題に目を向ければ, まず現実にとって無限がどういう意味を持っているのかを理解しなければならない. そこで, 物理学がそれについて何を教えてくれるかを見てみよう.

自然や物質に対してまず感じる単純な印象は, その連続性である. 金属の塊であれ液体であれ, それは無限にまで分割できて, どんなに小さい一部分も全体と同じ性質を持っていると確信せざるをえない. しかし, 物質の物理に関する研究手法に従って十分に歩を進めれば, 必ず分割可能性の限界へ突き当たる. それは実験精度が不十分なことによるものではなく, その現象の性質そのものに備わっている性質だ. この無限からの解放は現代科学の一つの風潮とみなすことができ,『自然は跳躍しな

い』という古くからの格言を，その正反対の『自然は跳躍する』というものに置き換えることができる．……

　よく知られているように，物質は小さな粒子である原子から構成されており，マクロな宇宙の現象はそれらの原子の結合や相互作用が具現化したものにすぎない．しかし物理学がそこで立ち止まることはなかった．前世紀の末に，原子レベルの電気はさらに奇妙な振る舞いをすることが発見された．それまで，電気は流体であって連続的なものとして振る舞うと考えられてきたが，電気もまた正負の"電子"から構成されていることが明らかとなったのだ．

　今や物理学には，物質や電気のほかにも現実の存在がある．それは保存法則を満たす現実の存在，すなわちエネルギーである．しかしエネルギーでさえ，単純で無制限な分割可能性には従わないことが明らかとなった．プランクが"エネルギー量子"を発見したのだ．

　こうして，際限なく分割できてその中に無限小を見つけることができる一様な連続体は，現実の中のどこにも存在しないという判断が下される．連続体を無限に分割できるというのは，思考の中にしか存在しない単なる考えであって，その考えは，自然の観察および物理や化学の実験によって否定される．

　自然における無限の問題に次に出くわすのは，宇宙を一つのものとして考えたときである．そこで，この宇宙の広がりを調べて，そこには無限に大きいものが存在す

るかどうかを確かめてみよう．長いあいだ，世界は無限であるという考えが支配的だった．カント以前やそれ以後も，宇宙が無限であることに対して疑問を呈する者はほとんどいなかった．

その点でも，現代科学，とりわけ天文学がこの問題を掘り返し，不適切な形而上学的思索によってではなく，経験や自然法則に基づいて決着を付けようと乗り出した．そして，宇宙は無限に広がっているという考え方に対して大きな異論が巻き起こった．ユークリッド幾何学からは，必然的に無限の空間が導かれる．……しかしアインシュタインは，ユークリッド幾何学を放棄しなければならないことを示した．宇宙論に関するその問題を自らの重力理論の観点からも検討して，世界は有限かもしれないことを証明したのだ．そして天文学者が発見した結果はすべて，宇宙は球形であるという仮説と合致している」

このように，物理世界に関する我々の知識が前進すればするほど，つまり科学機器によって我々の知覚する世界が拡大すればするほど，我々の持つ無限の概念は，原理においても振る舞いにおいてもこの物理世界とは相容れないことが分かってくるのだ．

無限という概念は論理的必然ではなく，経験によって実証されるどころか，あらゆる経験がその間違いを指摘しているのだから，数学に無限を適用するのは"現実の名のも

とに非難されるべきだ"と思えるかもしれない．しかしそのような非難は，数学を，第4章で述べた有界な算術や有界な幾何学へ後退させてしまう．「有効なものがこれほど無意味に思えるのだから，そもそも解析学は可能なのだろうかと本気で疑われる」．過去3世紀にわたって数学者が建ててきた高層建築はその土台まで壊され，無限を用いることで力を得た原理や手法は捨て去られ，問題を定式化して解析する上で極限や関数や数という概念を自信たっぷりに利用してきた物理科学は，一から書きなおされることになる．そして新たな基礎を構築しなおして，非難された道具の代わりに新たな道具を考え出すことになる．

すべては現実の名のもとに！

確かにこれは思い切った計画である．しかしその改造が終われば，粛正の後に残ったわずかな数学は現実と完璧に調和するはずだ．

"はたしてそうだろうか？"それこそが問題となるが，結局それは，"現実とは何か"というもう一つの問題と同じものである．この問題を問う上で我々は，枝葉末節に至る定義や無関係な問題に関する難癖には耳を貸さない．その現実に対して範囲を設けることだけを考え，それを基準として，何が有効で何が有効でないかを判断するのだ．

当然ながら実際には専門家に頼ることになる．専門家はそれぞれ自分なりの現実の概念を示そうとするが，「これこそが現実だ」などというものはないように思われる．"どれか一つには決められないのだ"．

第12章 二つの現実

　その中でも二つの概念がとりわけ興味を惹く．それは主観的現実と客観的現実だ．主観的現実は，一個人のすべての感覚印象の集合体として表現できそうだ．一方で客観的現実に関しては，哲学の学派ごとに定義はさまざまである．というのも，この世界は我々の意識の外側に存在するのかどうかという難問が，まさにこの点に極まるからだ．ポアンカレによる次の説明では，形而上学的な見当違いがすべて排除されているし，哲学の専門用語もまったく使われていない．「最新の解析によれば，我々が客観的現実と呼ぶものは，理性を持つ多くの人間に共通で，すべての人間に共通になりうる」．曖昧な表現だし，"すべての人間に共通になりうる"というフレーズが明らかに問題ではあるが，この説明は，我々全員が持っていると思われる，現実という直観的概念にたどり着く最短の道である．

　現実の有効範囲を見定めるのが難しいのは，自分の個人的な感覚印象の集合体である主観的現実と，過去または現在に他人との接触で獲得した客観的現実とを正しく分けられる人が誰もいないからだ．未開の人々の心理に関する研究がこの問題に光を当ててくれるかもしれないが，そこでも環境が大きな影響を及ぼす．主観的現実の理解へ至る最短の近道は，幼児の心理学である．しかし，我々は幼児期の印象を再現できないので，大人が幼児に対しておこなう研究に頼らなければならないが，そのような研究はいずれも先入観によって歪められてしまう．

しかしここで仮に，個人の主観的現実は，ヘルムホルツやマッハのような生理学者や心理学者が視覚や聴覚や触覚などに関して得たデータと，同じものとみなすことができると仮定しよう．もしそれらを現実の有効範囲の基準として用いれば，必然的に，数学から無限を取り去った残りかすである貧弱な算術でさえ，さらに剪定が必要だと判断されるだろう．なぜなら，"その現実には数えるというプロセスが含まれないからである"．

数えるというプロセスは，それとは異なる現実である客観的現実を前提としており，この客観的現実という用語はポアンカレの使った意味で解釈される．数えるという行為は，さまざまな知覚を同じものへ分類してその分類に一つの名前を付けるという能力を，人間が持っていることを前提としている．あるいは，二つの集合を要素ごとにマッチさせて，その集合を数多性のモデルにほかならない数詞と関連づけるという能力を前提としている．そしてまた，それらのモデルを一列に並べて，それらの数詞を限りなく拡張できる造語法を開発するという能力を前提としている．要するに数えるというプロセスには，"言語"の存在という，主観的現実や個人の直接的知覚を超越した仕組みが必要なのだ．

したがって，もしこの主観的現実を数学における有効性の基準として用いるとしたら，無限プロセスやそれが意味するすべての事柄に引導が渡されるだけでなく，数えるという手順もまた捨てられなければならないはずだ．数が有

第 12 章　二つの現実

効である領域は，鳥や昆虫の持つ原始的感覚だけに限られることになる．そして言語や算術だけでなく，人間の持つこの二つの能力に基づいて築かれている複雑な文化構造全体を破棄しなければならない．

　我々の意識の外側に存在する絶対不変の世界に関しては，神学的思索を通じてしか知りようがない．それを受け入れるか拒絶するかもまた，自然哲学にとっては無意味である．しかし同様に，我々の感覚によるおおざっぱな現実を，"原現実"，すなわち唯一の現実として受け入れることもまた，無意味で不毛だ．もちろん，新生児や未開の人々や動物を通じてそのような原現実を具体的に理解できると考えることは，体系的に説明する上では都合がよい．さらに歩を進めて，ヘルムホルツやマッハやポアンカレが考えたように，例えば視覚以外のすべての感覚を奪われた人を思い浮かべ，そのような人が構築するであろう宇宙がどんなものかを思いめぐらせることもできる．そのように考えるのはきわめて魅力的である．というのも，我々の感覚を自由自在にその構成部品へ分解して，感覚という概念をそれらの"原感覚"の合成体として考えることができるからだ．しかし私が考えるところ，そのような合成体を現実として受け入れることには，一つ致命的な欠陥がある．その欠陥とは，個人の知性の存在を前提としていることである．これらの感覚を調和させるプロセスそのものには思考が関与しているが，それは言語という道具がなければ不可

能であって，言語は考えを体系づけて交換することを意味しており，それには人間の集団的存在，すなわち何らかの社会組織が必要だ．

　有効性の基準としてとらえることができる唯一の現実は，我々の意識の外側に存在する．それは，純粋な形而上学である絶対不変の現実でもなければ，生理学者や心理学者が入念な実験によって抽出した原現実でもない．それは，多くの人間に共通ですべての人間に共通になりうる客観的現実である．そしてその現実は静止像の集合体ではなく，生きていて成長する有機体なのだ．

　しかし，この客観的世界に目を向けて，数学的概念の現実性を判断するための基準を探そうとすると，新たな困難に突き当たる．多くの人間に共通する事柄は，他の人間と共有している個人の直接的感覚に限られるかもしれない．しかしそこには，科学機器の利用によって人類が獲得してきたあらゆるデータも含めることができる．というのも，そのような事実もまた，多くの人間に共通で，おそらくはすべての人間に共通になりうるからだ．この拡張された世界は，定性的な命題の真偽を判断するには有効かもしれないが，それを数の基準に用いようとすると，その客観的世界自体が数を前提としているという事実に突き当たってしまう．なぜなら，我々の科学機器は一定の数学的原理に従って設計され，組み立てられ，利用されており，その数学的原理は数によって裏付けられているからだ．

事実，物差しや天秤，圧力計や温度計，コンパスや電圧計のいずれを使うにしても必ず，我々には"連続体"に見えるものを段階的な"数のスケール"で測定することになる．すなわち我々は，その連続体が取りうる状態と数の集合とのあいだに完璧な対応関係が存在すると勝手にみなしている．そして，直線に関するデデキント＝カントルの公理と同じ役割を果たす連続体の公理を，暗黙のうちに受け入れている．したがって，どんなに単純で自然に思える測定装置も，実数の算術という道具全体を暗に意味することになる．どんな科学機器の裏にも算術という"原型機器"が存在しており，それがなかったら，科学機器は利用できないどころか考えつくこともできないのだ．

そのため，次のような困難が生じる．実数の現実性を，科学機器を用いて得られたすべてのデータを含む客観的世界に基づいて判断しようとすると，循環論法に陥ってしまう．なぜなら，"それらの機器がすでに実数の現実性を前提としているからだ"．

もし客観的世界を，他人と共有する直接的感覚だけに限定したとしても，この悪循環を避けることはできない．あらゆる測定装置を禁止して，人々の意見が現実性の唯一の基準であると断言したとしよう．すると，いったいどのようにして有効な判断にたどり着けばいいのだろうか？　私には緑に見えるのにあなたには赤に見えるという理由で，あなたが私を色弱と判断しても，それが正しいことを証明するには"多数決"に委ねるしかないのではないか？　ここ

でも2人は，判断を"数に委ねる"ことで決着を付けるのだ．

　数は嘘をつかない．嘘をつけないからだ．なぜなら，数は定義上，絶対確実であると断言されているからである．我々は量を判断する全権を数に与えて，その判断を甘受しており，他の裁きの場に訴える権利はすべて放棄しているのだ．

　結論は何か？

　環境から隔離され，言語を奪われ，仲間と考えを交換する機会を奪われた人間は，数の科学を構築することができないだろう．その人の知覚世界では，算術は現実性も意味も持たないのだ．

　それに対して，一人の人間の客観的世界は，仲間の大多数が共有する考えから構成されている．その人にとって，「数はどんな現実に基づいているか」という質問は無意味だ．なぜなら，空間や時間と同様に，数が存在しなければ現実は存在しないからである．

　それゆえ，主観的世界にも客観的世界にも，数の概念に対する現実性の基準を見つけることはできない．主観的世界はそのような概念を含んでおらず，客観的世界はその概念から独立したものを含んでいないからだ．

　それでは，どのようにして基準を見つければいいのだろうか？ 証拠に基づいてではない．証拠は公平でないからだ．論理に基づいてでもない．論理に数学と独立したもの

は存在しないからだ．我々が数学と呼んでいるのは，その多層的な必然性の一つの側面にすぎない．それならば，数学的概念はどのようにして判断すべきなのか？"判断すべきではないのだ！"数学はいわば最高裁判所であって，それ以上控訴することはできないのだ．

このゲームのルールを変えることはできないし，ゲームが公平かどうかを確かめることもできない．そのゲームのプレーヤーを研究することしかできないが，それは距離を置いた傍観者としてではない．プレーしている自分の心を観察していることになるのだから．

私自身の思い出を語ってみよう．ちょうど複素数の謎について教わりはじめたところだった．私は戸惑った．明らかに不可能なのに，演算によって具体的な答を導くことができる量なのだ．私は不満や不安という感情を抱いて，この架空の産物，無意味な記号を，何か実体のあるもので満たしたいと思った．やがて，これらの存在を幾何学によって具体的に解釈する方法を学んだ．するとすぐに安堵感が訪れて，まるで一つの謎を解いたかのように感じた．私を不安がらせてきた幽霊が実は幽霊でも何でもなく，見慣れた身の回りの一部だったと分かったかのように感じたのだ．

それ以降，数々の機会の折に，多くの人も私と同じ感情を抱いていることを知った．なぜこのような安堵感を抱くのだろうか？ 我々は，これらの記号の具体的モデルを見

つけ，それを身近なもの，現実のもの，あるいは少なくとも現実に見えるものと結びつける術を見出した．しかしなぜ我々は，平面上の点，もっと言うと，任意の基準軸からそのような点への距離を示す線分を，$a+ib$ という量よりも現実的だと考えるのだろうか？ 平面や直線や点の裏には，どんな現実があるというのだろうか？ なぜたった一，二年前の私は，それらも幽霊のようなものだと考えていたのだろうか？ 全方向に限りなく広がる平面，その近似として私の一番身近にあったのは，8インチ×11インチの紙，あるいは凸凹やひっかき傷のある波打った黒板だった．太さを持たない直線や2本のそのような直線の交点は，大きさを持っていないし，どこにもモデルが存在しないために純粋な幻影である．しかもそのような点の座標は，さまざまな不確実さや測定の不正確さを含んでいる．私に安堵感を抱かせた具体的な現実の存在とは，はたしてそのような代物だったのだろうか？

　我々は幽霊を一つの虚構に結びつけたことになるが，その虚構の長所は，幽霊より "身近だ" ということである．しかしそれは昔から身近だったわけではない．それもかつては戸惑いや不安を引き起こしたが，その後さらに原始的な幻影と結びつけられ，その幻影が何世紀にもわたる習慣を通じて具体的なものとなったのだ．

　今日の現実は，昨日には幻想でしかなかった．幻想が生き長らえるのは，我々の経験を組織化して体系づけて道案

内してくれて，それゆえ人類の生存にとって役に立つからだ．これが，次のニーチェの言葉に対する私なりの解釈である．

「我々は，単に誤りだからといってある判断を否定することはない．重要なのは，その観念が人類の生存をどれほど守り導いていくかだ．もっとも誤った観念は，我々の総合的判断をもとから含んでおり，もっとも不可欠なものでもある．論理的虚構を持たず，架空の絶対不変の世界において現実を評価することをせず，数を使ってたえず宇宙を模造することをしなければ，人間は生きつづけることができないだろう．誤った判断をことごとく拒否することは，人生の拒否，人生の否定を意味するのだ」

数学的概念の有効性を判断できるのは，直接的な証拠でも論理法則でもない．問題は，その概念が人類の知的生存をどの程度守って導いてくれるかだ．それゆえ，かの悲観的な祭司の警告を私は気にかけない．どんな幻想についても，その有効性の基準となるのは，事後に下される，またときにはその幻想が消えてから下される判断である．人類の生存を守り導くものは繁栄して成長し，そうして現実としての権利を獲得する．有害で役に立たないものは，いずれ形而上学や神学の教科書に活路を見出してその中に留まる．したがってそれも，無駄に消え去るわけではない．

実験的証拠や論理的必然が，我々が現実と呼ぶ客観的世界のすべてではない．そこには観察や実験の道しるべとして不可欠な数学が存在し，論理はその側面の一つにすぎない．もう一つの側面は，どのようにも定義できない漠然として曖昧なものであって，我々はそれを直観と呼んでいる．こうして，数の科学における根本的な問題である無限へと立ち返る．無限という概念は，経験的な必然でもなければ論理的な必然でもない．それは"数学的な必然"だ．このように，"可能な一つの行為が際限なく繰り返される様子"を想像するという心の力を認めるのは，"確かに純粋な虚構かもしれないが，便利であるがゆえに必要な虚構である"．その虚構は我々を，特定のケースが可能かどうかを一つ一つ調べるという負担から解放してくれる．また我々の語る命題に，科学として絶対に必要な見かけの一般性を与えてくれる．そして何より，"時間とともに流れる世界"という免れようのない概念と，"不連続なものを数える"ことから生まれた数の概念とのあいだの亀裂に，橋を架けてくれるのだ．

　しかし無限は，"絶対の探求"によって人類が導かれた何本ものバイパスの一つでしかない．数学的直観が具体化したものとしてはほかに，単純性，一様性，均質性，規則性，因果性がある．我々に絶対性の幻を追いかけさせ，それによって人類の知的遺産を豊かにしてくれるのは，数学的直観だ．しかし，幻を追いかけすぎてその遺産が危機にさらされたとき，進みすぎた心にブレーキを掛けてくれるのも

また数学的直観である．そのとき数学的直観は，「追いかけられているものが追いかけているものに似ているとは，何て奇妙なんだ」といたずらっぽくささやくのだ．

では，その創造的な直観の源は何だろうか？　人間の経験を組織立てて導き，それを混沌の恐怖から守るために必要なのは，いったい何だろうか？　冷淡で不変で不毛な論理という岩を持ち上げる力は，いったいどこからやってきたのだろうか？

　「大海は永遠にささやきつづけ
　　風は吹き，雲は流れ
　　星々は冷淡にまたたきつづけ
　　そして愚者は答を待つ」

賢者はどうか？　賢者は，明日には実在になるかもしれない今日の虚構を紡ぎ出すという仕事を再開し，思考の源を背後に隠した遠くの山並みを最後に一目見て，そして師の言葉を繰り返すのだ．

　「水源はよく分からないが
　　それでも小川は流れつづける」

付録 A

数の記録について

「無知なる者の不合理な意見に反して，記数体系の選択は単なる習慣の問題である」
——パスカル

動物と人間の数感覚について

　人はどのようにして，ある集合に含まれる物体の数が変化したことを，実際に数えなくても見抜くことができるのだろうか？　我々が"数感覚"と呼ぶその直観の正体は何だろうか？　本書の前の版を読んだかなりの人が，これらの問題に答を出そうとしてきた．私には，彼らの理論の根拠として挙げられた論証の有効性を判断する資格はないと思うが，彼らの豊かな想像力を抑えつけたくもないので，彼らから寄せられた手紙の中から説得力のある仮説をいくつか列挙したい．

　集合の"不均質性"が判断を手助けするのかもしれない．例えば部屋に入ったところ，見慣れた顔が一人いなかったので，いつもより人が少ないことに気づいたとしよう．そのようにうまく判断できたのは，グループのメンバーがすべて"瓜二つ"ではなく，それぞれ異なる特徴を持った個人だったからだ．もしかしたら第 1 章の話で登場したカラスは，塔の中に入った人が全員は出てきていないことを，

そのような方法で見抜いたのかもしれない．

　障害を克服しようとする努力の結果生じる"疲労"も，評価の手助けになるかもしれない．すなわち，階数を数えずに階段を上っていったとして，5階分上ったか6階分上ったかは自分の脚に聞けば分かるだろう．単生スズメバチの持つ数の能力は，そのような理由で説明できるかもしれない．

　またかなり多くの場合，"パターン認識"がずいぶん手助けとなる．テーブルを一目見て，いつもの4人より多い人数が座れるようにテーブルがセッティングされていると分かったとしたら，その情報をもたらしてくれたのはパターンの変化である．あるいは，テーブルの上に一列に置かれた豆を考えよう．"まっすぐに"くっついて並んでいたら，豆が5個あるか6個あるかは分からないかもしれない．並び方が一様でなければもっと正しい数を言い当てられるだろうし，豆が多角形の頂点に並んでいたら自分の判断はもっと信用できるだろう．鳥が直観的に，自分の巣が泥棒に入られたことを知るのは，このような原理に基づいているのかもしれない．

クセルクセスはどうやって軍勢の人数を数えたか

　「ドリスコスの領土は，トラキアという海沿いの広大な平地にあり，そこをヘブロスという大河が流れている．ここにドリスコスと呼ばれる王領の要塞都市が築かれ，ダレイオスはスキュティアへの行軍以降，そこに1

人のペルシャ人護衛を配置させている．そのため，クセルクセスにとってそこは，自らの軍勢を整列させて人数を数えるのにうってつけの場所であり，実際にそうした．ドリスコスに到着した軍勢はクセルクセスの命令に従って近くの海岸へ向かい，……そこで休息を取った．……その間にクセルクセスは軍勢の人数を数えた．……

　それぞれの部隊が何人だったかを正確に言うことはできない．誰も教えてくれないからだ．しかし，軍勢全体を数えたところ170万人だった．それは次のようにして数えられた．1万人が一か所に集められ，できるだけぎゅうぎゅうに集まったところで，その周囲に線が引かれた．それが終わるとこの1万人は退けられ，線の上にへその高さまで石の壁が築かれた．それが終わると，別の兵士たちが壁の内側に入れられた．こうして全員が数えられた」（ヘロドトス『歴史』第7巻）

大きい数の記録について

　アルキメデスは，『砂粒を数える者』と呼ばれる小冊子を次のような文で締めくくっている．「アリスタルコスは恒星を境界とする球の直径を見積もっているが，それと同じ大きさの球の中に含まれる砂粒の個数が第8階層の単位の1万（myriad）倍の1000倍より少ないのは明らかである」

　第8階層の単位とはどういう意味なのか？　ギリシャ語の"myriad"は1万を意味し，その$M=10^4$という数をアルキメデスは"第1階層の単位"と名付けた．次に来るの

が"octad",すなわち myriad の myriad 倍であり,それをアルキメデスは"第2階層の単位"と定義した. octad を Ω と表せば,$\Omega = M^2 = 10^8$ となる.その次には $M^3 = 10^{12}$ が第3階層の単位になるように思えるが,実はそうではなかった.アルキメデスのこの体系の"基底"は,octad, $\Omega = 10^8$ であった.したがって,"第 n 階層の単位"は Ω^{n-1} と解釈しなければならず,アルキメデスが算出した"宇宙の砂粒の個数"は

$$10^3 \times 10^4 \times (10^8)^7 = 10^{63}$$

となる.現代の用語で表せば,砂粒の数は 10^{63} の"オーダー"である.

アルキメデスによるこの推定値を,ロサンゼルスにある数値解析研究所で最近計算された,"既知の"最大の素数である"17番目のメルセンヌ素数"

(1) $$M = 2^{2281} - 1$$

と比較してみると勉強になる.この整数は 10^{687} のオーダーであって,

$$687 = 85 \times 8 + 7$$

より,アルキメデスならこの数を"第86階層の単位の1万倍の1000倍"と表現したことだろう.

位取りの原理について

ほとんどの人は幼い頃に数の数え方を教わるものなので,それ以降,そのことについて深く考えるチャンスがなかった.そこで記憶を呼び覚ましてみよう.

すべての始まりは，いわば"指"と"唇"の連携である．子供は，自分の指や積木が作る特定のパターンを特定の単語と関連づけることを学ぶ．そしてそれらの単語は数と呼ばれることを教わり，それを"順序列"どおりに覚えさせられる．指や積木が足りなくなると，奇妙な"修辞的"手順を使って，新たな具体的パターンに頼らずに数の範囲を広げる方法を教わる．その頃には，数を数える行為は数の競争や言葉遊びへ変わり，最初のうち子供はそのゲームに夢中になる．しかしある日，"一度言ったりやったりしたことはつねに繰り返すことができる"と気づく．そしてどこかの数で突然打ち切って，我慢できずに残りの数を"以下同様"として片付けてしまう．その日に数の数え方の学習は完了する．同時に子供の心にはある考え方の種が植え付けられ，それが何年ものちに，"無限の概念"という形を取って本人を悩ませはじめるのだ．

数えるプロセスを際限なく続けられるという絶対的な信念は，どのような修辞的手順によってもたらされるのだろうか？　確かに我々は幼い頃にその手順を身につけるが，それはかなり複雑な数学的考え方に基づいている．その考え方とは，"どんな正の整数も，10の累乗から構成されて10未満の整数を係数とする多項式によって，ただ一通りに表現できる"というものだ．

第2章で指摘したように，"10"が基底として好まれているのは，その整数に本質的な長所があるからではなく，健常人のほとんどが手に10本の指を持っているという"生

理的な"偶然の結果である．我々の数の言語が持っているそのような生理的側面も確かに興味深いが，もっと注目すべきはその"多項式構造"である．人が歳を重ねる中で，指遣いで扱える以上の整数を使わなければならなくなったら，決まってこの多項式表現に頼るしかないように思える．

"位取り記数法は，その修辞的な手順を文字に記したものにほかならない"．許される係数の範囲に 0 という記号を追加することで，この多項式の項の間にある"隙間"を埋め，曖昧さを未然に防ぐ．したがって abcd というのはいわば"暗号文"であって，
$$aR^3+bR^2+cR+d = (abcd)_R$$
という多項式を略記したものにほかならない．ここで R は"基底"であり，係数 a, b, c, d は $0, 1, 2, \cdots, R-1$ の範囲の値を取る．この数体系の基底 R には，1 より大きいどんな整数を選ぶこともできる．さらに，10 進法で表した数に対しておこなうものとして教わった算術演算は，一般的な多項式の性質から導かれるので，それらの規則は他のどんな数体系にも簡単に当てはめることができる．

小数点の歴史について

位取り記数法が何世紀にもわたって広く使われた末によう やく，その長所が分数の取り扱いの容易さにあることが認識された．しかし，ステヴィンやネイピアが扱いにくい上付き文字や下付き文字を使っていたことから分かるよう

著者	年代	表記法
シモン・ステヴィン以前		$24\frac{375}{1000}$
シモン・ステヴィン	1585	$24\ 3^{(1)}\ 7^{(2)}\ 5^{(3)}$
フランソワ・ヴィエト	1600	$24|_{375}$
ヨハネス・ケプラー	1616	$24(375$
ジョン・ネイピア	1617	$24:3\overset{|}{7}\overset{||}{5}$
ヘンリー・ブリッグズ	1624	24^{375}
ウィリアム・オートレッド	1631	$24|375$
バラム	1653	$24:375$
オザナム	1691	$24\cdot \overset{(1)}{3}\ \overset{(2)}{7}\ \overset{(3)}{5}$
現代		24.375

に,その認識は完全なものとはほど遠かった.

位取り記数法を有効に使う上で必要だったのは,現代の"小数点"のように整数部分と小数部分を分け隔てる記号だけだった.しかし理由は分からないが,創意工夫に富む人々は,ケプラーやブリッグズを例外としてその事実に気づかなかったか,またはそれが広く受け入れられるとは思わなかった.ステヴィンが小数記法を発見した100年後にある歴史家は,相反する数多くの記数法を紹介して,「人の数だけ意見がある」と述べている.小数記法が一つにまとまって無用な記号が姿を消すまでには,そこからさらに100年かかった.

基底の選択について

一般的な記数法の基底を"10"から"12"に変えるべきだというビュフォンの提案は，20世紀に興味深い形で復活を遂げた．国内外で"12進法協会"が生まれ，"12"の長所を説く小冊子や雑誌が，宗教に近い熱狂さをもって出版された．そして改革者たちは，"10"や"11"を表す記号をどうするかという厄介な問題を解決して，表の作成に取り掛かった．"変換表"，"掛け算の表"，さらには"12を底とする対数の表"まで作られた．しかし結局，人類共通の習慣を改めることを目指すほかの多くの運動と同じく，この改革は勢いを失った．

もう一つの改革はまったく異なる運命をたどった．それは，ビュフォンの提案よりさらに古く，さらに風変わりな，ライプニッツによる"2進算術"である．何と言うことか，かつては一神教の金字塔としてもてはやされたこの数体系は，ロボットのはらわたに成り下がったのだ．現代の高速計算機のほとんどは，"2進法"の原理に基づいて動作している．ロボットは人間の伝統には縛られず，習慣も持っておらず，その"記憶"は"コード"によって制御されている．2進法表記が簡潔さに欠けるという欠点は，機械の桁外れなスピードによって十分に埋め合わされている．また，ロボットが10進データと2進データを自動的に変換する限り，算術に関して人間のオペレータが持っている習慣が脅かされることもない．装置を前にした人間が，自分の内臓と同じく，2進数で満たされた装置の内臓を気にす

ることがなくなるのも，遠い先のことではないだろう．

基底の変換について

人間の数感覚には限界があるので，ある程度大きい数に対し，"基数単位"である何らかのモデル集合の呼び名をそのまま当てはめるのは，ほとんどの場合不可能だ．そこで代わりに，数を，それを記録するのに用いる記号と関連づける．アラビア記数法が導入される以前には，アルファベットの文字がその目的に使われていた．当時ゲマトリアが大成功を収めていたのは，それが一因である．その後，位取り記数法が誕生して広く受け入れられたことで，10 進法による数の表記法がそのまま数の呼び名となった．今日それは単なる名前以上のものとなっていて，"我々は，数をその 10 進表記と同じものとみなすよう教わる"．習慣の力はあまりにも強く，ほとんどの人はそれ以外の記数法をいわば見せかけにすぎないと考えるものだ．とはいえ，10 進法が絶対的で神聖なものでないことは誰もが理解している．

何らかの基底から 10 進数への変換法は，その数表記を定義する多項式を使って理解することができる．例えば $(4321)_5$ という表記を考えると，定義から，

$$(4321)_5 = 4\times 5^3 + 3\times 5^2 + 2\times 5 + 1 = 586$$

となる．この計算をあまり苦労せずにおこなうことのできる方法は，"組立除法"という名前で教わるが，その呼び名としては"組立減法"の方がもっとふさわしいだろう．その手順は次の表のように進めていく．

	4	3	2	1
		$(5\times 4)+3=23$	$(5\times 23)+2=117$	$(5\times 117)+1=586$
商	4	23	117	586
余り	4	3	2	1

 この表を見ると，従来の記数法で表記された数を別の基底に変換する方法も分かる．この手順を"逆にたどって"，新たな基底，この例の場合は5で次々に割り算していく．すると，"その余りが，求めたかった数表現の各数字になる"．

 応用例として，一般項が $M_p=2^p-1$ であるいわゆる"メルセンヌ数列"の各項を計算してみよう．"2進法"ではそれらの整数は，次のように1の組み合わせとして表現できる．

(2)　$M_1=1, M_2=(11)_2, M_3=(111)_2, M_4=(1111)_2, \cdots$

 上で説明した手順を使えば，これらの整数を簡単に計算できる．

p	1	2	3	4	5	6	7	8	9	10
	1	1	1	1	1	1	1	1	1	1
M_p	1	<u>3</u>	<u>7</u>	15	<u>31</u>	63	<u>127</u>	255	511	1023

 下線を付けた項は"素数"で，"メルセンヌ素数"と呼ばれる．それらの整数については，後の節で再び触れる（368ページ参照）．

パスカルの問題

本章の冒頭に引用した文章は，パスカルの小論『各桁の数字から導かれる数の整除性について』からのものだ．パスカルが考えた，整数 q で割り切れるかどうかの判定法は，$\frac{1}{q}$ の"小数展開"と密接に関係している．その観点からこのパスカルの研究は，同時代のイギリス人ジョン・ウォリスに受け継がれ，さらに次の世紀には，ヨハン・ベルヌーイやオイラーやランベルトがその理論を拡張して磨き上げた．

q を 2 と 5 以外の素数として，$\frac{1}{q}$ という数を小数に展開する方法を調べてみよう．そのための手順が，よく知られている"長除法"である．それによって生成する小数は同じ"ブロック"を無限個含んでいて，"循環小数"という種類に属する．そのブロックを"サイクル"と言い，ブロックに含まれる数字の個数をそのサイクルの"周期"と言う．$q=7$ の場合は，

商　　　 0 1 4 2 8 5 7 1 4 2 8 5 7 …
被除数　1 0 0 0 0 0 0 0 0 0 0 0 0 …
余　り　 1 3 2 6 4 5 1 3 2 6 4 5 1 …

となる．サイクルは $K=142857$，周期は $p=6$ である．

小数の各桁の数字となる商は，パスカルの論証には関係してこない．パスカルは余りだけに注目したが，もっと良い呼び名としてそれを，"除数 q の小数剰余"と呼ぶことにする．この剰余列は"循環的"であって，"その剰余のサイクルの周期は，展開された小数の周期と一致する"．この

ことは,剰余のサイクルがすべて1から始まって,"一つのサイクルの中ではすべての剰余が互いに異なる"という性質から導かれる.一方で,剰余は1から$q-1$までの任意の値を取りうるので,"その周期は$q-1$以下である".実はその周期は,$q=7$の場合のように$q-1$であるか,または$q=13$の場合のように"$q-1$の約数"である.次ページの表にはさまざまな整数の剰余が列挙されている.パスカルに倣ってこの表は,小数の数字の順序と一致するよう"右から左へ"書かれている.

ここで,典型的な$q=7$のケースでパスカルの論証を説明しよう.まず,長除法の結果を詳しく"書き出して"みる.

$1 = 0\cdot 7 + 1 \quad 10^3 = 142\cdot 7 + 6 \quad 10^6 = 142857\cdot 7 + 1$
$10 = 1\cdot 7 + 3 \quad 10^4 = 1428\cdot 7 + 4 \quad \cdots\cdots\cdots\cdots$
$10^2 = 14\cdot 7 + 2 \quad 10^5 = 14285\cdot 7 + 5$

次に,
$$N = (CBA) = A\cdot 1 + B\cdot 10 + C\cdot 10^2$$
という3桁の数を考える.10の累乗をそれぞれ上記の値に置換すると,

(3) $\qquad N = 7\cdot H + (A + 3B + 2C)$

という式が得られる.ここでHは何らかの正の整数である.ここから,Nが7で割り切れるのは,$A+3B+2C$が7で割り切れるときだけであることが分かる.

次に一般のケースに移り,qの剰余を$R_1, R_2, R_3, \cdots, R_j,$ $\cdots$として,qで割り切れるかどうか調べたい数を$N=$

小数剰余と周期

除数	周期	10^8	10^7	10^6	10^5	10^4	10^3	10^2	10	1
2		0	0	0	0	0	0	0	0	1
3	1	1	1	1	1	1	1	1	1	1
5		0	0	0	0	0	0	0	0	1
7	6	2	3	1	5	4	6	2	3	1
9	1	1	1	1	1	1	1	1	1	1
10		0	0	0	0	0	0	0	0	1
11	2	1	10	1	10	1	10	1	10	1
13	6	9	10	1	4	3	12	9	10	1
17	16	16	5	9	6	4	14	15	10	1

$(D_j D_{j-1} \cdots D_3 D_2 D_1)$ としよう. すると, "N が q で割り切れるかどうか"は,

(4) $\qquad P = R_1 D_1 + R_2 D_2 + R_3 D_3 + \cdots + R_j D_j$

という重み付けした和が"q で割り切れるかどうか"によって決まる.

これで, パスカルの定理を"整除性"に基づいて表現することができた. しかしこの結果は, もっと幅広く解釈できる. 実はこの論証によって, "数 N を q で割ったときの余りは, テスト関数 P を q で割ったときの余りに等しい"ことが分かる. ガウスが初めて導入した用語を使えば, "整数 N と P は, q を法として合同である"となる. 記号で表すと,

(5) $\qquad\qquad N \equiv P \pmod{q}$

である．$q=9$ の場合には，$R_1=R_2=R_3=\cdots=1$ なので，$P=D_1+D_2+D_3+\cdots+D_J=\sum D$ となり，

(6) $$N \equiv \sum D \pmod 9$$

となる．これが，"ある整数を9で割った余りは，その整数の各数字の和を9で割った余りと等しい"という，いわゆる"9の法則"である．とくに，"ある数が9で割り切れるのは，その各数字の和が9で割り切れるときだけ"である．

数字と除数について

パスカルによる，N が q で割り切れるかどうかの判定法は，N と q がどんな値でも成り立つが，実際にはすぐに"労多くして益なし"のレベルに達してしまう．それに対して，この一般則から導かれる規則の中には，実際の計算において単なるいっときの興味以上に役立つものがある．それらの規則を紹介する前に述べておくが，整数 q で割り切れるかどうかを判定する際には必ず，パスカルの"テスト関数" P の代わりに"合同式"を使うことができる．簡単に言うと，"P から q の倍数を足したり引いたりしても"，判定の有効性は何ら影響されない．例えば3桁の数が7で割り切れるかどうかは，パスカルの判断基準によれば，$P=2C+3B+A$ が7で割り切れるかどうかで決まる．これに $7B$ を加えて $10B+A=T$ と置けば，$T+2C$ というもっと便利なテスト関数が得られる．つまり581は，$81+2\cdot5=91$ が7で割り切れることから，それ自体も7で割り切れることが分かる．

1) 3桁の数 $N=(CBA)$ の整除性の判定. $T=(BA)$ とする.

法：q	100にもっとも近いqの倍数	テスト関数
7	98	$T+2C$
11	99	$T+C$
13	104	$T-4C$
17	102	$T-2C$
19	95	$T+5C$
23	92	$T+8C$
29	87	$T+13C$
31	93	$T+7C$

例：$N=912$ の場合．$T=12$．$12-2\cdot 9=-6$ なので，N は 17 で割り切れない．$12+5\cdot 9=57=19\cdot 3$ なので，N は 19 で割り切れる．

2) **11で割り切れるかどうかの判定基準**．パスカルの関数は $P=A+10B+C+10D+E+10F+\cdots$ である．ここから $11B+11D+11F+\cdots$ を引けば，判定基準はもっと使いやすい $P=A-B+C-D+E-F+\cdots$ という形になる．

例：$N=399{,}168$ の場合，$3-9+9-1+6-8=0$ なので，N は 11 で割り切れる．

3) **7や13で割り切れるかどうかの判定法**．これもパスカルの定理から導くことができる．しかしもっと直接的な方法として，"$1{,}001=10^3+1$ が 7 でも 13 でも割り切れ"，$10^6-1=999{,}999$ や $10^9+1=1{,}000{,}000{,}001$ なども 7 と 13 の両方で割り切れる，という事実から導かれるものがある．具体的には，N を 9 桁の整数とすると，

(7) $$N = X + 1{,}000Y + 1{,}000{,}000Z$$
$$= X - Y + Z + 1{,}001H$$

と表すことができる．したがって，$X-Y+Z$ が7（あるいは13）で割り切れれば，N も7（あるいは13）で割り切れる．この単純な規則は，大きな数を3桁ずつに区切って書くという現代の習慣にとくに合っている．

例：$N = 864{,}192$ の場合．$864 - 192 = 672 = 7 \cdot 96$ なので，N は7では割り切れるが，13では割り切れない．

剰余の判定

9の法則を誰が発見したかも，それがいつから使われていたかも分かっていないが，先ほど引用した除数と各桁の数字に関する小論の中でパスカルは，それはよく知られた知識であると記しており，今ではその論文は300歳を超えている．もっと素朴な時代の会計係も，足し算や掛け算の答をチェックするための規則を使っていた．今でも簿記係がそのような技巧を駆使するとは思えない．良かれ悪しかれ計算機の登場によって，計算技術は優れた書法と同様に時代遅れになってしまったのだ．

奇妙なことに，9の法則のもととなっている原理は，この法則自体よりも幅広く応用することができる．実はその手法は，どんな法にも，またどんな記数法にも通用し，その説明は，前の節で述べたガウスの合同式の理論の優れた導入部分にもなる．しかし混乱を避けるために，もっと直接的な説明法を使うことにしよう．

整数 A を整数 q で割ったときの余りを a とすると, "a は q を法とする A の剰余である" と表現でき, それを

(8) $$\operatorname{res} A = a \pmod{q}$$

と表す. この剰余は 0 から $q-1$ までの範囲を取りうる. $\operatorname{res} A = 0 \pmod{q}$ は, A が q で割り切れることを意味する. ここで $A, B, C, \cdots$ を整数の有限集合とし, 法を q とするそれらの剰余を $a, b, c, \cdots$ としよう. すると, 次の式を簡単に証明することができる.

(9) $$\begin{cases} \operatorname{res}(A+B+C+\cdots) = \operatorname{res}(a+b+c+\cdots) \\ \operatorname{res}(A-B) = \operatorname{res}(a-b) \\ \operatorname{res}(A \cdot B \cdot C \cdots) = \operatorname{res}(a \cdot b \cdot c \cdots) \\ \operatorname{res}(A^m) = \operatorname{res}(a^m) \\ \operatorname{res}(A^m \cdot B^n \cdot C^p \cdots) = \operatorname{res}(a^m \cdot b^n \cdot c^p \cdots) \end{cases}$$

ただし, 指数 $m, n, p, \cdots$ は正の整数である.

これらの性質を組み合わせると, 先の命題は, "任意の個数の整数変数や係数やパラメータを持つもっとも一般的な整式関数"(多項式で表される関数)へ拡張することができる. その一般的な定理を "剰余原理" と呼ぶことにしよう. それは次のように表現できる. $F(x, y, z, \cdots)$ を任意の整式関数とし, これに $x=A, y=B, z=C$ などを代入すると整数 N が得られるとする. さらに q を法とする $A, B, C, \cdots, N$ の剰余を $a, b, c, \cdots, n$ とする. すると

(10) $F(A, B, C, \cdots) = N$ ならば $F(a, b, c, \cdots) = n$

となる.

数値計算のチェックのためにこの剰余の原理をどのよう

にして使うかは，歴史的興味に従って選んだいくつかの例で説明しよう．

歴史上の実例

1) フェルマーが予想してオイラーが証明したとおり，方程式 $x^3+y^3=R^3$ は"整数解を持たない"．それに対して方程式
(11) $$x^3+y^3+z^3 = R^3$$
は"無限個の整数解"を持つ．その中のいくつか，例えば $(3,4,5;6)$ や $(1,6,8;9)$ は，すでにフィボナッチによって知られていた．100種類以上の解のリストが，1920年にH. W. リッチモンドによって発表された．その中の一つに $(25, 38, 87 ; 90)$ がある．
$$25^3+38^3+87^3 = 90^3$$
であることを確かめるには，後の二つの項が9で割り切れることに着目する．ゆえに 25^3+38^3 も9で割り切れるはずで，確かに $25+38=63$ である．一方で 25^3 と 90^3 は公約数125を持ち，ゆえに 38^3+87^3 は125で割り切れるはずだ．そして確かに $38+87=125$ である．

2) 同じリストに，
(12) $$24^3+63^3+89^3 = 98^3$$
という解が載っている．98も63も7で割り切れるので，24^3+89^3 も7で割り切れるはずだ．ここで，
$\text{res } 24^3 \pmod 7 = \text{res } 3^3 = 6, \ \text{res } 89^3 = \text{res } 5^3 = 6$
である．ゆえに

res(24^3+89^3) (mod 7) は 5 であって，0 ではない．
したがってこの解は間違っているのだが，9 の法則を使ったチェックではそれは分からない．

3) 前の問題と深く関係しているのが，「2 通り以上の方法で二つの立方数の和に分割できる整数を探す」という"ラマヌジャンの問題"である．$1{,}729 = 10^3 + 9^3 = 12^3 + 1^3$ が，その種の整数の中で最小のものである．

(13) $N = 1{,}009{,}736 = 96^3 + 50^3 = 93^3 + 59^3$

をチェックしてみよう．9 の法則によるチェックでは $8 = 8 = 8$ となる．一方で $736 - 9 + 1 = 728$ は 7 で割り切れるため，N も 7 で割り切れる．確認すると，法を 7 とすれば確かに，$126 = 7 \cdot 18$, $35 = 7 \cdot 5$ である．

4) 次の式をチェックせよ．

$$N = 12! + 1 = 479{,}001{,}601$$

12! は 12 以下のどの整数でも割り切れるので，それらの整数で 479,001,601 を割った余りは 1 のはずで，それは容易に確かめることができる．さらに，"ウィルソンの定理"によれば $12! + 1$ は "素数 13" で割り切れ，それがさらなる裏付けとなる．確かに

$$\text{res } 479{,}001{,}601 = \text{res}(479 - 1 + 601) = \text{res } 1{,}079$$
$$= \text{res } 78 = 0 \ (\text{mod } 13)$$

となる．

5) オイラーがどのようにして，"1,000,009 は素数でなく"，素数 293 と 3,413 の積であることを発見したのかについては，別のところで述べる（付録 B の "オイラーのエピ

ソード"の節を参照).
$$1{,}000{,}009 = 293 \cdot 3{,}413$$
であることをチェックするには,まず9によるチェックを使う.それぞれの数の各桁の数字の和は10, 14, 11であり,9で割ったときの剰余はそれぞれ1, 5, 2で,res(5・2)=1である.次に7に対するチェックをする.

$$\text{res}\, 1{,}000{,}009 = \text{res}(9+1) = 3$$
$$\text{res}\, 293 = \text{res}(93+4) = 6$$
$$\text{res}\, 3{,}413 = \text{res}\, 410 = \text{res}(10+8) = 4$$
$$\text{res}(4\cdot 6) = 3$$

6) 3桁の数の素因数は31以下である.なぜなら$31^2 < 1{,}000 < 32^2$だからだ.したがって"3桁の数が素数かどうか"は,343ページのテスト関数の表を使って簡単に調べることができる.例えば83ページで,"5番目のフェルマー数$2^{2^5}+1$は641で割り切れる"と述べた.641は素数だろうか? この場合$C=6, T=41$であり,また$29^2>641$なので,チェックすべき素数は7, 11, 13, 17, 19, 23.これらに対応する剰余はいずれも0以外であり,ゆえに641は素数であると結論できる.

付録 B

整数に関するトピック

> 「私は美しくきわめて一般的なある定理を発見した. それは, すべての整数は平方数であるか, または二つ, 三つ, 四つの平方数の和である, というものだ. この定理は数に関するきわめて深遠な秘密に基づいており, その証明をこのページの余白に記すことはできない」
>
> ——フェルマー

二つの数三角形

整数の性質を導くためにパターンを利用するという方法は, ピタゴラス学派が滅びてからも生き残った. その好例がパスカルの"数三角形"である. それよりは馴染みが薄いが同じくらい見事なのが, フィボナッチによる恒等式

(14)　　$1^3+2^3+3^3+\cdots+n^3 = (1+2+3+\cdots+n)^2$

の証明である. フィボナッチは, 次ページの図1のように奇数を順番に"三角形"に並べると, k 番目の行に含まれる k 個の項の平均が "k^2 の数列" になることに気づいた. したがって, k 番目の行に含まれる項の和は $k \times k^2$, すなわち k^3 となり, n 行目までに含まれるすべての項を足し合わせると $S=1^3+2^3+3^3+\cdots+n^3$ となる. 一方, ピタゴラス自身が導いたとされる命題によれば, "初めの p 個の奇数の和は p^2 に等しい". したがって,

$$S = (1+2+3+\cdots+n)^2$$

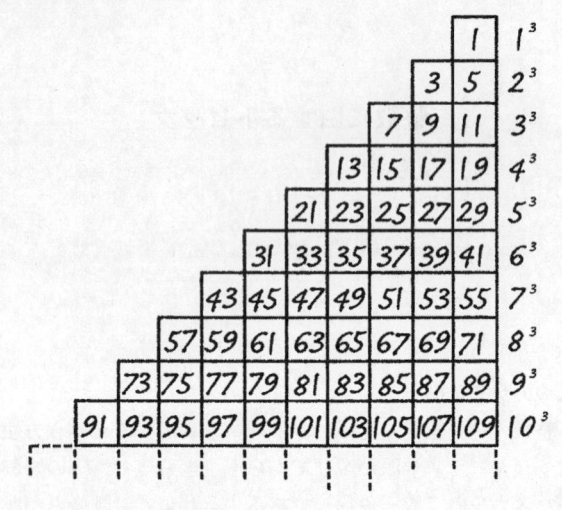

```
                              | 1 |    1³
                          | 3 | 5 |    2³
                      | 7 | 9 |11 |    3³
                  |13 |15 |17 |19 |    4³
              |21 |23 |25 |27 |29 |    5³
          |31 |33 |35 |37 |39 |41 |    6³
      |43 |45 |47 |49 |51 |53 |55 |    7³
  |57 |59 |61 |63 |65 |67 |69 |71 |    8³
|73|75|77|79|81|83|85|87|89|             9³
|91|93|95|97|99|101|103|105|107|109|    10³
```

図1 フィボナッチの数三角形

である.

"パスカルの三角形"は, 連続する"2項係数"どうしの関係を導くために考え出された. $x^\alpha y^\beta$ の項の係数を (α, β) と表すことにしよう. $\alpha+\beta=p$ ならば, この項は $(x+y)^p$ の展開式に含まれる. その展開式には $x^{\alpha-1}y^{\beta+1}$ という項も含まれている. 一方, $(x+y)^{p+1}$ の"2項展開"には $x^\alpha y^{\beta+1}$ という項が含まれている. これらの"隣接する"項の係数のあいだには,

(15) $\qquad (\alpha, \beta)+(\alpha-1, \beta+1) = (\alpha, \beta+1)$

という関係が存在する. これが"パスカルの漸化則"であ

付録B 整数に関するトピック 351

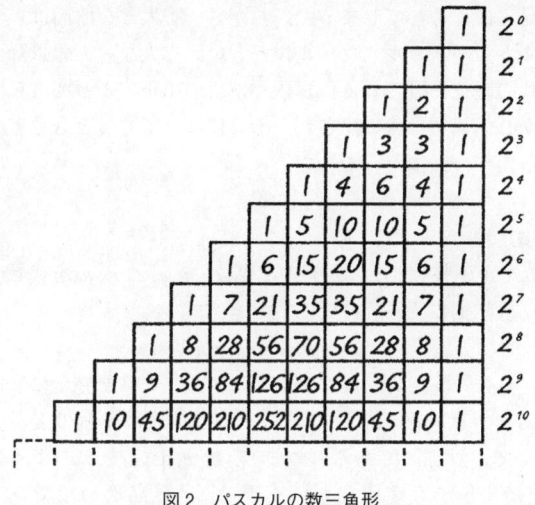

```
                                    1    2⁰
                                 1  1    2¹
                              1  2  1    2²
                           1  3  3  1    2³
                        1  4  6  4  1    2⁴
                     1  5 10 10  5  1    2⁵
                  1  6 15 20 15  6  1    2⁶
               1  7 21 35 35 21  7  1    2⁷
            1  8 28 56 70 56 28  8  1    2⁸
         1  9 36 84 126 126 84 36  9  1  2⁹
      1 10 45 120 210 252 210 120 45 10 1 2¹⁰
```

図2 パスカルの数三角形

る.

よく言われているように,パスカルはこの"神秘的な図"について深く考察することで"数学的帰納法の原理"を構築したのだとしたら,この数三角形は数学史博物館に大切に保管されるべきだ.しかし技術的道具としては,この分野の以降の発展にはほとんど影響を与えなかった.その理由の一つとして,この方法には,3項以上の展開式や,指数が負や分数の場合には容易に一般化できないという限界があった.また,パスカルの漸化則の表現そのものが,"2項係数"と"階乗"とのあいだにあるきわめて重要な関係性

を見えにくくしてしまった．しかし一番大きな原因は，デカルト，パスカル，フェルマーという偉大な3人組以降の時代の歴史に見られる．無限小解析の出現によって彼らの輝かしい偉業は覆い隠され，それによってもっとも被害を蒙ったのが数論だったのだ．

多項定理

p を正の整数とし，n 個の"変数"$x, y, z, \cdots, w$ を代数学の一般法則に従う存在としたとき，式
$$(x+y+z+\cdots+w)^p$$
を"p 次の多重式"と呼ぶことにする．これを完全に展開すると p 次の多項式になる．その多項式は n 個の変数に関して"対称"である．つまり，$x, y, z, \cdots$ をどのように"交換"しても変化しない．さらに，最高次の項である x^p, y^p, z^p などの係数は1である．オイラーや，それ以前にライプニッツは，このことを

(16) $\begin{aligned}(x+y+z+\cdots+w)^p &- (x^p+y^p+z^p+\cdots+w^p)\\ &= S(x, y, z, \cdots, w)\end{aligned}$

という恒等式で実質的に表現した．この多項式 S は対称であるだけでなく，"同次"でもある．"同次"とは，"含まれる単項式"$Mx^\alpha y^\beta z^\gamma \cdots w^\nu$ の指数はそれぞれが 0 から $p-1$ までの値をとりうるが，それらは

(17) $\qquad \alpha+\beta+\gamma+\cdots+\nu = p$

という条件を満たすということだ．これらの単項式の係数 M は正の整数であり，それを"p 次の多項係数"と呼ぶ．

それらの多項係数は"整数"だが，階乗を用いた"擬分数"というきわめて見事な形で表現することができる．$x^\alpha y^\beta z^\tau \cdots w^\nu$ の係数を記号 $(\alpha, \beta, \gamma, \cdots, \nu)$ で表せば，

(18) $(\alpha, \beta, \cdots, \nu) = \dfrac{(\alpha+\beta+\cdots+\nu)!}{\alpha!\beta!\cdots\nu!} = \dfrac{p!}{\alpha!\beta!\cdots\nu!}$

となることを，"数学的帰納法"や"組み合わせ論"によって証明できる．ただし"0! が現れたときはそれを 1 に置き換える"．

私はこれを"擬分数"と呼んでいる．この手法は，1713 年に出版されたヤコブ・ベルヌーイの遺作『推測法』に初めて活字の形で登場した．今日ではこの著作は，"組み合わせ論"と"確率論"の論文として分類される．この式を初めて考えついたのがヤコブなのか，あるいは弟のヨハンなのか，あるいはライプニッツなのか，それとも彼らの数多い文通相手なのかという問題は，いまだ解決していない．

この多項定理が実際にどのように使われるかを，"5 次の 3 項式"を使って示そう．結果は次のようになる．

$(x+y+z)^5$

(19)
$$\begin{aligned}
&= x^5+y^5+z^5+5(x^4y+xy^4+y^4z+yz^4+z^4x+zx^4)\\
&\quad +10(x^3y^2+x^2y^3+y^3z^2+y^2z^3+z^3x^2+z^2x^3)\\
&\quad +20(x^3yz+y^3zx+z^3xy)\\
&\quad +30(xy^2z^2+yz^2x^2+zx^2y^2)
\end{aligned}$$

詳細は次の表に記してある．この恒等式で $x=y=z=1$ と置けば，計算をチェックできる．

項のタイプ	項の数	係数	チェック
x^5	3	1	$1\times 3=3$
x^4y	6	$5!/(4!)=5$	$5\times 6=30$
x^3y^2	6	$5!/(3!2!)=10$	$10\times 6=60$
x^3yz	3	$5!/(3!)=20$	$20\times 3=60$
x^2y^2z	3	$5!/(2!2!)=30$	$30\times 3=90$
	21		$3^5=243$

フェルマーの小定理について

フェルマーの小定理をもっとも単純かつ直接的に表現すると，次のようになる．"R を任意の正の整数，p を任意の素数とすると，$R^p - R$ は p で割り切れる"．つまり $R=2$ の場合は，

(20)
$$2^2 - 2 = 2, \qquad 2^3 - 2 = 3\cdot 2,$$
$$2^5 - 2 = 5\cdot 6, \qquad 2^7 - 2 = 7\cdot 18$$

となる．"小定理"のこの特別なケースは，古代中国でも知られていた．

しばしばこの定理は，"R が素数 p で割り切れなければ，$R^{p-1} - 1$ は p で割り切れる"と少し違う形で表現される．したがって例えば，p が 2 と 5 以外の素数であれば，$10^{p-1} - 1 = 999\cdots 99$ は p で割り切れる．すなわち，2 と 5 以外のどんな素数に関しても，桁数を正しく選べば $999\cdots 9$ がその素数で割り切れるようになるということだ．実はその除数は，2 や 5 で"割り切れない"整数 Q でもよい．この事実は，ある数が Q で割り切れる条件や $1/Q$ の小数展開の周期と重要な関係がある．

次の"反例"が示すように，"この小定理の逆は一般には真ではない".

1) $341 = 11 \cdot 31$ であり，したがってこれは"素数ではない". しかし $N = 2^{340} - 1$ は 341 で割り切れる. なぜなら，N は $2^{10} - 1 = 31 \cdot 33 = 3 \cdot 341$ という約数を持っているからだ.

2) $121 = 11^2$ は"素数ではない". しかし $N = 3^{120} - 1$ は 121 で割り切れる. なぜなら $3^5 - 1 = 242 = 2 \cdot 121$ だからだ.

この小定理に関してもっとも興味深いのは，その歴史である. フェルマーはこの定理を，1640 年の日付の手紙の中で友人のフレニクルに証明なしで伝えた. その手紙は，フェルマーの死後，1670 年頃に彼の息子が出版したフェルマー小論集の中で活字となっている. どうやら当時の数学者は，この定理にほとんど何の印象も抱かなかったらしい. そのため，40 年後にこの定理を再発見したライプニッツは，「私以前のどんな解析学者も知らなかった，素数に関する真に一般的な公式を導いた」と公言してもとがめられることはなかった. この言い回しには小定理の逆が真であるという信念が見え隠れするが，それはまさに不可解である. 先ほど示した単純な反例にライプニッツが気づかなかったとは信じられないからだ.

皮肉にも，フェルマーの小定理に関するライプニッツの成果は，フェルマーの業績と同じ運命をたどった. オイラ

ーは 1730 年から 1740 年までの 10 年間にこの問題に関する数多くの文章を残したが，ある証明の中で，かつてライプニッツがおこなったのと同じくこの定理を"多重式"から直接導いていながら，ライプニッツという名前には一度も触れていないのだ．

次数 p が"素数"であるような多重式を考えよう．すると，指数 $\alpha, \beta, \gamma, \cdots$ は p より小さいので，擬分数の分母は p と約分できる因数を持っておらず，整数 $(\alpha, \beta, \gamma, \cdots)$ は p で割り切れる．ゆえに"次数 p が素数である多項係数はすべて p の倍数である"という重要な補助定理が導かれる．この定理ゆえ，前の節で示した多重恒等式は

(21) $\quad (x+y+z+\cdots+w)^p - (x^p+y^p+z^p+\cdots+w^p)$
$\quad = pH(x, y, z, \cdots, w)$

という形を取る．ここで $H(x, y, z, \cdots, w)$ は，正の整数の係数を持つ多項式である．

この補助定理からは数論に関するさまざまな結論が導かれ，その中でもっとも単純かつ重要なのがフェルマーの小定理である．恒等式 (21) において $x=y=z=\cdots=w=1$, $H(1,1,1,\cdots,1)=N$ と置けば，

(22) $\quad n^p - n = Np$ あるいは $n(n^{p-1}-1) = Np$

となる．したがって，n が素数 p で割り切れなければ，$n^{p-1}-1$ は p で割り切れる．

これが，フェルマーの小定理に対するライプニッツの証明の概略である．オイラーの導いた数々の証明の中には，

これと言葉遣いが違うだけのものもあるが、ほかに数学的帰納法の見事な実例になっているものもある。その証明のポイントは、"p を定数、R を変数とみなす"ことだ。$R=1$ の場合は $1^p - 1 = 0$ となり、これが"帰納的ステップ"となる。ここで、R がある値のときにこの定理が成り立つ、すなわち A をある正の整数として $R^p - R = Ap$ であると仮定して、式 $(R+1)^p - (R+1)$ を考える。先ほど述べた補助定理から、p が素数であれば $(R+1)^p - R^p - 1 = Bp$ となる。ゆえに

$$(R+1)^p - (R+1) = R^p - R + Bp = (A+B)p$$

である。証明終わり。

ウィルソンの定理について

この命題をめぐる物語は、数学的論証において言葉の言い換えが果たす役割を教えてくれる。1770 年にエドワード・ウェアリングが、『代数的考察』というタイトルの本を出版した。その本には次のような一節がある。「p が素数であれば、

$$(23) \qquad \frac{1 \cdot 2 \cdot 3 \cdots (p-1) + 1}{p}$$

は整数である。……素数の持つこの美しい性質は、数学の問題に精通した著名なジョン・ウィルソンが発見した」。ウィルソンに対するこの熱烈な賞賛は、あまり真に受けるべきではない。というのも、これは"政治的な"借りを返すためのウェアリング流のやり方だったという証拠がある

からだ．この文の後には，「素数を表す表記法がないため，この種の定理を証明するのはきわめて難しい」という記述が続く．ガウスはこの一節に対する論評の中で，「表記か概念か」という名言を残した．これはつまり，この種の問題で重要なのは"用語"でなく"概念"だという意味である．

ウェアリングは悲観的な見通しを示したものの，それから数年もせずにこの定理はオイラーとラグランジュによって互いに独立に証明された．2人の偉人が用いた手法は，彼らを奮い立たせたこの問題の範囲をはるかに超えており，それゆえ間接的で複雑である．それに対して，以下に示すガウスの証明はきわめて単純かつ直接的で，数学を少ししか学ばなかった読者でも理解できるはずだ．

ウィルソンの定理は，

(24) $$(p-1)! = Wp - 1$$

という関係式と同等である．ここで W は整数だが，p を 3 より大きい値に限定するので，W は 1 より大きいとすることができる．そこで $W = G + 1$ と置くと，式 (24) は

(24)′ $$(p-1)! = Gp + (p-1)$$

と変形できる．するとこの定理は，"p が素数ならば，$(p-1)!$ を p で割った余りは $p-1$ である"と言い換えられる．ところで $(p-1)! = (p-1)(p-2)!$ なので，この問題は，"$(p-2)!$ を素数 p で割った余りは 1 である"ことを証明するという問題へ還元される．

この命題を証明するためにガウスはある道具を利用した

が，それを私は"ペアリング"と呼びたい．例として$p=11$の場合を使って，その手法を表で説明しよう．これはいわば"10×10の掛け算の表"だが，各項目は積ではなく，"その11を法とする剰余"である．

1	1	2	3	4	5	6	7	8	9	10
2	2	4	6	8	10	1	3	5	7	9
3	3	6	9	1	4	7	10	2	5	8
⋮	⋮	⋮	⋮	⋮	⋮	⋮	⋮	⋮	⋮	⋮
9	9	7	5	3	1	10	8	6	4	2
10	10	9	8	7	6	5	4	3	2	1

この表は次のような性質を持っている．第一に，"値の等しい項目にはそれぞれ，互いの差がpで割り切れるような整数が対応している"．第二に，"一つの行や列に含まれる値はすべて異なる"．第三に，どの行にも$p-1$個の項目があるので，"各行には$p-1$種類の剰余がすべて一度だけ現れる"．第四に，とくに"剰余1はどの行にも現れる"．これはつまり，数列$2, 3, 4, \cdots, p-2$の各整数kに対して，$k \cdot K$の剰余が1となるような別の整数Kを割り振ることができるという意味だ．

$p=11$であれば，
$$2 \cdot 3 \cdot 4 \cdots 8 \cdot 9 = (2 \cdot 6)(3 \cdot 4)(5 \cdot 9)(7 \cdot 8)$$
というように積をグループ化できる．それぞれのペアの積を11で割ると，余りは1だ．したがって，これらのペアをすべて掛け合わせた答も，やはり11で割ると余りは1になる．ゆえに$\mathrm{res}(9!)=1$, $\mathrm{res}(10!)=10$であり，よって

$10!+1=11N$ である．これは $p=11$ の場合のウィルソンの定理にほかならない．

この論証を一般的なケースに当てはめれば，次のような結論に達する．"p が素数ならば，$2, 3, 4, \cdots, p-2$ という $p-3$ 個の因数は $\frac{1}{2}(p-3)$ 組のペアに分類できる"．それぞれのペアの p を法とする剰余は 1 であり，したがってすべての "ペア" の積の剰余も 1 である．ここから，もし p が素数であれば，$(p-1)!$ の p を法とする剰余は $p-1$ となる．これが，ガウス流に表現したウィルソンの定理である．

84 ページの表は，ウィルソンの定理をまた違うふうに言い換えたものに基づいて作られている．$(p-1)!+1$ を p で割った余りを w_p と表し，これを "整数 p のウィルソン指数" と呼ぶことにする．するとウィルソンの定理は，"素数のウィルソン指数は 0 であり"，逆に "p のウィルソン指数が 0 ならば p は素数である" と表現される．p が合成数だとどうなるか？ 答は，"4 以外のどんな合成数のウィルソン指数も 1 である" となる．

最後の文は，"p が 4 より大きい合成数ならば，$(p-1)!$ は p で割り切れる" という定理を言い換えたものにすぎない．その証明は以下のとおりだ．まず，p は合成数だが素数の平方数ではないと仮定する．すると p は二つの異なる整数の積であって，どちらも $p-1$ より小さいため，どちらも $(p-1)!$ の約数である．次に，q を奇素数として $p=q^2$ と仮定する．すると，q も $2q$ も $p-1$ より小さい．

ゆえに, q も $2q$ も $(p-1)!$ の中に因数として含まれる. したがって $(p-1)!$ は $2q^2$ で割り切れ, そのため p で割り切れる.

4より小さい整数を除外すれば, この論証は"素数のウィルソン指数は0であり, 合成数のウィルソン指数は1である"と要約できる. したがって自然数列は, 合成数が1に対応して素数が0に対応する2進無限小数として表現することができる.

(25)

0.010111 0101110101 1101111101 0111110111 0101110111 1101111101 0111110111 0101111101 1101111101 1111110111

ここで, 小数第1位は $p=5$ を, 最後の位は $p=100$ を表す.

ラグランジュの問題について

この後の一連のトピックで詳しく述べる"零因数則"とは, "因数のうち少なくとも一つが0である場合に限って, それらの積は0になる"というものだ. 記号で表せば, $uv=0$ という関係式からは $u=0$ または $v=0$ または $u=v=0$ が導かれる, となる. 数論においてこの法則に対応するのが, "ある整数の積が素数 p で割り切れれば, その因数の少なくとも一つは p で割り切れる"というものである. ガウスが導入した用語や記号を使うと, この二つの性質の類似性がさらに際立ってくる.

ガウスは, 整数 a と b を p で割った余りが同じである場

合, a と b は "p を法として合同である" と呼び, $a \equiv b \pmod{p}$ と表した. とくに, $c \equiv 0 \pmod{p}$ とは, c が p で "割り切れる" ことを意味する. この表記法を使うと, 数論で零因数則に対応する法則は次のように言い換えることができる. "p が素数であって $uv \equiv 0 \pmod{p}$ ならば, $u \equiv 0 \pmod{p}$ または $v \equiv 0 \pmod{p}$ または $u \equiv v \equiv 0 \pmod{p}$ である".

ここで n 次の多項式 $G(x)$ を考えよう. 素数 p が与えられたとき, x がどんな整数であれば $G(x)$ は p で割り切れるだろうか? これがラグランジュの問題で, それをガウス流に言い換えれば "合同式 $G(x) \equiv 0 \pmod{p}$ の解を求めよ" となる. 方程式と合同式との類似性はここで成り立たなくなる. というのも, a が p を法とする何らかの合同式の解だとしたら, n を任意の整数として, $a+np$ もまたその解であるからだ. ラグランジュはこの困難に対処するために, 数列 $a+np$ のうち "最小の正の項" がその数列全体を代表するとした. ガウスはその "最小解" を "根" と呼んだ. 例えば, 合同式 $x^2+1 \equiv 0 \pmod{5}$ には $2, 7, 12, 17, \cdots ; 3, 8, 13, 18, \cdots$ という無限個の解があるが, "根" は 2 と 3 の二つしかない.

この用語を使うと, ラグランジュの二つの基本定理は次のように表される. 第一に, "n 次の合同式は最大 n 個の相異なる根を持ちうる". 第二に, "n 次の多項式が, n 個以上の互いに合同でない x の値のときに p で割り切れるならば, その多項式は x がどんな値であっても p で割り切

れる".

ラグランジュはこの二番目の命題から,フェルマーの小定理とウィルソンの定理のあいだに驚くべき関係性があることを発見した. p を素数として,
(26) $G(x) = (x-1)(x-2)\cdots[x-(p-1)]-(x^{p-1}-1)$
という多項式を考えよう. すると
$G(1) = 0, \ G(2) = -(2^{p-1}-1),$
$G(3) = -(3^{p-1}-1), \cdots, \ G(p-1) = -[(p-1)^{p-1}-1]$
となる. フェルマーの小定理から,これらの値はすべて"素数 p で割り切れ",したがって合同式 $G(x) \equiv 0 \pmod{p}$ は $p-1$ 個の "互いに合同でない" 解を持つ. 一方,多項式 $G(x)$ の次数は $p-2$ である. したがって $G(x)$ は, x がどんな値であっても,もちろん $x=0$ の場合であっても, p で割り切れる. ゆえに
(27) $\qquad G(0) \equiv (p-1)!+1 \equiv 0 \pmod{p}$
となり,これはウィルソンの定理そのものである.

78 ページに示したエラトステネスのふるいや (25) の 2 進小数を見ると,最初の 100 個の整数の中で素数は気まぐれに分布していることが分かる. その不規則性はいつまでも続き,自然数列の奥深くへ分け入るにつれてますます厄介になってくる. その奇怪な並び方の中にリズムや道理を探そうと思った人は,失敗してきた数々の人物や主張や思いつきについてよく考えてみるべきだ.

101 と 113 のあいだには素数が 5 個あるが，114 と 126 のあいだには 1 個もない．1 から 100 までには素数が 23 個あり，101 から 200 までには 21 個あるが，8401 から 8500 までにはわずか 8 個しかない．しかもその 8 個の素数は，8418 から 8460 までのあいだに集中している．読者が間違った考えを抱かないように急いで付け加えておくが，89501 から 89600 までには 13 個の素数がある．

最初の 1000 万個の整数に関しては，その中に 66 万 4580 個の素数があるという確実な結果が得られている．そこから先に関しては，素数の個数を概算する理論や公式に頼るしかない．そのような公式として最初のものは，1808 年にルジャンドルによって与えられた．ルジャンドルは，オイラーの因数表を実験的に調べた結果に基づいて

(28) $$\frac{x}{\pi(x)} \approx \ln(x) - B$$

という近似式にたどり着いた．ここで $\pi(x)$ は "x 以下の素数の個数"，$\ln(x)$ は x の自然対数，B はゆっくりと変化する値であり，その平均は約 1.08 である．

別の近似式がガウスによって提唱されている．

(29) $$\pi(x) \approx \int_2^x dx/\ln(x)$$

以後，この積分は "対数積分" と呼ばれるようになり，$\mathrm{Li}(x)$ という記号で表が作られた．

ガウスは "x が無限大に近づくと比 $\pi(x)/\mathrm{Li}(x)$ は 1 に

近づく"と予想し，この予想は 1896 年にベルギー人数学者のド・ラ・ヴァレー＝プーサンによって証明された．ルジャンドルの公式のほうは，ロシア人数学者チェビシェフの手で経験則から数学的予想へ姿を変えた．チェビシェフは 1848 年に，もし $\pi(x)$ と $x/\ln(x)$ との比が極限に近づくならその極限は 1 でなければならないことを証明した．極限が存在することは，1896 年にフランス人数学者アダマールによって証明された．このチェビシェフ＝アダマールの命題は，今では"素数定理"として知られている．

アダマールは，"解析数論"の手法，すなわち無限プロセスを使ってこの素数定理を証明した．多くの専門家が，この命題を算術的に直接証明することは決してできないはずだと言い切っていたが，1950 年にセルバーグとエルデシュが協力してそのような証明を導いた．

次の例で分かるとおり，素数定理から何か結論を導き出す際には十分注意しなければならない．k が 1 より大きく $N+1$ より小さければ，$N!+k$ は k で割り切れるので，
(30) 1,000,001!+2, 1,000,001!+3, …, 1,000,001!+1,000,001
という連続した 100 万個の整数は合成数の「塊」を形成している．したがってこの区間に存在する素数の個数は 0 だが，先ほどの近似式に基づくと，十分に大きな区間には必ず素数が存在すると思えてしまう．

素数を導く式

それを探す試みはフェルマーにまでさかのぼる．その具

体的な目標は，変数 x の"すべての"整数値に対して素数を与える関数 $G(x)$ を決定することである．その関数は加法と乗法のみを含み，第一段階から途中段階そして最終段階まで，プロセスの全段階において"整数のみ"を使うものでなければならない．そのような関数を"算術関数"や"整関数"と呼ぶことができれば都合が良かったのだが，これらの用語はすでに使われているので，私は"ジェネリックな関数"という用語を提唱したい．ジェネリックな関数の典型例が，"整数を係数とする多項式"である．別の例としては，

(31) $a^x + b$, $a^{G(x)} + H(x)$, $G(x)^{H(x)} + K(x)$

がある．ただし，a と b は整数，G, H, K は"正の"整数を係数とする多項式である．

ジェネリックな関数は，このような制限が課されていながら膨大な種類があるので，当然ながらその中の少なくとも一つが，x のすべての整数値に対して素数を与えてくれるのではないかと考えたくなる．今のところそのような関数は見つかっていないが，そのような関数が存在する可能性は否定されていない．一方，いくつかの種類のジェネリックな関数が素数のみを表すのは不可能であることが証明されている．その種の命題のうち初期に示されたものの一つが，オイラーによる，"すべてのジェネリックな多項式関数は少なくとも一つの変数値に対して合成数を与える"という定理である．

オイラーによるこの定理は，次のような代数学の補助定

理に基づいている．$P(x)$ を任意の多項式とすると，多項式
$$Q(x) = P(x+P(x))$$
は $P(x)$ を因子に持つ．例えば $P(x)=x^2+1$ と置けば，

(32)
$$\begin{aligned}Q(x) &= (x+(x^2+1))^2+1 \\ &= (x^2+1)^2+2x(x^2+1)+x^2+1 \\ &= (x^2+1)(x^2+2x+2)\end{aligned}$$

となる．この一般的な補助定理の証明はこの例と同じように進めることができて，きわめて形式的なので，読者にお任せしよう．

次に，$P(x)$ をジェネリックな多項式として，a を任意の整数，$b=P(a)$ と置くと，補助定理より，$b\neq 1$ であれば整数 $P(a+b)$ は b で割り切れ，ゆえに合成数である．多項式 $P(x)$ の次数を n とすれば，代数学の基本定理より，$P(x)=1$ となるような x の値は最大で n 個存在する．ゆえにオイラーによるこの定理は，"すべてのジェネリックな多項式関数は無限個の合成数を取る" と拡大解釈できる．

この問題と密接に関連したもう一つの問題がある．それは，素数"のみ"を表すのではないが，"無限個の"素数を取りうるようなジェネリックな関数は存在するか，という問題だ．エウクレイデスの定理を踏まえると，この問題にはイエスという答が示されるのではないかと思える．というのも，この定理は "線形関数 $G(x)=2x+1$ が無限個の

素数値を取りうる"と読み替えられるからだ.オイラーとルジャンドルは,それと同じことが $3x+1, 3x+2, 4x+1, 4x+3$ といった等差数列でも成り立つはずだと考えた.またガウスは,"初項と公差が互いに素であるすべての等差数列は,無限個の素数を含む",すなわち,整数 p と q が互いに素であれば,線形関数

(33) $$G(x) = px+q$$

は無限個の素数値を取ると予想した.この命題は,1826 年にルジューヌ・ディリクレが解析学のきわめて巧妙な論証を用いて証明した.

しかし,ディリクレのその手法を"非線形関数"に一般化しようという試みは,今のところいずれも成功していない.この分野はディリクレの時代から大きく進歩しているが,無限個の素数値を取りうることが数学的に確認されたジェネリックな非線形関数は一つも知られていない.

次に,この問題の現状を物語る古くからの問題をいくつか紹介しよう.

1) 2 次方程式 $G(x)=x^2+1$. $G(x)$ が素数となる必要条件は,x の末尾の数字が 4 か 6 であることだ.そこからは $17, 37, 197, 257, \cdots$ といった値が導かれる.この数列の最初に位置する 66 個の項には,12 個の素数が含まれている.この種の素数でより大きなものも数多く知られているが,その集合が"有限"であるか"無限"であるかはいまだに分かっていない.

2) メルセンヌ関数 $G(x)=2^x-1$. 前に述べたように,

$G(x)$ の素数値はメルセンヌ素数と呼ばれているが，今日でもメルセンヌ素数は 17 個しか知られていない．メルセンヌ素数は無限個存在するという予想は，いまだに証明されていない．

3) フェルマー関数 $G(x)=2^x+1$．どんな整数も，M を奇数として $x=2^pM$ という形で表されるので，$G(x)$ が "素数" となる "必要条件" は $M=1$ である．ここから 82 ページで紹介したフェルマー数が導かれる．付け加えておくと，それらの整数は幾何学的作図において重要な役割を担っている．ガウスの基本定理によれば，"n がフェルマー素数かその積（2 乗を含まないもの）であるときに限って，正 n 角形は直定規とコンパスで作図できる"．素数であるフェルマー数の集合が有限か無限かという問題は，やはり数論における未解決問題の一つである．

ピタゴラスの三つ組

現代ではピタゴラスの三つ組は，数論上の数多くの発見と，いまだに解決していないものも含め数多くの厄介な問題を生み出している．現代におけるこのような進歩のきっかけを与えたのは，フェルマーである．フェルマーは，ピタゴラスの三つ組に関する数多くの定理を証明なしに余白に書き残し，それらの定理は一世紀以上のちにオイラー，ラグランジュ，ガウス，リウヴィルによって証明されて拡張された．

説明しやすくするために，方程式

(34) $$x^2+y^2=R^2$$

の整数解を"三つ組"と呼ぶことにする．xとyは三つ組の"縦横の辺"で，Rは"斜辺"である．これらの要素が公約数を持たないとき，その三つ組は"素である"と言う．(x, y, R)が三つ組であれば，当然(nx, ny, nR)もそうである．したがって，素であるどんな三つ組にも無限個の素でない三つ組を関連づけることができる．そのため，素である三つ組がとくに重要となる．素である三つ組が持ついくつかの性質が定義から直接導かれ，それらは古代から知られていた．中でももっとも重要なのが，以下の三つである．(a) "素である三つ組の集合は無限である". (b) "素である三つ組に含まれるどの二つの要素も互いに素である". (c) 素である三つ組の縦横の辺は"互いに偶奇が反対"で，"斜辺は必ず奇数である".

フェルマーが論証の出発点としたのは，ディオファントスやフィボナッチやヴィエトが暗黙のうちに使っていたある命題である．それは，"ピタゴラスの三つ組の斜辺は二つの平方数の和で表すことができる"というものだ．記号で表すと，Rが斜辺として"認められる"ものであれば，
(35) $$p^2+q^2=R$$
となる整数pとqが存在するということだ．これが"十分条件"であることは，恒等式
(36) $$(p^2+q^2)^2 = (p^2-q^2)^2+(2pq)^2$$
から導かれる．ゆえにpとqがどんな整数であっても，式(34)は，

	4	16	36	64	100	144	196	...
1	<u>5</u>	<u>17</u>	<u>37</u>	65	<u>101</u>	145	<u>197</u>	...
9	<u>13</u>	25	~~45~~	<u>73</u>	<u>109</u>	~~153~~	205	...
25	<u>29</u>	<u>41</u>	<u>61</u>	<u>89</u>	~~125~~	169	221	...
49	<u>53</u>	65	85	<u>113</u>	<u>149</u>	<u>193</u>	~~245~~	...
81	85	<u>97</u>	~~117~~	145	<u>181</u>	~~225~~	<u>277</u>	...
121	125	<u>137</u>	<u>157</u>	185	221	265	<u>317</u>	...
169	<u>173</u>	185	205	<u>233</u>	<u>269</u>	<u>313</u>	365	...
...	...	...	...	...	...	...	...	...

(37)　　　$x = p^2-q^2, \quad y = 2pq, \quad R = p^2+q^2$

という三つ組によって満たされる．"この十分条件が必要条件でもある"ことの証明には，かなり手の込んだ論証が必要であって，ここでは紙面が足りない．

式 (37) は三つ組が素であっても素でなくても成り立つが，容易に分かるように，"変数" p と q を"互いに素で偶奇が反対のもの"に限定すると，素でない三つ組は自動的にすべて取り除かれる．上の表を見るとそのことがよく分かる．この表の各項目は，偶数の平方数と奇数の平方数を足し合わせたものとなっている．斜線で消されている項目は，変数 p と q が互いに素でないために，"素でない"三つ組を導く．一方，下線が引かれた項目は"素数である斜辺"を表しており，今から述べるように，フェルマーがピタゴラスの問題に取り組む上でそれが重要な役割を果たした．

さて，ある奇数を二つの平方数の和で表せるかどうかを確かめるというのは，厄介な問題である．奇数の平方数と偶数の平方数の和は必ず $4n+1$ という形になるので，

$$4n-1 : 3, 7, 11, 15, 19, 23, \cdots$$
という数列の各項は"不適格"であると自動的に判断できる．しかし残念ながら，
$$4n+1 : 5, 9, 13, 17, 21, 25, 29, 33, 37, 41, \cdots$$
という数列に含まれているだけでは"十分でない"．例えば9や21や33は二つの平方数の和へ分割できない．このように十分条件を見つけることの難しさが，フェルマーの優れた先人ヴィエトの取り組みを邪魔していた．

フェルマーはその困難を克服するために，"素数である斜辺"と"合成数である斜辺"を区別した．以下，それぞれに対応する三つ組を，"基本三つ組"と"複合三つ組"と呼ぶことにする．基本三つ組の例が $(3, 4, 5)$, $(5, 12, 13)$, $(15, 8, 17)$，複合三つ組の例が $(7, 24, 25)$, $(63, 16, 65)$, $(33, 56, 65)$ だ．フェルマーは証明の中で，自らが余白に記した有名な定理の一つに力を借りた．それは，"$4n+1$ という形の素数はすべて二つの平方数の和として表すことができ，その表し方は一通りしかない"というものだ．いつものようにこの余白の書き込みには証明が付けられていなかったが，フェルマーはロベルヴァルに宛てた手紙の中で，自分は"無限降下法"に基づいた厳密な証明を持っていると述べている．それから125年後にオイラーは，降下法の原理に基づいてこの補助定理を証明し，それを初めて公表した．

この定理から直接導かれるのが，"$4n+1$ という形の素数はすべて斜辺として認められる"ということだ．では，

その形の合成数についてはどうだろうか？ この疑問に対しては，フェルマーの余白の書き込みの中で次のような解答が与えられている.

$p, q, r, \cdots$ を"奇素数", $\alpha, \beta, \gamma, \cdots$ を正の整数として，$R = p^\alpha q^\beta r^\gamma \cdots$ と置く．ここで以下の四つのケースに場合分けしなければならない．

1) 素因数 $p, q, r, \cdots$ がすべて $4n+1$ の形である場合．ピタゴラス方程式は少なくとも一つの素である解を持つ．

2) 素因数がすべて $4n-1$ の形である場合．方程式 (34) は解を持たない．

3) 素因数のうち少なくとも一つが $4n+1$ の形で，また $4n-1$ の形の素因数は偶数乗として積に含まれる場合．方程式 (34) は素でない解しか持たない．

4) $4n-1$ の形の素因数がすべて奇数乗として含まれる場合．この方程式は，素であるか素でないかにかかわらず"解を持たない"．

フェルマーのこの証明は，ピタゴラス方程式は古代の人々が考えていたとおり無限個の"素である解"を持つだけでなく，無限個の基本三つ組を解に持つことを物語っている．基本三つ組の解は，素であるものも素でないものも含めすべての解を導く石組みとして用いることができる．複合三つ組の解は純粋に形式的なプロセスで組み立てることができ，そのプロセスは"複素数の乗法"と完全に同等である（次ページの図3を参照）．実は，"複素整数" $x + iy$

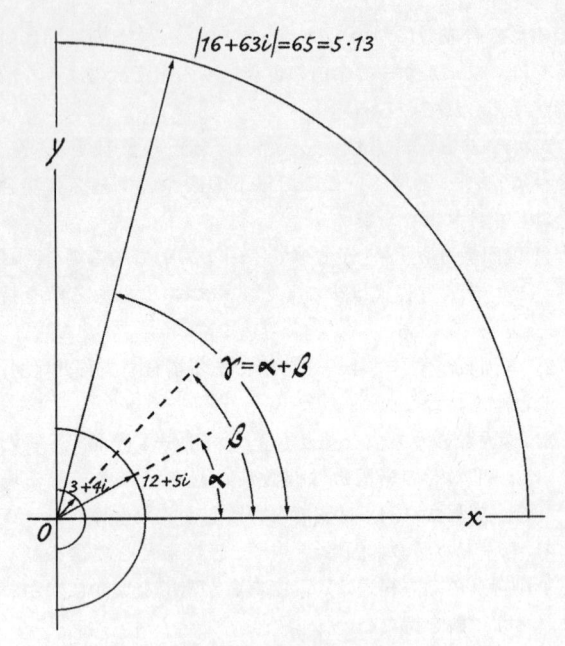

図中: $|16+63i|=65=5\cdot 13$, $\gamma=\alpha+\beta$, $12+5i$, $3+4i$

図3 複合三つ組と複素整数

は三つ組の縦横の辺,その絶対値 $R=|x+iy|$ は斜辺と解釈することができる.二つの複素整数の積は

(38) $(x+iy)(x'+iy') = (xx'-yy')+i(xy'+x'y)$

となり,恒等式

(39) $(xx'-yy')^2+(xy'+x'y)^2 = (x^2+y^2)(x'^2+y'^2)$

から,この新たな複素整数の各要素は方程式 (34) の新た

な解となる.

この問題についての現状はどうなっているのか？ 与えられたある整数 R を斜辺とする三つ組を決定せよ，という問題が出されたとしよう．下2桁から判断して R は $4n+1$ の形であることが分かったら，次に R の素約数を計算しなければならないが，R が大きいとそれは手に負えない．そこで話を進めるために，R が素数であることを証明できたとしよう．すると，R を斜辺とする三つ組が一つだけ存在し，問題は"ディオファントス方程式"$p^2+q^2=R$ を解くことへ還元される．さらにラグランジュはこの問題を，$\sqrt{R}$ と関連した"連分数"の問題へ還元している．それ以降も，この問題に取り組むためのほかの手法がいくつも考案されてきた．しかし一般的に言って，整数を"平方数"へ分割するのは，整数の素因数分解と同程度に難しい．このような状況では，古代からの問題がすべて解き尽くされているとは言い難い．

オイラーのエピソード

オイラーは1774年に発表した論文の中で大きな素数をいくつも列挙したが，その中の一つに 1,000,009 という整数があった．のちの論文でオイラーは誤りを認め，この整数は

(40) $\qquad 1{,}000{,}009 = 293 \times 3{,}413$

と素因数分解できることを示した．オイラーいわく，最初の論文を発表した時点では，1,000,009 は $1{,}000{,}009 = 1{,}000^2$

$+3^2$ という平方数の和の形で"ただ一通りに"表せると考えていたが，その後 235^2+972^2 という"もう一つの表し方"を発見し，それによってこの数が合成数であることが分かった．

そこでオイラーは，以前の論文で発表したある定理の証明に沿った方法を使って，1,000,009 の約数を計算することにした．フェルマーの余白の書き込みを彷彿とさせるその命題とは，"奇数 R を 2 通り以上の方法で二つの平方数に分割できるならば，R は合成数である"というものだ．オイラーの証明法はある単純な補助定理に基づいている．の定理はあまりに単純で，ほとんどの読者はそれを自明なものとして受け入れたくなるだろう．その定理とは，"$\dfrac{A}{B}$ と $\dfrac{a}{b}$ を二つの分数として，後者が既約であるとする．ここで等式 $\dfrac{A}{B}=\dfrac{a}{b}$ が成り立てば，$A=na$ かつ $B=nb$ となるような整数 n が存在する"というものだ．

問題を表現しなおすと次のようになる．
(41) $$R = p^2+q^2 = p'^2+q'^2$$
であるとき，R は合成数であることを証明し，その約数を求めよ．まず式 (41) を比に書き換えて，

$$p^2-p'^2 = q'^2-q^2 \quad \text{ゆえに} \quad \frac{p+p'}{q'-q} = \frac{q'+q}{p-p'} = \frac{a}{b}$$

とする．ここで，a と b は互いに素であると仮定する．次に先ほどの補助定理から，

$$p+p' = ma, \quad q'+q = na$$
$$q'-q = mb, \quad p-p' = nb$$

という四つの関係式が得られる．これらを2乗して足し合わせると，

(42) $(m^2+n^2)(a^2+b^2) = 2(p^2+q^2+p'^2+q'^2) = 4R$

となる．ここから，もしaとbの偶奇が互いに反対であれば，a^2+b^2が求めるべきRの約数の一つであり，aもbも奇数であれば，$\frac{1}{2}(a^2+b^2)$がRの約数の一つとなると結論される．

この方法を$R=1{,}000{,}009=1000^2+3^2=235^2+972^2$に当てはめると，

$$\frac{1972}{238} = \frac{232}{28} = \frac{58}{7}$$

という比が導かれ，ゆえに$a=58, b=7$となり，$a^2+b^2=3413$が求めるべき二つの約数の一つとなる．

オイラーがどのようにして第二の平方数分割を見つけたのかは，記録に残っていない．この計算達人が持っていた桁外れの数感覚と並はずれた記憶力は驚くに余りあるが，このときオイラーは70代で，10年以上前からまったく目が見えず，それ以前も長いあいだ視力が悪かったことを考えると，謎はさらに深まる．

完全数について

以下に述べるのは，エウクレイデスによる次の定理に対するオイラーの証明である．その定理とは，"偶数である完全数はすべて，2^p-1を素数として$2^{p-1}(2^p-1)$の形で表すことができ，逆にMをメルセンヌ素数，すなわち2^p-1

の形の素数とすれば，$2^{p-1}M$ は完全数である"というものだ．

偶数はすべて，p を 1 より大きい整数，M を奇数として，$P=2^{p-1}M$ の形で表すことができる．P の奇数の約数の総和を S，P そのものを含めすべての約数の和を Σ と表し，$\sigma=S-M$ と置く．すると，M が素数であれば σ は 1 であり，M が合成数であれば σ は 1 より大きい．

二つの和 Σ と S は，

(43) $\quad \Sigma = S+2S+2^2 S+\cdots+2^{p-1}S = S(2^p-1)$

という一般式で結びつけられる．ここで P を完全数と仮定すると，さらに $\Sigma=2P=2^p M$ が成り立つ．Σ のこの二つの値を等号で結ぶと，

(44) $\qquad S = 2^p \sigma, \qquad M = (2^p-1)\sigma$

という式が導かれる．第一の式は S が偶数であることを表しており，ゆえに σ は奇数であると結論できる．第二の関係式には，二つのケースが存在する．σ が 1 で M が素数であるか，あるいは M が合成数で σ が M の約数であるかだ．第二のケースは，P が 1 と M と σ という少なくとも三つの奇約数を持っていることを意味するが，これらの和が $1+S$ であるのに対してすべての"奇約数"の総和は S であるので，この第二のケースは起こりえない．したがって σ は 1 で M は素数である．すると式 (44) から $M=2^p-1$ であることが分かる．

これと同様の考え方に基づいているのが，「奇数の完全

数が存在するとすれば，それは少なくとも三つの素因数を持っていなければならない」という定理に対する，シルヴェスターの証明だ．初めに，素因数が1個である可能性を排除しよう．x を素数，P を x^m の形の完全数とすると，

(45) $$x^m = 1+x+x^2+\cdots+x^{m-1} = \frac{x^m-1}{x-1}$$

が成り立ち，ここから $x^m(2-x)=1$ という関係式が導かれるが，これは明らかに成り立たない．

また，x と y を"互いに異なる奇素数"として，完全数が $P=x^m y^n$ という形になることもありえない．X と Y をそれぞれ x^m と y^n の約数の和とし，Σ を P のすべての約数の和とする．すると，P は完全数であると仮定しているので，$\Sigma=2P$ となる．しかし一方で，$\Sigma=XY$ である．Σ に対するこの二つの値を等号で結べば，

$$(1+x+x^2+\cdots+x^m)(1+y+y^2+\cdots+y^n) = 2x^m y^n$$

すなわち

$$(x^{m+1}-1)(y^{n+1}-1) = 2(x-1)(y-1)x^m y^n$$

という式が得られる．シルヴェスターはこの関係式が成り立たないことを証明するために，これを

(46) $$\left(1-\frac{1}{x^{m+1}}\right)\left(1-\frac{1}{y^{n+1}}\right) = 2\left(1-\frac{1}{x}\right)\left(1-\frac{1}{y}\right)$$

という形に書き換え，右辺は $x=3, y=5$ であるときに最小値を取るため $\frac{16}{15}$ を下回ることはありえないが，左辺は決して1を超えないと指摘した．

付録 C

方程式の解と累乗根について

> 「この最後の解析によれば,3次や4次の問題はすべて,角の三等分問題か立方体の倍積問題のいずれかへ還元することができる」
>
> ——ヴィエト

フェニキア人の遺産

ギリシャ人もユダヤ人もフェニキア人のおかげで文字体系を手にすることができたのだとする,広く受け入れられている学説を強く裏付けるのが,ギリシャ語では"アルファ","ベータ","ガンマ",ヘブライ語では"アレフ","ベート","ギーメル"というように,記号の名前が互いに似ていることである.それと同じく重要な事実として,ユダヤ人もギリシャ人も,フェニキア人の表記法を自分たちの目的に合わせることで,この記号体系に"二重の"意味を与えた.すなわちアルファベットの各文字は,音を表すだけでなく数の記号でもあった.この二重性がもたらしたものの一つが第3章で述べた"ゲマトリア"だが,ギリシャ文字に本来備わっていた二重性はさらに別の結果をもたらし,それが以後の数学の行く末にさまざまな影響を与えた.

はたして"表音記法"を発明したのはある名の知れぬ天

オフェニキア人だったのか，それともフェニキア人はさらに昔の文明から文字を受け継いだだけなのか，それは分からないが，一つ確実に言えることがある．表音記法の原理は，経験したことを記録するための従来の方法と比べてあまりにも優れていたために，ギリシャ人に採り入れられてからはさほど大きくは変化しなかったのだ．この原理の大きな長所の一つが，文章を表すための記号が少なくて済み，平均的な知性の人でも決められた順序で文字を簡単に覚えられることである．アルファベットはそのように"順序"を持っていたことで，おのずから数を数えるプロセスと対応づけられた．しかしその対応関係はけっして完全ではなかった．というのも，ギリシャ語のアルファベットには 22 の文字があるが，位取り記数法や，数の話し言葉の 10 進構造には，記号が 10 個しか必要ないからだ．ギリシャ人はアルファベットのすべての文字を数詞として用いたが，その"贅沢な状況"が明らかに位取り原理の発見を大きく妨げ，そのせいで算術を真に発展させることができなかったのだ．

　ギリシャ語のアルファベットが持つこの二重性は，そのほかの数学分野の発展をも遅らせた．現在分かっているように，既知数や未知数，変数や定数，そしてとくに，"係数"や"パラメータ"と今日呼ばれている不定定数のような，"抽象的な量"を表す方法が考案されるまで，代数学が大きく発展することはできなかった．それを実現するには，文字を数値から解放しなければならなかったのだ．アラビア

数字の導入が、それに向けた重要なステップとなった。それでも慣習の力はあまりに強く、フィボナッチからヴィエトまでの400年近くにわたってほとんど進歩はなかった。確かに16世紀のイタリア人数学者が3次方程式や4次方程式の解法を考え出したが、それらの解は一般的な形では表現されておらず、典型的な数を使った例として説明されていただけだった。フェニキア人が負わせた足枷から文字が解放されたのは、1592年、"文字記号による表記法"に関するヴィエトの著作が発表されてからだったのだ。

ハリオットの原理

ここでは、方程式論と呼ばれる代数学の一分野における0の役割を採り上げる。具体的に言うと、方程式のすべての項を等号の一方の側へ"移項"して、それを $P(x)=0$ ($P(x)$ は"多項式") という形に書き下すという手順に注目する。

私はその手順を"ハリオットの原理"と呼んでいる。地理学者のトーマス・ハリオットは、かつてウォルター・レイリー卿の家庭教師を務め、またヴァージニア地方を初めて測量したが、生前は数学者としては評価されなかった。実はこの原理は、ハリオットの死後10年近く経った1631年まで日の目を見なかった。それ以後も、この新原理は別のある人物の手柄とされていた。というのも、ハリオットの著作『解析技術演習』が出版された直後に、解析幾何学に関するデカルトの著書が発表され、その中でデカルトは

ハリオットのアイデアを勝手に用いたが，いつものごとくその出典にはまったく触れなかったからである．デカルトの名声があまりに大きかったために，この画期的な原理は1世紀近くにわたってデカルトの偉業であると広く見なされていたのだ．

私がわざわざ"画期的"という言葉を使ったのは，この原理はきわめて単純なのにもかかわらず，歴史的には，ヴィエトが文字を使った表記法を導入したことに匹敵するほどの重要性を持っているからだ．第一にハリオットの方法は，"方程式を解くことを多項式の因数分解へ還元することで"，方程式の解法を大幅に進歩させた．第二に，この手法は方程式の解と係数との関係に関する研究につながり，それによって，"対称式"や"代数学の基本定理"や"複素関数"といったその後の数々の理論的進歩のきっかけとなった．

なぜこれほどさまざまな進歩をもたらしたのかを理解するには，この原理の対象である実数や複素数が，代数学の形式的規則だけでなく"零因数則"にも従うことを思い出さなければならない．零因数則を言葉で表現すると，"因数のうち少なくとも一つが0であるときに限ってその積は0になる"，記号で表せば，"関係式 $uv=0$ から，$u=0$ または $v=0$ または $u=v=0$ が導かれる"となる．

しかし，ハリオットの原理に大きな力を与えたのが零因数則だったとしたら，なぜハリオットも，またその後2世紀にわたってこの原理を利用してきた数多くの数学者たち

も，たとえ間接的であれ零因数則に一言も触れなかったのだろうか？　その答は次のとおり．どんな命題を設定する際にも必ず零因数則に相当するものを前提に置かなければならないが，複素数でさえあからさまに疑いの目で見られていたハリオットの時代には，そんなことは論外だった．そしてあえて言うならば，代数学の法則の体系を構築してそれに従う数学的存在を探すという考え方自体が，17世紀や18世紀のほとんどの数学者にとっては狂人の戯言とみなされていたのだ．

方程式と恒等式

　前の節で述べたハリオットの方法によって，"代数方程式"と"多項式関数"が強く結びつけられ，この二つの概念は互いに変換可能であることが明らかとなる．しかしここでは，その類似性は完全とはほど遠く，それを突き詰めすぎると不条理一歩手前の結果が導かれてしまうことを見ていこう．

　与えられた方程式が曖昧さなしに定義されていれば，すなわち，対応する多項式のすべての係数を問題のデータに基づいて表現できれば，何も困難は生じない．しかしそのようなケースは稀である．純粋数学であれ応用数学であれ，多くの問題は"可変パラメータ"に依存し，そのような問題から導かれる方程式の係数は，定数でなくそれらのパラメータの関数となっている．そのため，たった一つの方程式でなく，"方程式の集合"を扱わなければならない．

そこで，1変数の"一般的な2次方程式"を
(47) $$Q(x) = ax^2+bx+c$$
という式で与え，不定係数 a, b, c は正負を含めすべての有理数を取りうると仮定する．するとこの方程式の集合 (Q) には，正真正銘の2次方程式だけでなく

(48)
$$Q(x) = 0 \cdot x^2+bx+c\,(b \neq 0)$$
$$Q(x) = 0 \cdot x^2+0 \cdot x+c\,(c \neq 0)$$
$$Q(x) = 0 \cdot x^2+0 \cdot x+0$$

のような関数も含まれることになる．このことをグラフ的に解釈すると，関数 $y=Q(x)$ は"放物線"だけでなく"直線"をも表し，さらにそこには，x 軸に平行な直線や x 軸そのものも含まれることになる．

しかしそれらの特別なケースを方程式として議論しようとすると，このような包括的な解釈では済まなくなる．純粋な代数学の立場では，関係式 $0 \cdot x^2+bx+c=0$ は"2次方程式"でなく"1次方程式"であり，関係式 $0 \cdot x^2+0 \cdot x+c=0\,(c \neq 0)$ は方程式でなく"不可能な式"であり，関係式 $0 \cdot x^2+0 \cdot x+0=0$ は方程式でなく"恒真式"だ．さらに，これらの困難は"0という数の定義"に内在しているものなので，ハリオットの手順のような形式的工夫によって回避することはできない．すでに見たように，ハリオットの方法は零因数則がなければ役に立たないし，その零因数則は，0を数の領域に含めるための条件から直接導かれるものにほかならないのだ．

すなわち，多項式の関係式は必ずしも正真正銘の方程式

になるとは限らず，"不可能な式"や"恒真式"となる場合もある．奇妙なことに，この曖昧さそのものがいくつかの恒等式を証明する上で効果的な手段として使える．その手段は次のような命題から導かれる．"x に関する n 次の多項関係式が n 個より多くの相異なる x の値において満たされれば，その関係式は恒等式であって，x がどんな値でも成り立つ"．

例として
$$P(x) = (b-c)(x-a)^2+(c-a)(x-b)^2+(a-b)(x-c)^2$$
という "2次多項式" を考える．この式に直接代入することで

$$P(a) = P(b) = P(c) = -(a-b)(b-c)(c-a)$$

となることが分かる．したがってこの関係式は二つより多くの x の値によって満たされ，ゆえに "恒等式" である．すなわち，

(49)
$$(b-c)(x-a)^2+(c-a)(x-b)^2+(a-b)(x-c)^2 \equiv -(a-b)(b-c)(c-a)$$

が成り立つ．

第二の例として，

(50)
$$\frac{(x-a)(x-b)(x-c)}{(d-a)(d-b)(d-c)} + \frac{(x-b)(x-c)(x-d)}{(a-b)(a-c)(a-d)} + \frac{(x-c)(x-d)(x-a)}{(b-c)(b-d)(b-a)} + \frac{(x-d)(x-a)(x-b)}{(c-d)(c-a)(c-b)} = 1$$

という関係式を考えよう．

左辺を $P(x)$ と表した上で,この3次式が x の四つの値に対して1という値を取ることを確かめてほしい.実際に
$$P(a) = P(b) = P(c) = P(d) = 1$$
であって,この関係式は恒等式であると結論できる.

3次式と4次式について

ラグランジュは,5次以上の方程式の解は一般的に累乗根で表すことは"不可能"ではないかと考え,その予想はアーベルとガロアによって裏付けられた.その証明は本書の範囲を超えるが,オイラーやラグランジュが3次方程式や4次方程式に対して用いた方法を学べば,この問題の本質に関して多くのことが分かる.そして彼らが用いた方法は,方程式の解法においてハリオットの原理が重要であることを明らかにしてくれる.

恒等式
$$\begin{aligned}(51)\quad H(x) &= x^3+a^3+b^3-3abx \\ &\equiv (x+a+b)(x^2+a^2+b^2-ax-bx-ab)\end{aligned}$$
において,a と b を与えられた数,x を未知数とすれば,「この恒等式は"不完全"3次方程式 $H(x)=0$ が $x=-a-b$ を解に持つことを意味する」と解釈することができる.一般的な不完全3次方程式は
$$(52) \qquad\qquad x^3+ux+v = 0$$
の形を取る.また,a と b を,u と v を使ったある2次方程式の解として表すことで,式 (51) と (52) はつねに同じものとみなすことができる.実際に

(53) $\quad a^3+b^3 = v, \quad -3ab = u, \quad a^3b^3 = -\dfrac{u^3}{27}$

であり,これは a^3 と b^3 が方程式

(54) $\quad y^2 - vy - \dfrac{u^3}{27} = 0$

の解であることを意味する.この"分解2次方程式"の解を A と B で表すと,$x = -\sqrt[3]{A} - \sqrt[3]{B}$ が上の3次方程式の解となる.この式を省略せずに表現すると,"カルダーノの3次方程式の解の公式"になる.

不完全4次方程式
(55) $\quad x^4 + ux^2 + vx + w = 0$

に対するラグランジュの解法も,同様の方法で進められる.まず,恒等式

(56) $(a+b+c+x)(a-b-c+x)$
$\quad \cdot (-a+b-c+x)(-a-b+c+x)$
$\quad = (a^4+b^4+c^4+x^4)$
$\qquad -2(a^2b^2+b^2c^2+c^2a^2+x^2a^2+x^2b^2+x^2c^2)$
$\qquad +8abcx = H(x)$

から,

$\quad x = -a-b-c, \quad -a+b+c, \quad a-b+c, \quad a+b-c$

が不完全4次方程式 $H(x)=0$ の解であることが分かる.

では,式 (55) と (56) を同じものとみなせるような a, b, c を求めることはできるだろうか? 実際,

$$a^2+b^2+c^2 = -\frac{u}{2}, \quad abc = \frac{v}{8},$$

$$a^2b^2+b^2c^2+c^2a^2 = \frac{u^2-4w}{16}$$

となり，ここから a^2, b^2, c^2 は方程式

(57) $$y^3+\frac{u}{2}y^2+\frac{u^2-4w}{16}y-\left(\frac{v}{8}\right)^2 = 0$$

の解であると結論できる．この"分解3次方程式"の解を A, B, C と表せば，

$$x = -\sqrt{A}-\sqrt{B}-\sqrt{C}, \quad -\sqrt{A}+\sqrt{B}+\sqrt{C},$$
$$\sqrt{A}-\sqrt{B}+\sqrt{C}, \quad \sqrt{A}+\sqrt{B}-\sqrt{C}$$

が求めるべき4次方程式の解となる．"根号の中の数" A, B, C は一般的に立方根を含むことに注目してほしい．

　この見事な方法からは，ある疑問が浮かび上がってくる．それは，3次方程式や4次方程式で成功した方法がなぜ"5次"以上の方程式には通用しないのか，という疑問だ．確かに，オイラーやラグランジュが使ったものに相当する，n 個のパラメータを持つ n 次の対称恒等式を作ることはできる．そのパラメータの一つを未知数とみなせば，その恒等式を方程式として解釈できるはずだ．そしてその方程式を一般的な n 次方程式と同じものとみなすことで，パラメータと係数との関係を導き出し，オイラーやラグランジュの"分解方程式"に相当する方程式へたどり着けるはずだ．

実はそのような方向でさまざまな試みがなされ，その中でももっとも有名なのがマルファッティによるものである．マルファッティが導いた"5次"方程式の分解方程式は，実は"6次式"だった．それを受けてマルファッティは，n 次方程式の分解方程式の次数 m は

$$m = \frac{1}{2}(n-1)(n-2)$$

という式で与えられ，したがって n が4より大きいと"分解方程式の次数はもとの方程式より大きくなってしまう"と予想した．

幾何学と作図法

ギリシャ史学者は，"円錐曲線"を発見したのはプラトンと同時代のメナイクモスであると考えている．エウクレイデスは，エウドクソスの弟子だったこのメナイクモスに刺激を受けて『原論』を書いたという．メナイクモスは，"2倍の立方体"，すなわち $x^3=2$ の解を作図しようとしているときにこの"連続軌跡"を偶然発見し，結果的に"放物線"と円の問題を解決したと言われている．その解法の詳細は知られていないが，考えられる方法として，一般的な"2項3次方程式" $x^3-N=0$ に適用した例を次ページの図4に示す．この放物線の方程式は $y=x^2$ である．ここで，$x=N, y=1$ の点をPとし，OPを直径として"分解円"というものを作図する．この円の方程式は

(58) $$x^2+y^2-Nx-y = 0$$

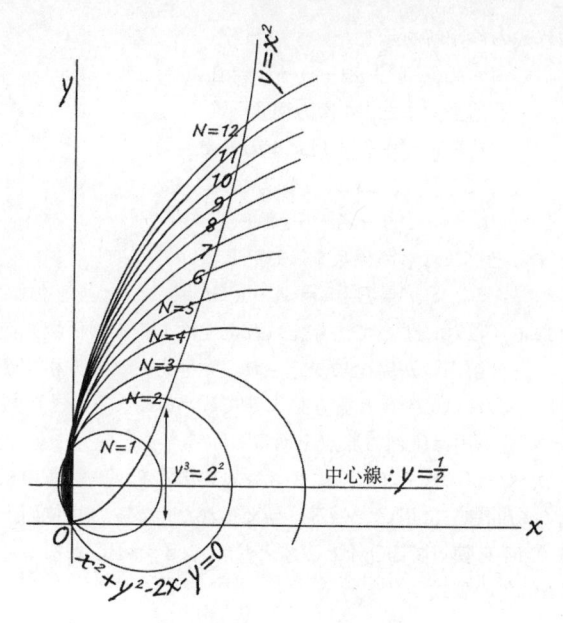

図4 作図による立方根の導出

となる.この二つの方程式から y を消去すると, $x^4-Nx=x(x^3-N)=0$ が得られる.この放物線と円はOとQで交差し,Qの x 座標は $x=\sqrt[3]{N}$ となる.

メナイクモスがこのような方法を使ったという推測を裏付ける根拠として,それから1500年ほどのちにオマル・ハイヤームは同じ原理に基づいて,すなわち"固定された放物線と移動する円"を使って,一般的な3次方程式と4次

方程式の作図解を示した．すなわち，
$$x^2+y^2+ux+vy+w = 0, \quad y = x^2$$
から y を消去すると，4 次方程式
$$x^4+(v+1)x^2+ux+w = 0$$
が得られる．"与えられた 4 次方程式"を
$$x^4+Ax^2+Bx+C = 0$$
とすると，これらの係数を等しいと置いて
$$u = B, \quad v = A-1, \quad w = C$$
となる．これによって，与えられた 4 次方程式の係数を使って"分解円"が完全に決定される．与えられた方程式が 3 次であれば $C=0$ と置き，よって $w=0$ となる．その場合，"分解円は座標の原点を通る"．

次ページの図5では，このオマルの方法を"一般角の三等分の問題"に用いている．与えられた角 φ を，単位円上の点 M を使って xOM と表すと，$a=\cos\varphi=$HC となる．"三倍角の公式"

(59) $$\cos\varphi = 4\cos^3\frac{\varphi}{3} - 3\cos\frac{\varphi}{3}$$

において $x=2\cos\dfrac{\varphi}{3}$ と置くと，3 次方程式
(60) $$x^3-3x-2a = 0$$
が得られる．分解円の中心 C は $x=a, y=2$ にある．第 1 象限におけるこの円と放物線との交点を Q とし，O を中心とする半径 2 の円上に Q を投影した点を P とする．すると xOP が求めるべき角となる．

a と b を任意の実数としたときの 2 次方程式

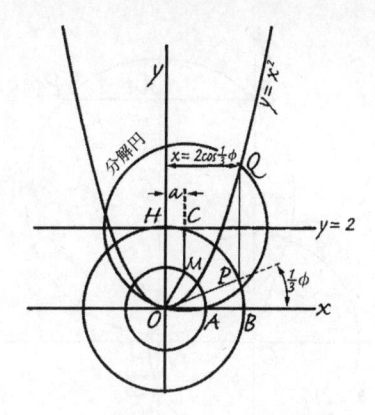

図5 放物線を用いた角の三等分

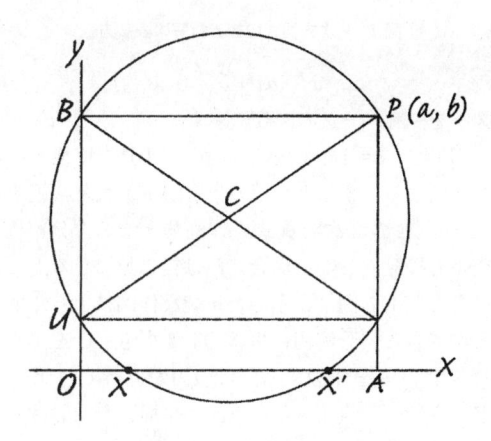

図6 実数解を持つ2次方程式の作図解

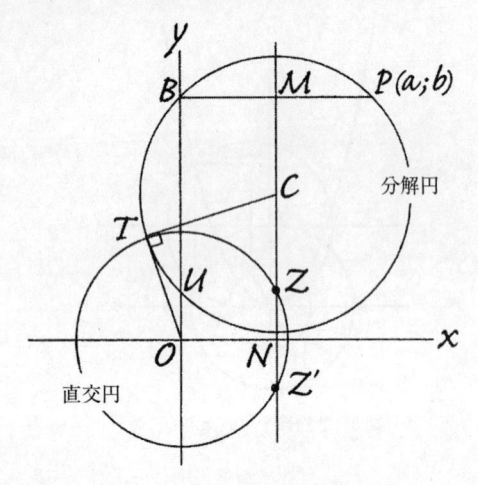

図7 2次方程式の複素数解の表し方

$$x^2 - ax + b = 0$$

の作図解を,前ページの図6に示す.座標 $x=a, y=b$ の点を P,y 軸上で $y=1$ の点を U と置き,UP を直径とする分解円を作図する.すると,その分解円が x 軸と交差する点 X と X′ が,この2次方程式の作図解となる.分解円が x 軸と交差も接触もしない場合,解は複素数になる.しかしその場合も,上の図7に示した単純な作図によって解を表すことができる.分解円に接線 OT を引き,O を中心とする半径 OT の円を作図する.この円が直線 CM と交差する点 Z と Z′ が,"複素変数 $x+iy$ の平面" 上における2次方程式の解となる.

エウクレイデスの互除法

数を"連分数"へ展開する方法は,『原論』の第7巻に示されているある手順の応用であって,そのため"エウクレイデスの互除法"と呼ばれている.エウクレイデスは互除法を"二つの整数の最大公約数"を求めるために用いたが,この互除法にはほかにもさまざまな応用法がある.これ以降の節では,そのような問題として"連分数","不定方程式","無理数"の三つについて説明しよう.

"正の数 Γ を超えない最大の整数"を $[\Gamma]$ と表すことにしよう.すなわち

$$\left[\frac{22}{7}\right] = 3, \ [\sqrt{2}] = 1, \ [\pi] = 3,$$

$$[e] = 2, \ [1] = 1, \ [0] = 0$$

である.ここで Γ を"有理数"と仮定する.もし整数なら $\Gamma = [\Gamma]$ であり,もし整数でなければ,$\Gamma = [\Gamma] + \dfrac{1}{\Gamma_1}$ となるような1より大きい有理数 Γ_1 が存在する.Γ_1 は整数になる場合もあるが,そうでない場合には次のステップへ進む.すなわち $\Gamma_1 = [\Gamma_1] + \dfrac{1}{\Gamma_2}$ とし,このプロセスを Γ_n が整数になるまで続けていく.すると最終的には

(61)
$$\Gamma = [\Gamma] + \cfrac{1}{[\Gamma_1] + \cfrac{1}{[\Gamma_2] + \cfrac{1}{\cdots + \cfrac{1}{\Gamma_n}}}}$$

という"連分数"が得られる.便利なようにこれを

(61)′ $\qquad \Gamma = ([\Gamma]\ ;\ [\Gamma_1], [\Gamma_2], \cdots, \Gamma_n)$

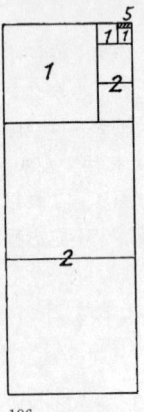

$\dfrac{106}{39}$ のスペクトル
$=(2;1,2,1,1,5)$

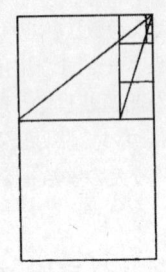

$\sqrt{3}$ のスペクトル
$=(1;1,2,1,2,\cdots)$

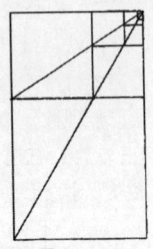

黄金比 $\dfrac{\sqrt{5}+1}{2}$ のスペクトル
$=(1;1,1,1,1,\cdots)$

図8　数のスペクトル

と略記することにしよう．例として，"e を 0.04% 以内で近似した値" $\dfrac{106}{39}$ を Γ と置く．すると次の表のようになる．

被除数	除数	商	余り
106	39	2	28
39	28	1	11
28	11	2	6
11	6	1	5
6	5	1	1
5	1	5	0

ゆえに

$$\dfrac{106}{39}=(2;1,2,1,1,5)$$

整数列 $[\Gamma], [\Gamma_1], [\Gamma_2], \cdots, \Gamma_n$ を，"数 Γ のスペクトル"と呼ぶことにする．このスペクトルの各項は，Γ の正則連分数の分母である．この互除法とそれによって生成するスペクトルは，図8に示したように幾何学的に見事な形で解釈できる．初めに，底辺が1，高さが Γ の長方形を作図する．この長方形からなるべく多くの個数の正方形を"取り除いていき"，"残った長方形"にも同じ操作を施す．そして，"長方形が残らなくなるまで"このプロセスを続ける．すると，"各段階の長方形に含まれる正方形の数が，Γ のスペクトルにおいてそれぞれ対応する項となる"．

この互除法がどんな有理数にも通用し，それによって得られるスペクトルが"有限であってただ一つに決まる"という性質は，このプロセスに固有のものである．また逆に，正の整数の有限列が与えられれば，それをスペクトルとする有理数 Γ は一つだけ存在する．スペクトルから Γ を計算する方法として，"ボトムアップ"で進めていく直接的だが骨の折れるやり方がある．しかし，ニュートンの師だったジョン・ウォリスが発見したとされている別の方法を使えば，労力を大幅に減らせる．実際にどうやってその手順を進めるかを説明するために，先ほどの例 $\Gamma = (2 ; 1, 2, 1, 1, 5)$ を次ページの表に示そう．その最初の二つの"近似分数"は，明らかに2と3である．

一般に，"三つの連続する近似分数"の分子を N_{k-2}, N_{k-1}, N_k，その分母を D_{k-2}, D_{k-1}, D_k，k 番目の近似分数に対応する連分数の項を g_k としよう．するとウォリスの方法は，

スペクトルの項:g	2	1	2	1	1	5
近似分数の分子:N	2	3	$2\cdot3+2=8$	$1\cdot8+3=11$	19	106
近似分数の分母:D	1	1	$2\cdot1+1=3$	$1\cdot3+1=4$	7	39
ホイヘンスの行列式:H		-1	$+1$	-1	$+1$	-1

(62) $\quad N_k = g_k N_{k-1} + N_{k-2}, \qquad D_k = g_k D_{k-1} + D_{k-2}$

という"漸化式"で表される.

ホイヘンスはこれらの式からある定理を導き,それがのちにオイラーとラグランジュの手によって,"無限連分数"の理論の基礎となった.行列式

(63) $\quad \begin{vmatrix} N_{k-1} & N_k \\ D_{k-1} & D_k \end{vmatrix} = (-1)^k$

を H_k と置こう.するとホイヘンスの定理は,"H_k は交互に $+1$ と -1 の値を取る"と表される.

不定方程式について

数学の数多くの問題が,二つ以上の未知数を持つ代数方程式の整数解を求めることに行き着く.ピタゴラスの三つ組に関する研究や,「$n>2$ ならば $x^n+y^n=z^n$ には整数解は存在しない」というフェルマー予想は,一般に"ディオファントス解析"と呼ばれる一群の問題に属している.

ディオファントス解析の中でももっとも基本的な問題が,この節のテーマである.その問題とは,「p,q,r をそれぞれ"互いに素な整数"として,方程式

(64) $\qquad\qquad qx - py = r$

の整数解をすべて求めよ」というものだ.まず,$x=a, y=b$ が (64) の解の一つであれば,n を "正負の任意の整数" として

$$x = a+np, \quad y = b+nq$$

も解であることが分かる.第二に,X と Y が方程式

(65) $$qX - pY = 1$$

の解であれば,$a=rX, b=rY$ は方程式 (64) を満たす.最後に,方程式

$$qx + py = r$$

は,$x=x, y=-z$ という単純な置換によって (64) の形に書き換えることができる.

次に,$\frac{p}{q}$ を連分数へ展開し,そのスペクトルの "最後から2番目の収束値" を $\frac{N}{D}$ と表す.するとホイヘンスの定理から,$qN-pD$ は $+1$ か -1 となる.$+1$ の場合には $X=N, Y=D$ が,-1 の場合は $X=-N, Y=-D$ が方程式 (65) の解となる.ここから,(64) の一般解は,$\frac{p}{q}$ のスペクトルに "奇数個" の項が含まれるか "偶数個" の項が含まれるかに応じて,

$$x = np+rN, \quad y = nq+rD$$

(66) または

$$x = np-rN, \quad y = nq-rD$$

となる.例として方程式 $39x-106y=5$ を考えよう.$\frac{106}{39}$ の最後から2番目の収束値は $\frac{19}{7}$ で,

$$\begin{vmatrix} 19 & 106 \\ 7 & 39 \end{vmatrix} = -1$$

である．したがってこの方程式の一般解は，$x=106n-95$, $y=39n-35$ となる．$n=1$ とすると特殊解 $(11,4)$ が得られるので，m を $-\infty$ から $+\infty$ までの任意の整数として
$$x=106m+11, \quad y=39m+4$$
と書くこともできる．

円分論の問題

正 n 角形を作図するのは，円周を n 等分して $\omega=\dfrac{2\pi}{n}$ という角を作図することと同等である．この種の問題は"円分論"という名前で呼ばれるようになった．しばしばこの言葉は，"直定規とコンパスだけでその作図ができるのは，整数 n がどんな数の場合か"を決定するという，もっと狭い意味でも使われる．円弧の二等分は定規とコンパスでできるので，興味が持たれるのは n が"奇数"の場合だけである．

ギリシャ人はそのような整数として，3 と 5 と 15 の三つしか知らなかった．"正 7 角形"を作図する，すなわち円を 7 等分するというのは，古代からの有名な問題の一つだった．18 世紀に，$n=7$ と $n=13$ の場合には"分解不可能な 3 次方程式"が導かれることが証明されるまで，この問題は解決しなかった．

1801 年にガウスが，この問題を定式化しなおして完全に解決した．ガウスは，「直定規とコンパスを使って円周を n 等分できれば，n はフェルマー素数であるか，またはフェルマー素数の積（ただし 2 乗を含まないもの）である」

という定理を証明した．フェルマー素数とは $2^{2^p}+1$ という形の数であることを思い出してほしい．このガウスの定理によれば，300 までに
(67) $\qquad$ 3, 5, 15, 17, 51, 85, 255, 257
という 8 個の"円分奇数"が存在する．

ガウスの定理の前半部分は方程式 $z^n-1=0$ の研究を含んでおり，それは本書の範囲を超えている．後半部分は，"p と q が互いに素であるとして，円を p 個と q 個に等分できれば，円は pq 等分できる"という命題に相当する．まず，

(68) $$\frac{2\pi}{p} = \alpha,\ \frac{2\pi}{q} = \beta,\ \frac{2\pi}{pq} = \gamma$$

としよう．角 α と β を直定規とコンパスだけで作図できるとすると，x と y を任意の整数として角 $x\alpha$ と $y\beta$ も，さらには $x\alpha - y\beta$ も同様に作図できる．問題は，関係式

$$\gamma = x\alpha - y\beta$$

を満たす二つの整数 x と y を見つけることである．(68) より，この関係式は"不定方程式"

$$xq - yp = 1$$

と同等であり，前の節で見たように，"p と q が互いに素であれば"この方程式は必ず解を持つ．

例として $p=51, q=40$ としよう．エウクレイデスの互除法より $51/40 = (1 ; 3, 1, 1, 1, 3)$ となり，その最後から 2 番目の近似分数は $\dfrac{14}{11}$ である．したがって

$$11\left(\frac{2\pi}{40}\right)-14\left(\frac{2\pi}{51}\right)=\frac{2\pi}{40\cdot51}$$

となる.

無限スペクトル

　エウクレイデスの互除法の定義の中にも手順の中にも, その対象を有理数に限定させるものはない. ただし無理数に適用すると, そのプロセスは"果てしなく続く"ことになる. 同様に, ウォリスの方法も有限のスペクトルには限定されない. ホイヘンスの定理から, "その方法はどんな無限スペクトルでも収束する". もっと正確な用語で言うと, "任意の正則無限連分数の近似分数は, 極限としてただ一つの無理数へ近づいていく". その無理数にエウクレイデスの互除法を適用させると必ずもとのスペクトルが復活するかどうか, という問題に答えるには, 本書では説明できない詳細に触れなければならない. そこで, その答はイエスであるとだけ述べておくことにしよう.

　この二つの方法を合わせて用いると, "無理数に対する有理数の近似値"を導くためのきわめて強力な道具になる. この問題を実際に解くには, その数を正則連分数へ一項ずつ展開していかなければならないが, 最悪でもそれは骨の折れる単調作業にすぎない. しかし, その無限スペクトルの中に何らかの数学的パターンや漸化式を見つけられるかどうかは, それとはまったくの別問題である. 実は, 代数的数であれ超越数であれ無理数のスペクトルは, 2次

式から導かれる数の場合を除いて，一般的にパターンを持っておらず言葉で表現することはできない．要するに，πの小数展開と同様に"ランダム"である．

それに対して，$A+\sqrt{B}$ という形の無理数，とりわけ整数の平方根のスペクトルは，決してランダムではない．オイラーからシルヴェスターまで，18世紀と19世紀の大勢の数学者が，その"周期"，"サイクル"のパターン，収束値の数論的性質，そしてその収束値と古典的なディオファントス問題との密接なつながりに強い興味を示した．その興味は今でも失われていない．ここでは紙幅が足りないので，その進歩をくまなく紹介することはできない．次の例をきっかけに，この分野についてさらに勉強してもらえれば幸いだ．

平方根とサイクル

初めに，$\sqrt{23}$ のような典型的な平方根に対してエウクレイデスの互除法を用いる場合を調べてみよう．まず $N=23=4^2+7$ と置く．すると，$\sqrt{23}$ のスペクトルの第1項は4で，その"第1剰余"は $\sqrt{23}-4$ となる．その逆数 $\frac{\sqrt{23}+4}{7}$ が2番目の"完全商"となり，それ以下の最大の整数がスペクトルの第2項となる．これを続けていくと，いずれは剰余の値が第1剰余と等しくなり，そこから先はスペクトルの各項が繰り返される．すなわち

$$\sqrt{23} = (4; 1, 3, 1, 8, 1, 3, 1, 8, 1, 3, 1, 8, \cdots)$$

となり，都合上これを $(4; \overline{1,3,1,8})$ と略記する．1, 3, 1, 8

表1 典型的な展開法

完全商	$\sqrt{23}$	$\dfrac{\sqrt{23}+4}{7}$	$\dfrac{\sqrt{23}+3}{2}$	$\dfrac{\sqrt{23}+3}{7}$	$\sqrt{23}+4$	$\dfrac{\sqrt{23}+4}{7}$
スペクトルの項	4	1	3	1	8	1
剰余	$\sqrt{23}-4$	$\dfrac{\sqrt{23}-3}{7}$	$\dfrac{\sqrt{23}-3}{2}$	$\dfrac{\sqrt{23}-4}{7}$	$\sqrt{23}-4$	$\dfrac{\sqrt{23}-3}{7}$

というセットをこのスペクトルのサイクルといい,サイクルに含まれる項の個数を"周期"という.この手順の詳細を表1に示し,次ページの表2に$\sqrt{2}$から$\sqrt{24}$までの平方根のサイクルを列挙した.

一般的な例に移り,Nを平方数でない任意の整数としよう.すると,hを1から$2b$までの整数として$N=b^2+h$と書くことができる.また,$\left[\dfrac{2b}{h}\right]=c$と置く.この表記法を用いると,この連分数展開は次のような一般的性質を持つ.

1) $\sqrt{b^2+h}$ のスペクトルはb,cから始まる.

2) cが"サイクルの最初の項"となり,また"最後から2番目の項"にもなる."サイクルの最後の項"は$2b$である.

3) サイクルの中で$2b$より前の項は,"対称的なブロック"を形成する.$\sqrt{14}$や$\sqrt{23}$の場合のように周期pが偶数であれば,"その対称ブロックは奇数個の項からなり,1個の中心項が存在する".$\sqrt{13}$の場合のように周期が"奇数"であれば,対称ブロックは偶数個の項からなり,"2個

表2　平方根の周期

$\sqrt{2}$	1		2	$\sqrt{14}$	3	1 2 1		6
$\sqrt{3}$	1	1	2	$\sqrt{15}$	3	1		6
$\sqrt{5}$	2		4	$\sqrt{17}$	4			8
$\sqrt{6}$	2	2	4	$\sqrt{18}$	4	4		8
$\sqrt{7}$	2	1 1 1	4	$\sqrt{19}$	4	2 1 3 1 2		8
$\sqrt{8}$	2	1	4	$\sqrt{20}$	4	2		8
$\sqrt{10}$	3		6	$\sqrt{21}$	4	1 1 2 1 1		8
$\sqrt{11}$	3	3	6	$\sqrt{22}$	4	1 2 4 2 1		8
$\sqrt{12}$	3	2	6	$\sqrt{23}$	4	1 3 1		8
$\sqrt{13}$	3	1 1 1 1	6	$\sqrt{24}$	4	1		8

の中心項が存在する".

したがって，周期的なスペクトルが整数の平方根を表す条件は，スペクトルが

$$\Gamma = (b\,;\,\overline{c, d, \cdots, d, c, 2b})$$

という形を取ることである．しかし次に，"この対称性は必要条件だが十分条件ではない"ことを説明しよう．

とくに興味深いのが，"周期2"の循環連分数である．そのような連分数が整数の平方根を表すとすれば，それは

$$x = (b\,;\,\overline{c, 2b}) \quad \text{すなわち} \quad x - b = \cfrac{1}{c + \cfrac{1}{x + b}}$$

という形でなければならない．後のほうの関係式から，

$$x^2 = b^2 + \frac{2b}{c}$$

という2次方程式が導かれる．したがって，$(b; \overline{c, 2b})$ が整数の平方根を表すためには，"$2b$ が c で割り切れなければならない"．そのようになるのは当然，$c=1, 2, b, 2b$ のいずれかのときである．そのそれぞれのケースでは，

$$\sqrt{b^2+2b} = (b; \overline{1, 2b}), \quad \sqrt{b^2+b} = (b; \overline{2, 2b}),$$
$$\sqrt{b^2+2} = (b; \overline{b, 2b}), \quad \sqrt{b^2+1} = (b; \overline{2b})$$

となる．最後のケースでは周期が1になってしまう．b が"素数"であれば，この四つの連分数だけが周期1か2のスペクトルとなる．b が合成数であればそうではない．例えば $b=30$ としよう．すると $2b=60$ となり，c は $1, 2, 3, 4, 5, 6, 10, 12, 15, 20, 30, 60$ のいずれかとなる．ここから，$\sqrt{901}$ と $\sqrt{961}$ の間には周期3未満の平方根が12個あることが分かる．

付録 D

原理と論証について

> 「数学者は，対象でなく対象間の関係を扱う．ゆえに数学者は，関係が変化しない限り，対象を別のものに置き換えることをいとわない．数学者にとって内容は関係ない．数学者は形式だけに関心を持つ」
>
> ——ポアンカレ

ディリクレの分配原理

引き出しが5つあるタンスに6枚以上のシャツが入っていれば，引き出しのうちの一つには2枚以上のシャツが入っている．家族が8人以上いれば，その中の少なくとも2人は同じ曜日生まれだ．1本の木に茂る葉の枚数以上の本数の木が森の中に生えていれば，少なくとも2本の木は同じ枚数の葉を茂らせている．これらは，"ディリクレの引き出し原理"と呼ばれる論証の例である．この原理を一般的な用語で表現すると，"p個の物体がq個の区画を占めていて，pがqより大きければ，少なくとも一つの区画には2個以上の物体が入っている"となる．

「当たり前のことを力説しているだけだ」と非難されないよう，ここではこの命題の証明は述べない．この議論を初めて聞いた一般人の友人は，まさにそのような反応だった．彼は言った．「どんなに頭の悪い人でも分かることだ．昼食会にロールパンの個数より多くの人数の客が来たら，

ロールパンを何個か切り分けるか，あるいは客の何人かにはロールパンなしで我慢してもらうしかない．どうしてこんなに分かりきった事柄を原理と呼んで，それに数学者の名前，しかも19世紀の数学者の名前を付けるんだ？ こんなに基本的で単純な考えは，数学が誕生して以来，数学の論証には必ず組み込まれていたはずなのに，どうしてそれを最近の発見とみなせるんだ？」

ごもっともだ．しかしこれと同じ指摘は，原理として定式化されるはるか以前から数学者も一般人も暗に使ってきたそれ以外の道具にも，同じく当てはまる．そのような"潜在的考え方"の例としては，パスカルの"完全帰納法"の原理，フェルマーの"無限降下法"，そして"デデキントの切断"がある．しかしそれだけだろうか？ "演繹的推論"は，タレスが数学的推論に不可欠なものとするはるか以前から，神学における思索の手段だった．"位取りの原理"は，人間が指では間に合わない数を言葉で表現する必要性を感じて以来，言葉が持つ一つの有機的特徴でありつづけてきた．

しかし，観念的な道具を日常的に使うことと，その考えを明確な用語で表現し，それを新たな思考分野の探究に意識的に用いることとは，まったく別の話である．モリエールの劇に登場する成金は，生まれてこのかた"散文"をしゃべりつづけてきたことに気づいてうろたえた．確かに誰でも散文を使い，ほとんどの人はそれを乱用している．それでも散文は，考えを表現してそれを後世まで伝える上

で，今でももっとも強力な手段だ．

本書ではたびたび，暗に分配原理を使ってきた．少し例を挙げれば，有理分数の小数展開の周期の決定，ウィルソンの定理に対するガウスの証明，そして平方根の正則連分数への展開などだ．最初の例が，分配原理を証明の道具として用いる典型的なやり方なので，ここではそれをざっと説明しよう．

q を 2 でも 5 でも割り切れない任意の整数として，$\frac{1}{q}$ で表される無限小数を考えよう．その小数展開は"循環的"であり，その周期 p，すなわち 1 サイクルに含まれる数字の個数は q の関数だが，その正確な素性は今日もなお判明していない．しかし，p が $q-1$ を上回らないことは分かっている．実は p は剰余のサイクルの長さに等しく（付録 A「パスカルの問題」を参照），その要素は 1 から $q-1$ までの値を取る．もし周期 p が $q-1$ を上回るとすると，ディリクレの原理より，一つのサイクルの中に同じ剰余が 2 回以上現れることになるが，これは，一つのサイクルの中で剰余が同じ値を取ることはないという事実と矛盾する．

幾何学における"可能"と"不可能"という用語

立方体倍積問題や角の三等分や円積問題といった，古代から伝えられる問題に伴う難しさは，その問題自体にもとから備わっているものではない．その難しさは，幾何学の作図は直定規とコンパスの操作に限られるという，極端な

"伝統的禁止令"を反映しているにすぎないのだ．

幾何学の作図に対して用いた場合，"可能"や"不可能"という用語に"絶対的な"意味はない．どんな場合でも，作図するための道具を明記しなければならないのだ．仮にすべての制限を取り払って，幾何学的に定式化できるあらゆる道具を従来の器具と同等に認め，機械的に描かれたか作図されたかにかかわらずすべての幾何学的軌跡を直線や円と同等に受け入れたとしよう．そうすると当然ながら，"解くことが可能な問題"の範囲は"すべての問題"の範囲と同じになって，"可能"や"不可能"という単語は完全に意味をなさなくなってしまう．

古典的な作図法では，道具は後ろ側に慎ましく控えている．しかし現代の方法では，道具は前面で目立っている．一つ一つの道具は一群の問題を"象徴していて"，それらの問題は一つの領域を構成するとみなされる．つまり，直定規だけで解ける問題から構成される"直線領域"，コンパスが作る"円領域"，そして直線領域と円領域の両方からなる"古典領域"すなわち伝統領域だ．伝統領域の外側には，古典的な道具では間に合わない問題からなる広大な領域が広がっている．

対角線論法について

"実数の集合が可算でない"ことを証明したい．そのために，$0<x<1$の区間に含まれる実数はすべて小数で表現できると仮定しよう．その手順に厳密にこだわると，同じ

有理数を0.5とも0.4999…とも表現できるといった曖昧さが生じてしまう．この問題を回避するために，有限小数はすべてこの例のようにそれと同等な無限小数に置き換えると決めておく．

次に，実数の集合は数え上げることができると仮定する．すると，実数を

$$x_1 = 0.a_1 a_2 a_3 \cdots$$
$$x_2 = 0.b_1 b_2 b_3 \cdots$$
$$x_3 = 0.c_1 c_2 c_3 \cdots$$
$$\cdots\cdots\cdots\cdots$$

という形で順番に並べることができる．

今から，この数列をどのように作ったとしても，その中に含まれない実数 x' が必ず存在することを証明する．x' を作る手順は，"対角線論法"という名前で呼ばれている．

$$x' = 0.a'_1 b'_2 c'_3 \cdots$$

となる．ただし，a'_1 は 0 でも a_1 でもない数字，b'_2 は 0 でも b_2 でもない数字．以下同様である．

こうすれば x' が無限個の具体的な数字を含む小数によって定義されるが，この実数は上記の数列のどのメンバーとも異なる．なぜなら，無限個の数字を含む二つの小数が等しくなるのは，すべての数字が同じであるときだけだが，x' は小数第 1 位で x_1 とは異なり，x_2 とは小数第 2 位で異なり，一般的に x_n とは小数第 n 位で異なるからである．こうして，上記の数列に含まれない実数 x の存在が証明され，ゆえに実数の集合は可算であるという仮定は否定

される.

有界幾何学について

経験上の幾何学はそもそも"有界"であって，そのような幾何学の一般法則を確立するのはきわめて難しい．例えばあなたの机の上を考えて，そこだけを幾何学的考察の領域としよう．すると，さまざまな種類の直線を区別しなければならなくなる．机の角から延びる直線もあれば，2本の対角線を横切るものもあり，また机の縁と直角にぶつかるものもある．ランダムに四つの点を選んで，最初の二つの点を結ぶ直線と後の二つの点を結ぶ直線が交差するかどうか考えてみよう．まず，それぞれの直線がどの種類に属するかを見極めなければならない．さらにもし，考えられるすべてのケースを分析して，2本の直線が交差する条件を明らかにしようとしたら，英語の不規則動詞の過去形を作る規則が朝飯前に思えてしまうほどの複雑な法則を定式化しなければならないだろう．

"有界幾何学"では，与えられた中心と半径の円を作図するとか，三角形に外接する円を描くとか，点から直線に垂線を下ろすといった問題に，一般的な解はない．2本の直線が角を作るとは限らないし，3本の直線が三角形を作るとは限らない．与えられた三角形と相似な三角形を作るという問題は，拡大率がある値を超えると無意味になる．点から直線までの最短距離は，必ずしも垂線とは限らない．

しかし，その複雑な幾何学を何とか理解したとしても，

苦難の道はまだ始まったばかりだ．というのも，幾何学の領域の境界が長方形の机から別の形，例えば三角形や円や楕円に変わると，また一から始めなければならないからだ．対象領域の境界の性質によって法則が変化するというのは，有界幾何学の特徴である．やはり言語にたとえると分かりやすい．有界幾何学の規則は，一つ一つの言語の文法のようなもので，境界ごとにそれぞれ異なる規則が必要となる．すべての境界に共通する規則もいくつかあるだろうが，それ以外の重要な規則は，まるで英語とフランス語の不規則動詞のように，境界ごとで異なる．平面領域の経験上の幾何学でそうだとしたら，空間図形についてはいったいどんな困難が生じるというのだろうか？

したがって，もし有限領域に閉じこもっていたら，演繹法がほとんど役に立たなかったのは間違いない．幾何学は記述的な科学のままで，動物学や植物学や鉱物学より高い地位にはたどり着けなかっただろう．

推移性の原理について

ある関係がAとBのあいだ，およびBとCのあいだで成り立てば，その関係がAとCのあいだでも成り立つという場合，その関係は"推移的"であると言う．実例として，血縁関係は"推移的"だが，親子関係は"非推移的"だ．数学における推移性の例としては，"相等関係"，"合同関係"，"平行関係"があり，非推移的なものとしては，"重なり合い"の関係や"内接／外接"の関係がある．図形A

が図形Bに内接していて，図形Bが図形Cに内接していても，AがCに内接していないこともありうる．

"推移性の原理"は，"二つの対象が何らかの形で第三の対象と同等なら，その二つは互いに同等である"という命題で表現される．この原理は，数多くの問題において実用的にもっとも重要な役割を果たす．幾何学では，一つの図形を移動させてもう一つの図形と重ね合わせられるとき，二つの図形は"合同"であると定義する．この判断基準を字義通りに受け取るなら，一方の図形を含む平面の一部を切り取って，それを平面の別の部分に重ね合わせなければならないことになる．もちろん実際にはそのようなことはしない．実際にはコンパスや物差しやデバイダーを使うことになるが，どの場合にも，"二つの図形が第三の図形に対して合同であればその二つは互いに合同である"という原理に頼る．純粋数学では，等式を別の形に変形するときには必ず，推移性の原理を利用する．要するに，"数学的な同等関係の持つもっとも基本的な性質は，推移性である"．では，"物理的な同等関係"についてはどうだろうか？

その問題をなるべく具体的に明らかにするために，長さだけが異なる何本もの鉄の棒が目の前に並んでいると想像してほしい．例として，実験室での入念な測定の結果，それらの棒の長さは30から50ミリメートルであることが分かり，中でもA, B, Cという印が付けられた3本の棒はそれぞれ30, 31, 32ミリメートルだったとしよう．しかしそのことをあなたはまったく知らないし，そもそもその情報

によって判断が狂いかねないので知りたくもない．あなたの目的は，装置や計器を使わずに，自分の感覚だけで何らかの測定方法を考え出せるかどうかを確かめることである．

まず棒Aと棒Bを並べる．すると，目で見ても指で触っても，2本の棒の長さに違いは見られない．そこで二つは"等しい"と断言する．同じ比較をBとCでもおこない，それらの長さも等しいと判断する．次にAとCを並べる．しかし今度は，目で見ても指で触っても，間違いなくAよりもCのほうが長いと分かる．したがって，"二つの対象は互いに等しくないのに，どちらも第三の対象と等しい"という驚きの結論にたどり着く．

しかしこの結論は，二つの量が第三の量と等しければ互いにも必ず等しいという，数学でもっとも重要な公理と真っ向から矛盾している．この公理は算術演算の大半を支えており，もしそれがなければ，恒等式の変形もできないし方程式を解くこともできないだろう．しかし，この公理を否定するような数学を構築するのは不可能だ，とまでは言えない．ここで重要な事実として，物理学者はそのような"現代的な"規則こそ使っていないが，この公理を土台とする"古典数学"は利用している．

なぜ物理学者にはそのようなことが許されるのか？ 直接的な知覚の代わりに科学的測定装置を導入することで，その矛盾は取り除くことができるのか？ そんなことはない．どんな測定装置でも，最終的には"人間が目盛りを読

む"ことになる．それゆえ，どんなに巧妙な装置であっても，最終的な解析では誰か観測者の感覚，はっきり言えば視覚に頼らなければならない．一方，目盛りを読むという行為についてより詳しく考えてみると，それは上で述べた鉄の棒の仮想的なケースと"本質的な特徴"何ら違わないことが分かる．もちろん目盛りの"最小単位"は，先ほどのケースでは1ミリメートルだったのが，今では1ミクロンにまで小さくなっており，さらに拡大をしたり，さまざまな精確な手法によって測定装置の感度を上げたりすれば，目盛りの間隔は1ミクロンの何分の1かにまで小さくできる．しかし当然ながら，そのような改良をどこまで進めていっても，問題を解消することはできないし，それを最小限に抑えることさえできない．なぜなら，そのデータはいつまでも"測定値Aは測定値Bと等しく，測定値CもBと等しいことが分かったが，それでもCはAより大きいことがはっきりと読み取れる"というままだからだ．

測定可能性と通約可能性

古代人が $(3, 4, 5)$，$(5, 12, 13)$，$(7, 24, 25)$ などの三つ組で与えられる有理三角形（各辺の長さが有理数である直角三角形）の存在を知っていたことを示す証拠が大量にある．そしておそらく，古代ギリシャの数学者たちは，さらに多くの三つ組を探すことでピタゴラスの定理にたどり着いた．

ピタゴラスの定理は，数に対する彼らの哲学を見事に裏

付けた．しかしその勝利もつかの間だった．この命題がきわめて一般的だったことで，"無理数"の存在が明らかになったからだ．この心穏やかでない発見は，幾何学の問題に対する見方を一変させた．初期のピタゴラス学派の人々にとって，"すべての三角形は有理三角形だった"．彼らは，"すべての測定可能な対象は通約可能である"と考えていたからだ．彼らにとってこの格言は，あらゆる公理と同じく明白であるように思えた．"数が宇宙を支配している"と彼らは断言したが，その数とは"整数"の意味だった．整数で直接表せない量が存在するかもしれないという考えは，彼らの世界観とも実体験とも相容れなかったからだ．

数学思想を研究する現代の学者はこれまで，初期ピタゴラス学派の考えを過去の時代の幼稚な考え方として無視しがちだった．しかし，数学の道具を日常的に使っていて，数学自体を目的にするのでなく数学を目的のための手段ととらえている，今日では大勢いる人々の目から見れば，そのような考え方は時代遅れでも幼稚でもない．そのような人にとって実際に意味のある数は，"数えたり測定したり"することで得られるものであって，したがって"整数"か"有理分数"のどちらかである．もちろん，非有理数の存在を示す記号や用語をかなり自由に使えるよう勉強したかもしれないが，その人にとってその表記法は単なる有用な言い換えにすぎない．最後には，実際に利用できるただ一つの量として有理数が導かれるのだ．

もしこの人物が幼稚だと責められて腹を立て，その謎めいた表記法の本質を探りはじめたら，すぐに，非有理数の存在を証明するために用いられるプロセスは絶対に実現不可能であって，ゆえに根拠がないと気づくだろう．さらに粘って，非有理数を自らの用語で解釈しようとしたら，"無理数から無限を隠すことはできても，それを消し去ることは決してできない"と思い知ることになる．なぜなら，その謎めいた存在そのものに，どんなに"似た"有理数を持ってきてもそれよりさらに"似た"ほかの有理数が存在する，という性質が備わっているからだ．

　この人物は，後世の厳密な数学者よりも初期のピタゴラス学派のほうにははるかに共感を抱くだろう．そして，測定可能な値はすべて通約可能であるという彼らの信条を進んで受け入れるだろう．こんなにも単純で美しい原理がなぜ理不尽にも斥けられたのか，どうしても理解できないだろう．そして結局のところ，「この原理が放棄されたのは，それが経験に矛盾するからではなく，幾何学の公理と相容れないからだ」と認めざるをえなくなる．

　というのも，もし幾何学の公理が有効であれば，ピタゴラスの定理は例外なく成り立つからだ．そしてもしピタゴラスの定理が成り立つなら，一辺が1の正方形の対角線を一辺として描いた正方形の面積は2となる．一方，もしピタゴラスの格言が成り立つなら，2は何らかの有理数の2乗であって，算術の公理と真っ向から矛盾することになってしまう．

時間と連続体

あなたの意識は"現在"を証明し,あなたの精神は別のいくつもの"現在"を記憶しているが,それは"過去"へ遠のくにつれて曖昧になり,最後には忘却のかなたへ消える.この互いに重なり合うぼんやりした時間の連鎖を,あなたは"自分"という一人の個人に結びつける.その一人の人間の体を作る細胞はすべて数年のうちに変化するし,その思考,判断,感情,野望も同じように姿を変えていく.だとしたら,あなたが"自分"と呼んでいるこの不変な存在は,いったい何ものだろうか? もちろん,この個人とその仲間とを区別するための単なる名前ではない! ではこの時間の連鎖は,記憶という糸に通されたビーズのようなものだろうか?

幼児期のある時点から始まって現在で突然途切れる,互いに独立した記憶の連なり,それが,意識がデータとして直接利用する"時間"である.しかし,この原材料が物理的直観と呼ばれる謎めいた精製プロセスを経ると,それはまったく違うものとして姿を現す."直観的時間は外挿された時間であって",それは意識の芽生えを超えて無限の"過去"にまで伸び,また現在を超えて無限の"未来"にまで伸びており,未来も過去と同様にいくつもの"現在"から形作られていると認識される.人は心の働きによって,時間を過去と未来という二つの集合に分ける.それらは互いに排他的であって,両方で"全時間",すなわち"永遠"を構成する.人の心にとって,"現在"は過去と未来を分け

隔てる区切りにすぎない．過去のどの瞬間もかつては"現在"だったし，未来のどの瞬間もいずれは"現在"になるのだから，人は過去未来のどの瞬間もそのような区切りとして認識する．

はたしてそれだけだろうか？ そうではない．直観的時間は"内挿された時間"でもある．過去において，記憶の中で互いに密接に結びつけられているどの二つの瞬間のあいだにも，やはり精神の働きによってほかの瞬間を限りない数挿入することができる．これが過去の"連続性"であって，同じ連続性は未来についても当てはまる．"人の心にとって，時間とは流れるものである"．もちろん人は，経験の上ではこの流れの中の途切れ途切れの要素しか知らないが，経験が残したその隙間を直観が埋め，時間を"連続体"へ変える．それが，自然におけるあらゆる連続体の原型となる．

例えば，手を"途切れなく"動かして幾何学的直線を描くことができるという確信がなかったら，その直線が持つと我々が考えている完全な連続性とは，いったい何なのだろうか？ 人は，時間の持つ"流れる"という性質をあらゆる物理現象に当てはめて，光であれ音であれ，熱であれ電気であれ，どんな現象を分析しようとするときにも，まずはそれを距離や質量やエネルギーを使って表すことで，それを"時間の関数"へ還元する．

不連続と連続との対立は，単に学校で教わる弁証術が生み出したものではない．それは思考の誕生にまでさかのぼ

ることができ,時間は流れるものだという考え方と,あらゆる経験が不連続な性質を持っていることとのあいだの,いまだに存在する不一致を反映したものにほかならない.究極まで解析を進めれば,人間が持つ数の概念は,"数える"という行為,すなわちばらばらで不連続で途切れ途切れのものを列挙することに基づいている.その一方で,時間に関する直観は,すべての現象を流れるものとしてとらえる.この流れるという性質を壊すことなしに物理現象を数へ還元するには,数理物理学者たちの血のにじむような努力が必要であって,広い意味で言えば,幾何学もまた物理学の一分野としてとらえなければならないのだ.

数学と現実

古典科学では,人間は物事の体系の中で特別な位置を占めていた.人間は,自分と世界のからくりとをつないでいる鎖を外して,世界を真に客観的に評価することができた.もちろん,人間の意識も無限につながる因果関係の鎖の輪の一つとみなされてはいたが,その意識はより大きな"自由"へ向かって進化していると信じられていた.肉体は鎖につながれていたが,心は自由にその鎖をじっと見つめ,分類し,測定し,重さを量ることができた.自然の書物は目の前に広げられていて,人はそこに書かれた暗号を解読するだけで良く,人間の能力はその作業にちょうど見合うものだった.

その暗号は合理的なものだった.人間が思い巡らせる不

変の秩序は合理的な法則に支配され，宇宙は人間の理性がこしらえたようなパターンに基づいて設計されていた．宇宙の構造は合理的な秩序へ還元され，その法則体系は，有限個の仮定から形式論理の演繹によって導くことができた．それらの仮定の有効性は思索からでなく経験から導かれ，それらの仮定だけで理論の価値を判断することができた．ヘラクレスに苦しめられたアンタイオスが，母なる大地に触れるたびに力を取り戻したように，思索もつねに，経験という確かな現実と触れることで力を得ていた．

数学の手法は宇宙を反映していた．そして，さまざまな合理的形式を際限なく生み出す力を持っていた．その中には，いつか全宇宙をまとめて包含するかもしれない宇宙的形式も含まれていた．科学は，次々に近似をすることで一段一段それに近づいていって，その宇宙的形式を手にした．この"漸近的"方法は，数学の構造そのものによって保証されていた．一般化を一段進めるごとに，すでに獲得した領域を手放すことなしに，宇宙のより広い部分を包含することができたからだ．

数学と実験は新たな物理学をかつてないほど確実に支配しているが，全体に広がる懐疑心がその有効性を脅かしている．この二つの手法は絶対的に有効であるという確固たる信念は，実は自然に対する擬人的考え方に端を発している．どちらの手法も信条に根ざしているのだ．

「人間はまるで無限の記憶を持つかのように確実に歩を

進めていくことができ，未来に向けて限りない人生が広がっている」という確信がもし奪われれば，数学はトランプの家のように崩れてしまうだろう．このような前提が無限プロセスの有効性を支えていて，その無限プロセスが数学的解析を支配している．しかしそれだけではない．我々の整数の概念はこの仮定と分かつことができないのだから，この仮定が否定されれば算術そのものも一般性を失ってしまう．幾何学や力学もまたそうだろう．そしてその大異変は，物理科学という壮大な体系をすべてひっくり返してしまうだろう．

経験の有効性は，未来は過去に似ているはずだという我々の信念にかかっている．「互いに特徴が似ているように見える一連の出来事の中に何らかの傾向が見られれば，その傾向から不変性が導かれ，その不変性は未来に向けてより確かなものとなり，また過去を振り返ることでさらに一様で規則的に見えるようになる」，と人は信じている．しかし，あらゆる経験的知識の前提となっているこの"推論"の有効性を支えているのは，確実さや不変性に対する人間の願望以上のものではないかもしれない．

そして，体系的でない経験と体系的な実験とのあいだには，橋渡ししようのない亀裂が口を開けている！ 検出装置や測定装置は人間の感覚を正確に拡張したものであるとみなすよう教わってきたが，もしかしたらそれはサイコロのようなものであって，我々が見極めようとしている事柄そのものに対する先入観に染まっているのではないだろう

か？ 我々の科学的知識は膨大ではあるが，それは，我々の感覚に映る曖昧でとらえがたい世界を，数によって無意識にでっち上げようとしたものにすぎないのではないか？ 振動数へ還元された色や音や熱，化学式の下付き数字へ還元された味や臭い，それが我々の意識に染み込んだ現実なのだろうか？

　この点で，現代科学は古典的な科学とは違う．現代科学は，その擬人的な起源と人間の知識の本質を認識している．決定論であれ合理論であれ，経験論であれ数学的方法であれ，現代科学は，"人間が万物の尺度であって，それ以外に尺度はない"と認識しているのだ．

編者あとがき

半世紀前に本書の最後の第4版が出版されて以降,数学は驚くほどのスピードで進歩してきた.未解決だった重要な問題がいくつも解かれ,中には近接する分野の新たな地に根を伸ばしたものもある.我々の祖先が数の演算の規則を初めて発見したとき以来,さまざまな数学の問題が生まれて,そのいくつかは解かれ,残りは解かれなかった.しかし,古代フェニキアの大麦畑の石ころのように,古い問題が片付けられるよりも速いスピードで新たな問題が浮上してきた.それでも本書の内容は,現代の数論や解析学の発展をよそに,第1版が出版された1930年当時と同じく今でも新鮮だ.今日の数学マニアが本書を読めば,その明快な語り口や現代との結びつき,そして知的挑発に衝撃を受けるはずだ.

数学の進歩は加速している.表面的には,過去50年で数えるほどの有名な問題が解かれただけのように見える.しかし現代数学はどんどんと奥深くなっている.表面的な問題,いわゆる"珠玉の問題"に対する答は,壮大で不変な統一の源から伸びた複雑に絡み合う根によって分野間の垣根を越え,しばしば遠く離れた分野の問題と密接に結び

つくのだ．

　立方体倍積問題や角の三等分や円積問題という昔からの問題は，2000年のあいだ謎のままでありつづけ，現代の代数学における優れたアイデアによって証明されるまで解かれなかった．1837年にピエール・ヴァンツェルが，立方体の倍積化も任意の角の三等分も不可能であることを証明し，古代からの二つの大きな謎は解決された．アポロンに捧げる立方体の祭壇の大きさを2倍にすればアテナイのひどい疫病が収まると説く，デロス島の神託の物語に端を発するその長い物語には，これで終止符が打たれたのだろうか？　もちろんそんなことはない！　ヴァンツェルの解答は新たに，幾何学的作図を有理数係数の多項方程式の解として認めるための単純な代数学的条件は何か，という問題を生み出した．さらにこの問題は，どのようにして幾何学を方程式論に書き換えるかという，はるかに幅広い問題を提起した．

　ダンツィクは本書を理解容易な範囲に留めるために，数の概念の進化に話を絞っている．また，数論におけるきわめて基本的な問題の数々は高度な幾何学によってもっともうまく扱うことができるのを知っていながら，数学の中でより幾何学に近い分野にはあえて触れなかった．本書で採り上げられているゴールドバッハ予想，双子素数予想，フェルマーの最終定理は，最終版が出版された当時はまだ証明されていなかったいくつもの重要な命題の一部である．フェルマーの最終定理は，1994年にアンドリュー・ワイル

ズが，かつての教え子リチャード・テイラーの助けを借りて証明した．その際にワイルズは，数論におけるきわめて美しく見事なアイデアをいくつか使って，互いに大きくかけ離れた数学分野の見かけ上まったく異なる数学的対象のあいだに関係性を見出した（正式な証明はきわめて専門的なので，この場にふさわしい話は思いつけない．参考文献として記した何冊かの一般書には，その証明が分かりやすく概説されている）．残り二つの予想はいまだ解決されていない．

例えば双子素数予想は，自然数の中で素数はどのように分布しているのかという，現象論的な単純な疑問から生まれた多種多様な問題の一つだ．数論に関する優れた問題の多くに関して驚くべきは，それらをきわめて単純に表現できることである．それらを理解する上で，専門的な用語はほとんど，あるいはまったく必要なく，疑いを知らない人ならそれに惹きつけられて，うっかりすると数学的娯楽に何時間も没頭してしまう．n^2+1 という形の素数は何個あるのか？ $2p+1$ も素数であるような素数 p は何個あるのか？ 奇数の完全数は存在するのか？（完全数とは，6のように，それ自体の約数の和に等しい数のことである）．今のところ300桁以下には存在しないことが分かっている．しかしはたして存在するのか？ もし奇数の完全数が存在するなら，それは平方数の和であり，しかも少なくとも47個の素因数を持つはずだ，ということは分かっている．しかしそもそもそんな数は存在するのか？

数学者は，若くて無邪気な時分には（私もそうだったが），単純に表現できるこれらの優れた問題がすべて解かれてしまったらどうなるのだろうと心配するものだ．しかし私たちは，そんなことを心配する必要はないと学んできた．物好きを惹きつけるほどの優れた問題はつねに存在するし，その答の一つ一つが一連の新たな問題を生み出すのだ．フェルマーの最終定理がまさにそうであって，この定理は現代の数論の大部分を牽引した．また古代ギリシャの厄介な問題もそうであって，それらは現代の代数学の大部分を形作った．我々はいつまで経っても，数の理解の比較的最初の段階にしか来ていないことを思い知るのだ．

重要な問題が解かれるのに50年待たされたというのは長いように思えるかもしれないが，何千年も待たされた問題があったことを考えると，エウクレイデスの『原論』が世に出て現代数学が誕生してからこれまでに過ぎ去った時間のうちわずか2パーセントのあいだに，たくさんのことが起こったように思える．初めに，コンピュータが数学にどのような影響を与えたのかを見ていこう．そして次に，ゴールドバッハ予想と双子素数予想に関する進歩を垣間見ることにしよう．

コンピュータ

本書の第4版が出版された1954年当時には，1万8000本の真空管を使ったMANIAC I（"数学解析機，数値積分機，計算機"の略）がもっとも進んだコンピュータだった

(1万 8000 本の真空管のうち 1 本でも切れると動作しなかったので，この装置がどれほど頻繁に故障したかは想像に難くない). 1951 年にはコンピュータを使わずに，

$$\frac{2^{148}+1}{17} = 20988936657440586486151264256610222593863921$$

という 44 桁の数が当時最大の素数として発見されたが，そのわずか 3 年後に MANIAC I の助けを借りて，$2^{2,281}-1$ という 687 桁の数が最大の素数として発見された．今日では $2^{24,036,583}-1$ が素数であることが分かっている．これは 7,235,733 桁の数である．

1954 年には，グラフィカル・インターフェイスのアナログプリンターはまだ設計段階だったものの，入力座標に従ってペンを上下左右に動かす試作機は IBM によって作られていた．ダンツィクはリーマンのゼータ関数については言及していないが，その興味深い関数の零点（方程式 $\zeta(s)=0$ の解）は素数の分布と奇妙な関連性を持っている．$\zeta(s)$ の零点はすべて $\frac{1}{2}+ai$ という形の複素数であるという，いわゆるリーマン予想が証明されれば，数論に関する膨大な数の定理が自動的に証明される．その一つとして 1962 年に王元が，もしリーマン予想が正しければ，$p+2$ が最大でも三つの素数の積であるような素数 p が無限個存在することを証明した．リーマンは手計算で，ゼータ関数の最初の三つの零点を驚くべき精度で計算している．1954 年にはアラン・チューリングが，電子計算機を使わずにゼータ関数の 1054 個の零点を見つけた．当時 1054 個と

いうのは膨大な数であるように思われていたが，今では現代のコンピュータの助けによって 10^{22} 個以上の零点が知られており，そのいずれもが実部 $\frac{1}{2}$ の直線上にあることが分かっている．今日，たとえ世界最速のコンピュータでもリーマンのゼータ関数の"すべての"零点が複素平面上で $\frac{1}{2}+ai$ という垂直線上にあるかどうかは判断できないが，500 ドルの簡単なデスクトップコンピュータでさえ，数多くの零点がその直線上にあることはすぐに分かり，その一方で直線上にない零点は決して見つけられない．

しかしコンピュータは有限の数を扱うものであって，確かに驚くべきスピードで動作するものの，そのスピードは有限でしかない．コンピュータは，発見の手助けをし，数学者を骨の折れる計算から解放し，そして多くの場合に，人間の計算では決して見つけられない可能性を示唆してくれるものだ．

ゴールドバッハ予想

ゴールドバッハ予想とは，2 より大きいすべての偶数は二つの素数の和として表せる，というものである．今ではこの予想に関してある程度のことが分かっている．ダンツィクは言及していないが，十分に大きい奇数はすべて三つの素数の和として表せることが当時分かっていた．それは 1937 年にロシア人数学者イヴァン・ヴィノグラードフによって証明された．また，すべての正の整数は 30 万個以下の素数の和で表すことができるという，荒っぽいが興味深

い定理も知られていた．これはゴールドバッハの予想からは程遠いように見えるが，無限に比べればむしろ 30 万などとても小さい．これはやはりロシア人のレフ・シュニレルマンによって 1931 年に証明された．そのすぐ後にヴィノグラードフは，ハーディー＝リトルウッド＝ラマヌジャンの方法を使って，十分に大きい数はすべて四つの素数の和として表せることを証明した．もっと正確に言うと，N より大きい整数をすべて四つの素数の和として表すことができるようなある数 N が存在する，という意味である．したがって，この予想が成り立つ数を大きくすれば，そのぶん和に含まれる素数の個数は少なくなる．

ヴィノグラードフはどちらの定理を証明する際にも，無限個の整数を四つの素数の和で表すことはできないという仮定から矛盾を導いた．その証明法では N がどれだけ大きいかは特定できなかったが，1956 年に K. G. ボロズキンが，N は $10^{4,008,660}$ より大きくなければならないことを証明した．これは 400 万桁以上の数である．今では，"ほとんどすべての" 偶数を二つの素数の和として表すことができると分かっている．ここで "ほとんどすべて" というのは，N 未満の偶数の中でゴールドバッハの予想が成り立つものの割合は，N が大きくなるにつれて 100 パーセントに近づいていくという意味だ．本書の最終版が出版されたすぐ後に，ゴールドバッハ予想に肉薄する定理が大量に生まれた．第一に，十分に大きい偶数はすべて，素数と，最大 9 個の素数の積との和であることが証明された．年月が経つ

につれてその積に含まれる数の個数は5, 4, 3 と減っていき, 最終的には2になった. 今では, 十分に大きい偶数はすべて, 素数と二つの素数の積との和であることが分かっている. また現在では, 有限個の例外を除いてすべての偶数は双子素数の和である, というゴールドバッハ予想の変形版の定理が正しいことも分かっている.

双子素数

双子素数が無限個存在するかどうかは今でも分かっていないが, 無限個存在するのは確実であるように思われる. おそらくその答は現在の数学の能力を超えているのだろう. しかし他にもう一つ, x 未満の双子素数の個数は, x に依存して際限なく増加する完全に計算可能な数に近づいて大きくなっていくという, より強い双子素数予想がある. この強い双子素数予想が成り立てば, 明らかに通常の双子素数予想も成り立つ. 初めのほうの双子素数は, $(3, 5)$, $(5, 7)$, $(11, 13)$, $(17, 19)$, $(29, 31)$, $(41, 43)$, $(59, 61)$, $(71, 73)$, $(101, 103)$ である. 今日知られている最大の双子素数は2万4000桁を超えている. 興味深い話として, 1995年にT. R. ナイスリーが, 824,633,702,441 と 824,633,702,443 という双子素数を使ってインテルのペンティアムプロセッサーの欠陥を発見した.

ゴールドバッハ予想と同様, 本書の最終版の出版後に, 双子素数予想へ近づく定理が洪水のように押し寄せた. 1919年には, k と $k+2$ の両方が最大9個の素数の積であ

るような数 k は無限個存在することが分かっていた．そして本書の最終版出版直後に，その k と $k+2$ は最大でも三つの素数の積であることが明らかとなった．

　装置を厳しく検査するためのテストを作るコンピュータプログラムは，このような予想の多くに目を付け，願わくはもっと数多くの双子素数やゼータ関数の零点を見つけようとしている．なぜわざわざそんなことをするのか？ 双子素数や零点をどんなにたくさん見つけても，これらの予想は決して証明できない．彼らは何かを証明しようとしているのではなく，理論屋が存在を信じているものを実際に目に焼き付けようとしているのだ．そのような数が一つ発見されるたびに，予想の信憑性は上がる．悲観主義者は，魔法の直線から外れたゼータ関数の零点を見つけて反例を示したいと思っている．その可能性もあるだろう．しかし，最初の 10^{22} 個の零点がリーマンの予想に従うとしたら，次の零点がそうでない可能性はいったいどれほどだろうか？ そこでどうしても次のような疑問が浮かんでくる．リーマンは最初の三つの零点しかチェックしていないのに，いったいどうやって，すべての零点が実部 $1/2$ の直線上に並ぶかもしれないと判断することができたのか？答：リーマンは，整数という獣が零点を選び出さなくなるとどうなってしまうかだけでなく，その獣の特徴や目的や運命についても何か知っていたのだ．

　これらの限られた例は，過去 50 年に進歩した数学の数え切れない珠玉の一部にすぎない．ここでは本書で扱われ

たテーマに限って例を選んだが，数論の分野と関係のある例はもっと数多くある．しかし読者が心に留めておくべきは，本書で採り上げられた優れた問題はほとんど解決していないものの，過去50年間にわたってそれらを解こうという試みが，数学を研究する上でのより高い理解，はるかに高い理解をもたらしてくれたということだ．今や我々は，それが壮大で不変な統一の源からもたらされる"数学そのもの"であることを知っている．このような見方は，ダンツィクをはじめ20世紀前半に活躍した数学者には手の届かないものだった．

　我々はまた，1954年当時のダンツィクと同様，数学の偉大な定理は一つの分野の中で整然とした姿を現し，別の分野とを隔てる繊細なカーテンにいたずらっぽい影を落とすことを知っている．そのカーテンのうちの何枚かは，きっと今後50年でそっと風にめくられることだろう．

ジョセフ・メイザー

編者注

1) 動物でさえ，数を見分けるためのおおざっぱな"知識"を持っている．1930年代にフライブルク大学の実験民族学者オットー・ケーラーらが，数を数えられるためには，いくつもの対象を同時に比較してその対象の個数を覚えられなければならないという仮説を立てた．そして，動物が数を扱えるかどうかをテストするために計画した驚くべき実験で，カラスを訓練して2個から6個までの点の数を見分けられるようにすることに成功した．その上で，点が1個，2個，1個，0個，1個書かれた5つの箱を用意した．カラスはまず最初の3つの箱を開け，合計4個の餌を平らげて去っていった．するとカラスは自分が数え間違いをしたのではないかと"考えて"舞い戻り，点の個数を数えなおすために最初の箱の前で頭を1回下げ，2番目の箱の前で2回下げ，3番目の箱の前で1回下げた．そして4番目の箱は通り過ぎて5番目に向かい，その箱を開けて5個目の餌を平らげたのだ．

ケーラーは，人間が指を使って数を数えるときのように，カラスも"インナーマーク"と呼ばれるものを作ったのだと推測した．そしてカラスは，数を認識して記憶するための，何らかのマーキングのメカニズムを持っているはずだと考えた．鳥は巣の中にある卵の数を数えることができ，餌を与えられるだけの個数の卵しか産まないことが分かっている．もし卵が1個多すぎると鳥はそれを食べてしまうし，もう1個育てられる場合にはさらに卵を産む．

2) 野生のライオンは群れどうしの大きさを比べることができる．侵入してきた群れより自分たちの群れのほうが数が多いときにだけ，攻撃を仕掛けるのだ．ライオンは，それぞれ異なるうなり声の数によって群れの大きさを判断することができ，それゆえ大きさを比較する感覚を持っている．ケーラーは，人間を含めすべての動物が，数感覚を記録するための何らかの"マーキング"の方法を持っていると考え

た.

3) 1992 年に雑誌『ネイチャー』に掲載されたカレン・ウィンの論文 (Karen Wynn, "Addition and subtraction by human infants." *Nature*, 358 (1992): 749-50) には, 生後5か月の幼児が何らかの大まかな数感覚を持っていることを示す実験が報告されている. 5か月の幼児のグループに, ステージの上に置かれた人形 (ミッキーマウスの人形) を見せる. 次に幕を下ろして人形が見えないようにする. そうしておいて幼児たちに, 幕の後ろに2体目の人形を置く様子を見せる. そして幕を上げる. もし人形が2体現れれば, ステージを見つめている時間から判断するに, 幼児たちは驚きを見せない. しかし人形が1体しか見えないと, 幼児たちは驚いた様子を見せる (心理学者は幼児の驚きの程度を, 赤ん坊が対象を見つめている時間の長さを測定することで見積もる. もし赤ん坊が短い時間しか対象を見つめずによそを向いてしまえば, 赤ん坊はすでにその対象を見たことがあってそれに飽きてしまったと推定できる. しかしずっと見つめていた場合, 赤ん坊はいま見ているものを以前に見た経験がなく, その新たな経験を適切な関係の区分の中に当てはめているものと考えられる). このカレン・ウィンのものと似た実験が野生のアカゲザルでもおこなわれ, 同様の結果が得られている (Hauser, M., MacNeilage, P., and Ware, M., "Numerical representations in primates." *Proceedings of the National Academy of Sciences*, 93 (1996), 1514-17 を見よ).

別の幼児のグループには, 2体の人形を見せてから, 幕を下ろしてそれを見えなくする. 次に, スクリーンの後ろから人形を1体だけ取り出す様子を見せる. そしてスクリーンを上げる. もし人形が1体しか現れなければ, 幼児は驚きを示さない. しかし人形が2体見えると驚きを示す. このことから, 5か月の幼児は2引く1を計算できるものと考えられる.

もしかしたらカレン・ウィンの実験に参加した幼児たちは, 巣から卵がなくなったのに気づく鳥のように, 単に心の中にイメージを描き出すことで, 人形がなくなったのに気づいただけなのではないか?

エティエンヌ・ケクランは，幼児が心の中に対象のモデルを作っているのかどうかを確かめる実験を計画した（Stanislas Dehaene, *The Number Sense*, Oxford University Press, 1999, pp. 55-56）．ケクランの実験はウィンのものに似ているが，ステージをゆっくりと回転させて人形の位置が予想できないようにし，人形の配置が心の中にイメージとして定着しないようにした．するとやはり，幕が上がってつじつまの合わない数の人形が出てくると幼児たちは驚くことが分かり，幼児は幕の後ろの人形の配置を記録した心の中のイメージを利用しているのではないことが証明された．

別の実験から，驚くことに幼児の"計算"は対象が何であるかによらないことが分かった（Simon, T. J., Hespos, S. J., and Rochat, P., "Do infants understand simple arithmetic? A replication of Wynn (1992)," *Cognitive Development*, 10 (1995), 253-269）．幼児はやはり，つじつまの合わない数の対象が現れると驚くが，人形がボールに置き換わっても驚かず，幼児は数を抽象的に認識していることが実証された．

4）ニューギニア島の奥深い高地に住む先住民ユプノ族は，33までの数を数えるのに，まず指を決まった順番で数え，次に足のつま先や耳，目や鼻，鼻の穴や乳首，へそや性器など，体のさまざまな部位を左右交互に指していくという複雑な体系を使っている（Wassmann, J., and Dasen, P. R., "Yupno number system and counting," *Journal of Cross-Cultural Psychology*, 25[1] (1994), 78-94）．

5）古代における指を使った数え方に関する記録として完全な形で現存しているのは，18世紀のベネディクト会修道士ベーダ尊者が著した『指を用いた計算と会話について』の古い写本だけである．ベーダは，ユダヤ教の過ぎ越しの祭りに重ならないよう毎年変えられるイースターの日曜日が何日になるかを計算する方法を著したことで，中世の学者のあいだでは有名だった．教会の祝日はすべてイースターを基準に決められたので，ベーダのその計算法は重要なものとみなされていた．ベーダは，指を折ったり伸ばしたりするだけで1から100万までの数を表す方法について説明している（詳細はKarl Menninger,

Number Words and Number Symbols: A Cultural History of Numbers, Dover, 1992, New York, pp. 201-220 を見よ).

6) 今日では 39 個の完全数が知られており，その最大のものは $2^{13,466,916}(2^{13,466,917}-1)$ である．この数は 400 万桁を超える．もちろん，小さい方から数えて 39 番目の完全数ではないだろう．

7) 2000 年に，知られている中で最大の双子素数, $665{,}551{,}035 \times 2^{80,025} \pm 1$ が発見された．これは 2 万 4098 桁の数である．1995 年 11 月，双子素数を使ってインテルのペンティアム・マイクロプロセッサーの欠陥が明らかになった．このプロセッサーは小数 19 桁まで正確でなければならなかったが，実は 10 桁以降で間違っていたのだ（出典：W. Weisstein, "Twin Primes." MathWorld—A Wolfram Web Resource. http://mathworld.wolfram.com/TwinPrimes.html).

8) $n(n^2+1)(n^2-1)$ が必ず 5 の倍数になることを理解するには，最後の項を因数分解すればよい．するとこの積は $P(n)=(n-1) \cdot n(n+1)(n^2+1)$ と変形できる．ここで以下のことに注目する．最初の三つの因数のどれか一つが 5 で割り切れれば，$P(n)$ は 5 で割り切れる．最初の三つの因数がどれも 5 で割り切れない場合，n を 5 で割ると余りは 2 か 3 になるはずだ．余りが 2 であれば，n^2 を 5 で割ると余りは 4 になる．n を 5 で割った余りが 3 であれば，n^2 を 5 で割った余りは 9 になる．あとの二つのいずれのケースでも，この余りに 1 を足すと 5 となり，ゆえに n^2+1 は 5 で割り切れる．

9) ゴールドバッハのこの仮説は一般に"ゴールドバッハ予想"と呼ばれており，いまだに世界最大の未解決問題の一つである．これはまた，数論に関するもっとも古い未解決問題の一つでもある．この問題は，プロイセンの数学者クリスティアン・ゴールドバッハが，1742 年にレオンハルト・オイラーに宛てた手紙の中で提唱した．アヴェイロ大学のポルトガル人数学者トマス・オリヴェイラ・エ・シルヴァは，6×10^{16} までのすべての数についてこの予想が成り立つことを確かめている．

10) 1994 年にアンドリュー・ワイルズがこの一般的な命題を証明し

11) ダンツィクは 100,000,000 のつもりで述べている． "octade" という名前は 10^8 の指数を指している．

12) エウクレイデスの時代から幾何学は演繹的論証の手本だったが，手本となるのは幾何学だけではない．数論における演繹的論証は，算術の公理が確立した 19 世紀よりはるか以前から演繹的証明としての高い評価を受けていた．

13) ダンツィクが言わんとしたのは，演繹的方法ではときに不十分なことがあり，数学者は定理を証明するための道具としてもう一つの強力な原理を持っている，ということだ．本章の後のほうで算術の結合法則に数学的帰納法の原理を当てはめるときに，この点は明らかになる．

14) これは"得点問題"と呼ばれており，サイコロゲーム終了前に，2 人のプレーヤーにそれぞれ何点を与えれば良いかというものである．もともとこの問題は，ジローラモ・カルダーノが『サイコロ遊びの本』というタイトルの未発表のラテン語の手稿の中で示したものであり，そこには賭け事に関係した確率の計算に役立つ重要な事柄が数多く記されていた．カルダーノはミラノの医師で，数学者でもギャンブラーでもあり，代数方程式の理論に関して当時知られていた事柄を網羅した 1545 年出版の本『アルス・マグナ』（偉大なる術）でよく知られている．

15) これは，紀元前 1700 年頃に書かれて，1858 年にスコットランド人古物収集家ヘンリー・リンドによって発見された巻本の一部である．

16) これを写本したのは，紀元前 15 世紀から 17 世紀までのいずれかの時代に生きたアーメス 1 世である．紀元前 18 世紀の文献を写本したものと考えられている．

17) ダンツィクは"最後の音節"と書こうとしたのだろう．

18) ダンツィクのこの指摘を学問的により奥深く見事に説明しているものとしては，Jacob Klein, *Greek Mathematical Thought and the*

Origin of Algebra, MIT Press, 1968, pp. 150-185 を見よ.

19) この段落と次の段落では,0で割り算してはならない驚くべき理由が記されている.しかし述べておくべきこととして,0はどんな数と掛け合わせても0になる唯一の数である.したがって,aが0以外の任意の数であれば,それが$x \cdot 0$と等しくなることはありえない.

20) ここに示したリストは,分母がすべて1であるという意味ではない.また,このリストが無限に続いたあとで,分母に2の数が並ぶということでもない.ダンツィクが挙げたかったのは,分子aと分母bという数の単なるペアにすぎない.これらの数を列挙する巧妙な方法としては,n番目のリストにnを分母とするすべての分数を記して,そのようなリストを無限個列挙するというやり方がある.このリストのリストをうまく構成すれば,すべての有理数を列挙した一つのリストを作ることができる.

21) 実際の証明は『原論』第10巻,命題9に示されている.この定理は実際にはテアイテトスによるものである.テアイテトスはエウクレイデスが『原論』を書く100年近く前に,2から17までの素数の平方根は1と通約できないことを証明した.$\sqrt{2}$の場合の間接的な証明:もし$\sqrt{2}$が長さ1の正方形の辺と通約できれば,偶数でも奇数でもある数が存在することになってしまう.

22) 2本の直線の長さ,すなわち二つの距離の測定値が"通約可能"であるのは,それらの長さの比が有理数のときである.比が有理数でない場合,その二つは"通約不可能"であるという.

23) 例えば$\sqrt{2}$は,

$$\sqrt{2} = 1 + \cfrac{1}{2 + \cfrac{1}{2 + \cfrac{1}{2 + \cdots}}}$$

という"連分数"で書き表すことができる.

24) 今となってはその値を得た方法はけっして分からないだろうが,ダンツィクのこの説はきわめて単純なので,使われたのはこの方

25) ディオファントスはこの本を紀元3世紀に書いた.この『数論』は,代数方程式の解と数論に関する本である.

26) B が負であるケースは考えない.

27) "累乗根によって" というのは恣意的な条件であるように思えるが,実は累乗根を使って解くことができるというのは,有限時間内に実行できる有限の段階的手順(アルゴリズム)によってその方程式が解くことができるのと同等である.

28) 円の面積は,R を半径,D を直径として

$$\pi R^2 = \pi \frac{D^2}{4}$$

である.π の代わりに $\left(\frac{16}{9}\right)^2$ を用いると,円の面積を正方形として表して

$$\pi \frac{D^2}{4} = \left(\frac{16}{9}\right)^2 \frac{D^2}{4} = \left(\frac{8}{9}\right)^2 D^2$$

となる.

29) 最初の方程式は,直定規とコンパスだけで立方体の体積を3倍にするという問題を解こうとすると出てくる.2番目の方程式は,直定規とコンパスだけで任意の角を3等分しようとすると出てくる.この問題を解くには,$x = \cos\left(\frac{\alpha}{3}\right)$ という量を求めなければならない.三角法の恒等式 $\cos \alpha = 4 \cos^3\left(\frac{\alpha}{3}\right) - 3 \cos\left(\frac{\alpha}{3}\right)$ からは,$4x^3 - 3x - a = 0$ という式が導かれる.

30) エレアのゼノンは弁証法の考案者とされている人物で,哲学のストア学派を創始したもっと有名なキプロスのゼノンと混同しないように.エレアのゼノンの生涯についてはほとんど知られていない.アテナイ訪問のこととその哲学の一部は,プラトンの対話篇『パルメニデス』のなかでアンティポンが語っている.もう少し詳しい経歴は,ゼノンの死から700年以上ののちにディオゲネス・ラエルティオスが書いた『ギリシャ哲学者列伝』に記されている.ゼノンの著書には数多

性や運動に関する40のパラドックスが収められており，そのうちの四つがアリストテレスの『自然学』に収録された．

31) スタゲイロス人とは，マケドニアの古代都市スタゲイロス出身のアリストテレスのことである．

32) アリストテレスは競走するアキレスについては述べているが，亀の方は現代の作家たちによる脚色らしい．ゼノンの論証に関するおもな原資料としては，アリストテレスの『自然学』，ディオゲネス・ラエルティオスの『ギリシャ哲学者列伝』，シンプリキオスの『自然学註解』，プラトンの『パルメニデス』がある．これらのいずれにも亀は登場しない．

33) この歴史的重要性を軽視してはならない．バートランド・ラッセルは次のように言っている．「通約不可能性の発見によって初めて浮かび上がった問題は，時が経つにつれてもっとも深刻なものの一つであることが明らかとなり，それと同時に，この世界を理解しようとする中で人間の知性が直面したもっとも遠大な問題ともなった」(Bertrand Russell, *Scientific Method in Philosophy*, Open Court, 1914, p. 164).

34) これはダンツィクが言いたかったこととは違う．ダンツィクはこれをゼノンの言葉として紹介している．1/2の累乗の無限和は，有限の数，すなわち1に等しいことが分かっている．この文が正しいのは，この有限の間隔がある一定の値より大きいときだけである．

35) 紀元前5世紀のギリシャ人は，時間の各瞬間を直線上の点と同様に，糸に通されたビーズのようなものとして考えていた．

36) "数列" とは，明確な数の順序に従って並んだ対象のリストを指す数学用語である．通常の場合，数列に含まれる対象は数である．

37) ここで "徐々に小さくなっていく" とは，単に値が小さくなっていく，あるいは0に近づいていくという意味である．

38) 二つの漸近的な数列は，互いに接近していく値を持つ．

39) ここで "もっとも単純な数列" とは，その項が明示的に計算できる数に近づいていくという意味である．

40) この級数を $n+1$ 番目の項で打ち切って，それを S_n と表せば，このことは容易に証明できる．

$$S_n = a+ar+ar^2+\cdots+ar^n$$

ここで S_n-rS_n を計算すると，$a-ar^{n+1}$ という単純な式になる．方程式 $S_n-rS_n=a-ar^{n+1}$ を S_n について解けば，

$$S_n = \frac{a-ar^{n+1}}{1-r}$$

そして n を大きくすると，S_n は最初の等比級数に近づいていく．

41) これは，うまくいきそうな数学モデルを用いた説明である．しかしパラドックスは残る．このモデルが2分法やアキレスの論証を正しく表していると信じれば，ゼノンの論証は単なる謎めいたものとして片付けられる．しかし，2分法を奇妙な形で中断させたり，アキレスと亀との競走を奇妙な形で一時停止させたりすることで，どのようにして運動の連続性を表すことができるのかという問題は，必ず残ってしまう．

42) これは，我々が知っている存在を実数と呼ぶという，奇妙な循環論法であるように思える．しかしすぐに分かるように，このいわゆる自己漸近的収束数列は，実数集合が持つべきすべての算術的性質や連続性を有する実数を，厳密に定義するのにふさわしい．そのような定義は，有理数がすでに定義されているという前提の上に成り立つことに注意してほしい．その定義には，有理数の定義と，漸近的や収束といった用語の意味，そして数列というものの意味が利用されている．

43) 読者は，この数列を続けていくためのしくみに疑問を抱くかもしれない．例えば，この数列の7番目や8番目の項は何であって，それはどのように作られるのか？ その答として，$\sqrt{2}$ に収束すると予想される数列を作るアルゴリズムはいくつか存在する．本章の後のほうでその一つが紹介されている（213ページ）．

44) ギリシャ人は，連分数と同じ結果を導く無限プロセスを知っていた．David Fowler, *The Mathematics of Plato's Academy*, Second

Edition, Oxford University Press, 1999 や Wilber Knorr, *The Evolution of the Euclidean Elements: A Study of the Theory of Incommensurable Magnitudes and Its Significance for Early Greek Geometry*, Kluwer Academic Publishers Group, 1980 を見よ．

45) ダンツィクはこの式を，各項がその一つ前の項の分母に含まれる分数であるとして書いている．これは本来次のように書くべきだ．

$$\sqrt{2} = 1 + \cfrac{1}{2 + \cfrac{1}{2 + \cfrac{1}{2 + \cfrac{1}{2 + \cdots}}}}$$

46)
$$\frac{1}{3} + \frac{1}{4} > \left(\frac{1}{4} + \frac{1}{4}\right)$$

や

$$\frac{1}{5} + \frac{1}{6} + \frac{1}{7} + \frac{1}{8} > \left(\frac{1}{8} + \frac{1}{8} + \frac{1}{8} + \frac{1}{8}\right)$$

などに注目すれば，調和級数

$$1 + \frac{1}{2} + \left(\frac{1}{3} + \frac{1}{4}\right) + \left(\frac{1}{5} + \frac{1}{6} + \frac{1}{7} + \frac{1}{8}\right) + \cdots$$

は

$$\frac{1}{2} + \left(\frac{1}{4} + \frac{1}{4}\right) + \left(\frac{1}{8} + \frac{1}{8} + \frac{1}{8} + \frac{1}{8}\right) + \cdots$$

より大きいことが分かり，これは

$$\frac{1}{2} + \frac{1}{2} + \frac{1}{2} + \cdots$$

に等しい．この級数は限りなく大きくなり，発散する．

47) 217ページで採り上げた単純なケースから，正負両方の項を含む級数では結合性や交換性は成り立たないことが分かる．0でない数 a を選び，$a - a + a - a + \cdots$ という級数を作る．その項を $(a - a) + (a - a) + \cdots$ とグループ分けすると，答は0となる．しかし $a + (-a + a) + (-a + a) + \cdots$ とグループ分けすると，答は a となる．

48) ダンツィクはここで間違いを犯したようだ．正しくは
$$y = \frac{1}{2} + \frac{1}{4} + \frac{1}{6} + \cdots = \frac{1}{2}\left(1 + \frac{1}{2} + \frac{1}{3} + \frac{1}{4} + \frac{1}{5} + \cdots\right)$$
である．

49) 例えばすでに見たように，$\left(\frac{3}{2}\right)^2, \left(\frac{4}{3}\right)^2, \left(\frac{5}{4}\right)^2, \left(\frac{6}{5}\right)^2, \cdots$ という数列の極限値は超越数 e であり，有理数ではない．

50) 一見して異なる二つの理論が同じ結果を与えるというのは，数学ではよくあることだ．一人がある概念（例えば無限）を毛嫌いしているように見え，別の一人がその概念に頼っていたとしても，本当は二人ともその概念を必要としており，一人はうまくごまかしてその概念を使っていないように見せかけるのだ．

51) それを説明するために，簡単な代数学と 2 次方程式を思い出してほしい．二つに分けた数を x と y と表せば，$x+y=10$, $xy=40$ となる．はじめの式から $x=10-y$ である．この式を方程式 $xy=40$ の x に代入すると $(10-y)y=40$ となり，整理すると $y^2-10y+40=0$ となる．この 2 次方程式を解くと，$y=5\pm\sqrt{-15}$ となる．

52) カルダーノは，$x^3+ax+b=0$ という形の方程式を解くための公式を見つけた．その式は，
$$x = \sqrt[3]{-\frac{b}{2} + \sqrt{\frac{b^2}{4} + \frac{a^3}{27}}} + \sqrt[3]{-\frac{b}{2} - \sqrt{\frac{b^2}{4} + \frac{a^3}{27}}}$$
である．方程式 $x^3-15x-4=0$ にこの公式を当てはめると，
$$x = \sqrt[3]{2+\sqrt{-121}} + \sqrt[3]{2-\sqrt{-121}}$$
という解が得られる．

53) これを理解するには，まず $\sqrt{-121}=11i$ であることに注目する．そして $i^2=-1$ という規則を使うと，
$$(2\pm i)^3 = 2\pm 11i$$
が得られる．この式を確かめるには，$2\pm i$ を 3 乗し，$i^2=-1$ という規則を使って整理すればよい．これを使うと，
$$\sqrt[3]{2+11i} + \sqrt[3]{2-11i} = (2+i)+(2-i) = 4$$
となる．

54) 当然ながら，指数が整数でない（もっと言うと指数が複素数である）数は何を表すのかと，疑問に思われるはずだ．n が正の整数であれば，x^n の意味は明白だ．指数の自然な規則，例えば $x^{n+m}=x^n x^m$ をそのまま変えることなしに，この表現の意味は拡張されて一般化されている．この規則を骨組みとすることでこの定義は任意の実数にまで拡張でき，さらに，ド・モアヴルの恒等式（複素数の指数と三角関数をつなぐもの）と，複素数を平面上に表す興味深い方法（いわゆる複素平面）の両方を使えば，実数から複素数にまで拡張できる．

55) 微積分学の基礎のこと．

56) 二つの量の幾何平均とは，それらの積の平方根のことである．この場合，二つの量は L と y である．古い用語（今では使われていない）を使って表すと，「半弦 x は通径 L と高さ y との積の平方根に等しい」と表現される．

57) ベクトルに馴染みのない読者のために説明すると，ベクトルとは二つの数のペアであって，幾何学的には，O を始点，A を終点とする直線としても考えることができる．この場合，点 O は座標 $(0,0)$ の原点である．A が $a+ib$ であれば，その位置は通常のデカルト座標の表記法で (a,b) となる．したがってこのベクトルは，$(0,0)$ を始点，(a,b) を終点とする直線である．点 A をベクトルとして解釈するのには，いくつか利点がある．その一つは，二つのベクトルを足し合わせられることである．ベクトル OA とベクトル OB を足すには，単にそれらの各成分を足し合わせればよい．OA の終点が (a,b)，OB の終点が (c,d) であれば，和 OA+OB の終点は $(a+c,b+d)$ となる．これがベクトルの加法における平行四辺形の規則であり，新たなベクトルは OA と OB を辺とする平行四辺形の対角線となる．

58) これは，無限であることの定義ととらえることができる．ある集合の要素をその集合の真部分集合の要素と 1 対 1 に対応させることができるとき，その集合は無限であるという．真部分集合の"真"とは，もとの集合に含まれる要素のうち少なくとも一つはその部分集合に含まれていないことを意味する．例えば正の偶数の集合は，すべて

の正の整数の集合の真部分集合である.なぜなら,3は大きい方の集合の要素だが,すべての正の偶数の集合には含まれないからだ.正の整数の集合は無限である.なぜなら,どの整数もそれに2を掛けた整数と対応させることができ,そのためすべての整数には偶数の相棒がいるからだ.

59) "可算"という言葉の代わりによく"可付番"という用語が使われる.有限集合の場合,数を数える行為は,正の整数の有限部分集合と1対1対応を作ることにほかならない.

60) これを理解するには,以下のように数を配列する方法もある.すべての正の整数を第1列に並べる.次の列にも整数を並べるが,今度はそれらを2で割って分数を作る.3列目には,分母を3とした分数を無限に並べる.結果,下のような配列が得られるはずだ.すると,$\frac{p}{q}$ の形に表されるすべての分数が2次元の配列上に並び,それぞれの位置は,右方向が q,下方向が p によって決まる.そして曲がりくねった矢印を使って,一度数えたものは飛ばしながら有理数を数え

```
1/1  1/2  1/3  1/4  1/5              1/q
2/1  2/2  2/3  2/4  2/5  ・・・        2/q
3/1  3/2  3/3  3/4  3/5  ・・・        3/q  ・ ・
4/1  4/2  4/3  4/4  4/5              4/q
5/1  5/2  5/3  5/4  5/5              5/q
 ・
 ・
 ・
p/1  p/2  p/3  p/4  p/5              p/q  ・・・
 ・
 ・
 ・
```

ていく．

61) 高さが小さければ，係数の選択肢は少ししかない．高さが1ならば，方程式の次数は1より大きくなりえない．したがって高さが1の方程式としては，$x=0$ というたった一つの選択肢しかない．高さが2であれば，選択肢は $x+1=0$, $x-1=0$, $x^2=0$ だけである．高さが3の場合，1次方程式から順次数えあげていく．1次方程式には $x+2=0$, $x-2=0$, $2x+1=0$, $2x-1=0$, $3x=0$ の五つがあるが，3次方程式は $x^3=0$ の一つしかない．

62) すべての実数を列挙しようとすると，ある問題に気づく．0と1のあいだにある実数は，(無限)小数列によって表現できる数である．例えば 0.4673904739828983493… がそのような数で，最後の点々は数字が限りなく続くことを示している．0から1までの実数を並べてみよう．そのリストは例えば次のようになる．

1	0.46739…
2	0.38654…
3	0.03936…
4	0.84534…
5	0.67657…

……………………

実数をどのように並べようとも，リストに含まれない実数が必ず無限個残る．その中の一つを示そう．無限に続くこの表の対角線（下の

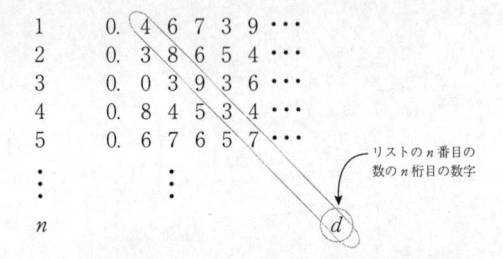

1	0.	4	6	7	3	9	…
2	0.	3	8	6	5	4	…
3	0.	0	3	9	3	6	…
4	0.	8	4	5	3	4	…
5	0.	6	7	6	5	7	…
⋮		⋮					
n						d	

— リストの n 番目の数の n 桁目の数字

図で囲った部分）をなぞっていって数を作る．すると得られるのは，0.48937…という数だ．

次に，この対角線の数を次のような方法で変化させて，新たな数を組み立てる．9以外の数字には1を加え，9は0に変えるのだ．今の例だと，最初の数字は5になり，2番目は9，3番目は0となる．すると，新たに作られた数は0.59048…となる．この数はリストには載っていない．もし載っているとしたら，それはリストのどこかの場所，例えばn番目にあるはずだ．すると，リストのn番目にある数の第n桁の数字（丸で囲んだ数字）は同時にdでも$d+1$でもあるという，きわめて奇妙な状況に陥ってしまう．唯一考えられるのは，先ほど組み立てた数（0.59048…）がリストに含まれていないと認めることだ．ここから，実数の集合は整数の集合より"大きく"，したがって有理数の集合よりも"大きい"ことが分かる．対角線上の数字は限りなく続くので，上述のような方法で，リストに載っていない数を無限個作ることができる（各数字に2や3，あるいは1から9までのどの数字を足しても，同じ結果になる）．ここから，実数の集合の基数は有理数の集合の基数よりも大きいことが分かる．

63) これを理解するために，ABという直線の下にもっと長いCDという直線を描く．そのそれぞれの端点を結んでACとBDという2本の直線を引き，それらを上のほうに伸ばして交差した点をPとする．そしてAB上に任意の点Qを選び，PからQに直線を引いてそれを伸ばし，CDと交差した点をRとする．このようにすれば，AB上の点とCD上の点のあいだに1対1対応を作ることができる．

64) ここで小数とは，単純に0と1のあいだの実数を10進展開し

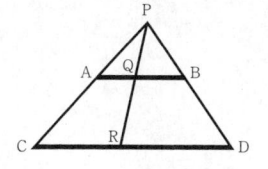

たものを意味する．例えば実数 $\frac{1}{\pi}$ は 0.31830… となる．

65) そのような集合が存在するかという問題は，連続体仮説と呼ばれている．ダンツィクは，この連続体仮説という名前にこそ触れていないものの，連続体については詳細に述べている．1964 年以前，整数より大きく実数より小さい濃度を持つ集合が存在するかという問題には，答が出ていなかった．連続体仮説とは，そのような濃度を持つ集合は存在しないというものである．1964 年にスタンフォード大学の若き数学者ポール・コーエンが，連続体仮説は真でも偽でもないことを証明した．言い換えると，その真偽は集合論の公理系に何を選ぶかによって変わってくるため，決定可能ではないのだ．

66) これらの対応関係は，一つの集合として考えることができる．

67) この二つの学派の大きな違いを一つ述べておこう．形式主義者は，ある数学的対象の存在から矛盾が導かれない限りその数学的対象は存在すると考えるが，直観主義者は，有限回のステップで記述したり構築したりできる数学的対象しか認めない．

参考文献

　絶版になっているものもわずかに含まれているが，以下に挙げたのは，明快さ，理解のしやすさ，そして入手のしやすさで選んだ本である．ほとんどは書店で入手できる．残りは大きな図書館で読むことができる．価値のある優れた本は数多くあるので，その中から選び出すのは難しいが，以下に短いリストを示そう．

　全篇にわたる原典としては，
・Courant, Richard, and Robbins, Herbert. *What Is Mathematics? An Elementary Approach to Ideas and Methods.* Revised by Ian Stewart. Oxford: Oxford University Press, 1996.（邦訳：『数学とは何か』森口繁一監訳，岩波書店，2001）
　この本も本書と同じくもともと第2次世界大戦前に書かれたもので，数学がどんなものかを説明した古典的な入門書である．本書の中で出くわす専門的な疑問の多くは，この本でほとんど解決する．好奇心のある読者なら，数学のさまざまな分野から探してきたいくつもの興味深い話題より深く理解したいと思うはずだ．

第1章
・Butterworth, Brian. *What Counts: How Every Brain Is Hardwired for Math.* New York: Free Press, 1999.
　この本は，人間や動物が数や数学をどのように考えるかを見事に説明している．
・Dehaene, Stanislas. *The Number Sense: How the Mind Creates Mathematics.* New York: Oxford University Press, 1997.
　人間（および動物）が数学についてどのように考えるかを，読みやすく興味深い形で説明している．とくに第2章は新生児の数感覚に

ついて，第4章は人類がどのようにして数を概念化したのかを解説している．

- Menninger, Karl. *Number Words and Number Symbols: A Cultural History of Numbers*. Translated by Paul Broneer. New York: Dover, 1992. (邦訳:『図説 数の文化史』内林政夫訳, 八坂書房, 2001)
  この本はきわめて幅広い話題を扱い，数の文化史を詳しく記している．どの節を読んでも，数の記法や記号，そして数えるという文化的概念の進化に関する驚くべき事実に心を奪われる．この本には，古代の数える行為や計算，そして測定道具に関する写真や絵が豊富に掲載されている．

- Neugebauer, Otto. *The Exact Sciences in Antiquity*. New York: Dover, 1969. (邦訳:『古代の精密科学』矢野道雄, 斎藤潔訳, 恒星社厚生閣, 1984)
  1949年にコーネル大学でおこなわれたノイゲバウアーの講義は，それ以来エジプトやバビロニアの数学史の基準とされている．この本はとても読みやすいと同時に，科学史家にも使われている．

第2章

- Cajori, Florian. *A History of Mathematics*. New York: Chelsea, 1999.
  この本は，古代から20世紀前半までの数学史を簡潔に記したものである．本書と併せて読む本として適していて，本書と同様に美しい文体で書かれている．

- Kaplan, Robert. *The Nothing That Is: A Natural History of Zero*. New York: Oxford University Press, 1999. (邦訳:『ゼロの博物誌』松浦俊輔訳, 河出書房新社, 2002)
  この本は，0の概念の進化をめぐる機知に富んだ愉快な解説書である．書き出しは「0を見ても何も見えないが，0の中をのぞき込めば世界が見える」．この本を読めば，世界が違って見えてくる．

- Seife, Charles. *Zero: The Biography of a Dangerous Idea*. New York: Viking, 2000. (邦訳:『異端の数ゼロ』林大訳, 早川書房, 2003)

0に関するもう一冊の愉快な本．カプランの本との大きな違いは，より事実に即したスタイルに加えて，0と無限がもたらした物理的影響により大きな紙幅を取っている点だ．

第3章

- Aczel, Amir. *Fermat's Last Theorem: Unlocking the Secret of an Ancient Mathematical Problem.* New York: Delta, 1997. （邦訳：『天才数学者たちが挑んだ最大の難問』吉永良正訳，早川書房，2003）
  この見事な冒険物語からは，世界一有名な問題の背景をまざまざと感じ取ることができる．アクゼルが見事なのは，物語の面白さを損なうことなしに，その背景を高校レベルの数学で説明している点だ．

- Allman, George. *Greek Geometry from Thales to Euclid.* New York: Arno Press, 1976.
  紀元前3世紀にエウデモスが幾何学の失われた歴史について記し，それをプロクロスが本にまとめたが，それを補ったものが19世紀に書かれたこの本である．ここには，ピタゴラスをめぐる紀元前5世紀の数学に関する，包括的で良く書かれた解説が収められている．

- Berlinghoff, William, and Fernando Gouvêa. *Math Through the Ages: A Gentle History for Teachers and Others.* Farmington, MA: Oxton House, 2002.
  きわめて良く構成された親しみやすい本．一般的なあらましと，より詳細な"短編集"の2部に分かれている．この本の見事な点はその説明のしかたにある．あらましの話の流れが詳細によって途切れることはなく，そのまま短編へとつながっている．強調表示された単語がさらなる詳細へとリンクしている，インターネットのサイトを思い起こさせる．

- Ogilvy, Stanley, and John Anderson. *Excursions in Number Theory.* New York: Dover. 1966.

この本は，興味深い考えや問題を巧みに織り込んだ数論の見事な入門書である．著者らは，刺激的な話題を提供するとともに，専門的な記述と読みやすさのバランスを取っている．

・Ore, Øystein. *Number Theory and Its History*. New York: Dover, 1968.
専門用語をほとんど使っていないこの本は，数論の歴史をその誕生から現代の理論に受け継がれるまでにわたって概説している．明快かつ簡潔なスタイルで書かれており，この分野に関する魅力的な事柄に数多く触れている．

・Singh, Simon. *Fermat's Enigma: The Epic Quest to Solve the World's Greatest Mathematical Problem*. New York: Anchor, 1998（邦訳：『フェルマーの最終定理』青木薫訳，新潮社，2000）
最近導かれたフェルマーの最終定理に対する証明を解説した，もっとも評判の良い本．その証明を完全に理解するにはきわめて専門的な数学の知識が必要だが，この本は高校レベルの数学だけを使ってその驚きの問題について生き生きと語っており，読者はその冒険に感動させられる．

・Whitehead, Alfred North. *An Introduction to Mathematics*. New York: Henry Holt, 1939. （邦訳：『ホワイトヘッド著作集 2 数学入門』大出晃訳，松籟社，1983）
この短い本は，数学を学ぶ上で必要な重要かつ基本的概念を集めたものである．少し時代遅れだが，今でもとても読みやすい．

第 4 章

・Goodstein, R. L. *Essays in the Philosophy of Mathematics*. Leicester, UK: Leicester University Press, 1965.
この本は，明快な説明的文体で知られる多作の著述家ルーベン・グッドシュタインが数々の有名雑誌に書いた，きわめて読みやすい小論を集めたものである．証明の概念や公理的方法について簡単に手早く理解したい読者には，この本の小論がうってつけだ．

第5章

・Cajori, Florian. *A History of Mathematical Notations*. New York: Dover, 1993.

この本はもともと 1929 年に出版された．今では使われていない古代の表記法がどのようにして現代の表記法へと進化したのかを，包括的に説明している．

・Hogben, Lancelot. *Mathematics for the Million*. New York: Norton, 1946．（邦訳：『百万人の数学』久村典子，日本評論社，2015）

数学のさまざまな話題を集めた本．第 7 章「代数学はどのように誕生したか」はダンツィクによる本書の見事な紹介文となっており，紀元前 1 世紀の中国で使われていた棒を用いた数の記号に始まり，いくつかの実際的な問題を経て，16 世紀の略記的代数学に至るまでの進歩を記している．

第6章

・Beckmann, Petr. *A History of Pi*. New York: St. Martin's Griffin, 1976．（邦訳：『π の歴史』田尾陽一，清水韶光訳，筑摩書房，2006）

ソ連に対する政治的風刺と若干不適切な記述に目をつぶれば，興味深く愉快で読みやすい本である．

・Niven, Ivan Morton. *Numbers: Rational and Irrational*. Washington DC: Mathematical Association of America, 1961.

この本は無理数の優れた入門書であり，話は自然数から始まっている．初めの方の章は初歩的であり，後の方の章はもっと進んだ意欲的な読者向けだ．

・Russell, Bertrand. *The Principles of Mathematics*. London: George Allen & Unwin, 1956.

この本は 20 世紀初めに書かれたが，今でも数学の哲学を説明したもっとも明快でもっとも優れた本の一つである．この本の第 33 章は，本書の第 6 章と密接に関係している．500 ページにわたるこの本は，本書で述べられている話題の多くを包括的に説明している．

第 7 章

・Russell, Bertrand. *Our Knowledge of the External World*. Chicago: Open Court, 1914.

この本を手に入れられたら,第 3, 4, 5 章が十分読むに値する.ラッセルは独特の落ち着いたスタイルで書き進めており,ゼノンの論証をもっとも明快に理解させてくれる.

第 8 章

・Russell, Bertrand. *The Principles of Mathematics*. London: George Allen & Unwin, 1956.

第 6 章に紹介したのと同じ本.この本の第 32 章が本書の第 8 章と対応している.この章には数学的に難解な部分がいくつかあるが,ラッセルは明快な筆致で難しい概念の多くを克服させてくれる.

第 9 章

・Dedekind, Richard. *Essays on the Theory of Numbers*. New York: Dover, 1963.(邦訳:『数とは何かそして何であるべきか』渕野昌訳,筑摩書房,2013)

この薄い本で,無理数に関するデデキントの理論を直接学ぶことができる.無理数に対する正確で厳密な定義が与えられている.超限数や連続体に対するデデキントの考え方も説明されている.この本は,もともと 19 世紀末に厄介なほど簡潔な言葉遣いで書かれたものだ.そのため,理解するには少し努力が必要だが,努力する価値は十分にある.

第 10 章

・Mazur, Barry. *Imagining Numbers*(*Particularly the Square Root of Minus Fifteen*). New York: Farrar Straus Giroux, 2003.(邦訳:『黄色いチューリップの数式』水谷淳訳,アーティストハウス,2004)

詩と数学における想像力について説明した,読みやすくためになる

本．とくに第2章「平方根をイメージする」と第3章「数を見る」が，本章と関連している．

- Reichmann, W. J. *The Spell of Mathematics*. London: Penguin, 1972.
  タイトルにあるとおり，人はこの本の魔法にかかってしまう．ライヒマンはさまざまな話題を結びつけ，その驚くようなつながりを見せてくれる．最初の7つの章を読んでから，第15章「結局どういうことなのか？」までは読み飛ばすと良い．

- Sawyer, W. W. *Mathematician's Delight*. London: Penguin, 1976.
  数学に関するさまざまな話題を取り揃えた面白い入門書を探しているのなら，この本を読んでみてほしい．ソーヤーはたくさんの例を挙げて，理論との隔たりを橋渡ししてくれている．この本では，本書で簡単に述べられている話題の多くが採り上げられている．

- Stewart, Ian. *Concepts of Modern Mathematics*. New York: Dover. 1995.（邦訳：『現代数学の考え方』芹沢正三訳，筑摩書房，2012）
  まさにタイトルどおりの本．この著者の他の本を読んだことがある人は，この本が明快かつ簡潔，正確かつ理解しやすいことはお分かりだろう．

- Whitehead, Alfred North. *An Introduction to Mathematics*. New York: Henry Holt, 1939.（邦訳は前出）
  この短い本は，数学を学ぶ上で必要となる重要な基本的概念を集めたものである．少し時代遅れだが，今でもとても読みやすい．

第11章

- Aczel, Amir. *The Mystery of the Aleph: Mathematics, the Kabbalah and the Search for Infinity*. New York: Washington Square Press, 2000.（邦訳：『「無限」に魅入られた天才数学者たち』青木薫訳，早川書房，2002）
  カントルの生涯を通して無限という概念の発展を追いかけた，実に面白い本．

- Bolzano, Bernard. *Paradoxes of the Infinite*. Translated by Dr. Fr.

Přihonský. London: Routledge and Kegan Paul, 1950.（邦訳：『無限の逆説』藤田伊吉訳，みすず書房, 1978)

この文献を紹介したのは，紙幅の半分近くを占めている，ドナルド・スティールが書いた歴史に関する概論のためである．言い回しは古臭いが，歴史に関するその詳細な記述からは，無限が積極的に研究されはじめた時代の様子をはっきりと感じ取ることができる．この本には無限に関するきわめて興味深いパラドックスが何百も収録されており，古風な言い回しを克服するつもりがあれば，数学の素養がなくても容易に理解できる．

・Gamow, George. *One Two Three... Infinity: Facts and Speculations of Science.* New York: Viking, 1961.（邦訳：『1, 2, 3…無限大』崎川範行訳，白揚社，2004)

一度読みはじめたらなかなかやめられない．この本は20世紀半ばに書かれたものだが，今でもかなりの新鮮さを持っている．数学や科学の多岐にわたる分野を驚くような形で結びつけているとともに，読者を無限へと導く要素をたくさん持っている．

・Kaplan, Robert, and Ellen Kaplan. *The Art of the Infinite: The Pleasures of Mathematics.* New York: Oxford University Press, 2003.

カプランのもう一冊の本 *The Nothing That Is* と同じく，この本もウイットに富んでいて読み出したらやめられない．カプランの詩のような文体ゆえ，一般の人でも数学について読むことにまたとない楽しさを感じられる．無限について簡単かつ幅広く扱った優れた本だ．

・Maor, Eli. *To Infinity and Beyond.* Princeton, NJ: Princeton University Press, 1991.（邦訳：『無限の彼方へ』三村護，入江晴栄訳，現代数学社，1989)

この本は無限に関する良く書かれた入門書である．マオールは，無限数列の収束や極限，無限に関するパラドックス，M. C. エッシャーの絵に描かれた無限タイリングの問題，そして古代や現代の宇宙論における無限の概念といった厄介な問題へと，読者を慎重に導いて

くれている.

・Lavine, Shaugham. *Understanding the Infinite*. Cambridge: Harvard University Press, 1998.

この本でラヴィンは,無限の哲学や歴史に関する独自の考え方を述べている.一部は一般の人にも理解できるが,この本の大部分は数学の知識を持った読者向けである.

・Rucker, Rudy. *Infinity and the Mind*. Princeton, NJ: Princeton University Press, 1995.(邦訳:『無限と心』好田順治訳,現代数学社,1986)

無限のさまざまな側面を盛り込んだ,見事に書かれた本.カントルの論証を明快に説明し,無限の正体をさまざまな視点から探っている.この本はまた,ゲーデルの不完全性定理をきわめて明快に説明している.

・Russell, Bertrand. *Introduction to Mathematical Philosophy*. London: George Allen and Unwin, 1919.

絶版だが,たいていの大きな図書館では簡単に見つけられる.この本は,自然数の基礎を驚くほど明快に説明している.ラッセル独特のスタイルによって,わずか3つの短い章で無限と帰納法にまでたどり着く.

第12章

数学とは何かという問題に対してダンツィクに代わる考え方を採り上げた本はほとんどない.以下の本はかなりいい線をいっているが,別の意見を採り上げたほうが良かったかもしれない.

・Changeux, Jean-Pierre, and Alain Connes. *Conversations on Mind, Matter, and Mathematics*. Trans. by M. B. DeBevoise. Princeton, NJ: Princeton University Press, 1995.

この素晴らしい本は,生物学者と数学者が,数学の普遍性とそれを理解する神経生物学的メカニズムに関して対談したものである.数学とは何か,そして人間はどのようにして数学を理解するのかとい

った問題の核心へと読者を導いてくれる本は，ほかにない．
- Greenberg, Marvin Jay. *Euclidean and Non-Euclidean Geometries: Development and History*. New York: Freeman, 1993.

 これは幾何学に関する本だが，第8章では数学とは何かを見事に概説している．この本には，数学と現実がどのように関係しているかという問題に関する関連文献が紹介されている．非ユークリッド幾何学を学ぶなら，この本がうってつけだ．明快に書かれているし，非ユークリッド幾何学の世界を直感的に感じ取るための手頃な練習問題が数多く収録されている．

- Lang, Serge. *The Beauty of Doing Mathematics: Three Public Dialogues*. New York: Springer-Verlag, 1985.（邦訳：『数学の美しさを体験しよう：三つの公開対話』宮本敏雄訳，森北出版，1989）

 これは，高名な数学者であるサージ・ラングと数学者でない聴衆との対話を集めた珍しい本である．ラングは聴衆の中の1人の女性を指さし，「あなたにとって『数学』はどういう意味がありますか」という質問から会話を切り出している．

- Polanyi, Michael. *Personal Knowledge: Towards a Post-Critical Philosophy*. Chicago: University of Chicago Press, 1974.（邦訳：『個人的知識：脱批判哲学をめざして』長尾史郎訳，ハーベスト社，1985）

 厳密に機械的な方法で表現できて検証できるものだけが有効な知識であるという考え方を，ポランニーは論破している．

- Wigner, Eugene. "The Unreasonable Effectiveness of Mathematics in the Natural Sciences." *Communications on Pure and Applied Mathematics* 13, No. 1 (February 1960).

 本書のこの版の「編者まえがき」で引用したこの有名な論文には，数学と現実との主観的および客観的な結びつきに関する興味深い考え方が述べられている．

文庫版訳者あとがき

　本訳書の底本 "Number: The Language of Science" は，1930年に初版が，1954年に最終の第4版が出版され，それに編者注などが加えられて2005年に復刊されたものである．第2版の邦訳書は，1945年に岩波書店から河野伊三郎訳で『科学の言葉＝数』というタイトルで出版されている．

　本書は，数とはいったい何なのか，数の概念は歴史的にどのように発展してきたのかを，技術的な詳細に深入りしすぎることなく簡明にひもといている．かのアルベルト・アインシュタインも，「数学の進歩を扱った本として，私がこれまでに手に取った中で間違いなく一番おもしろい」と評している．タイトルに「科学」(Science) という単語が含まれているが，けっして，数学を物理学や生物学などの分野へ応用するための実践的な手引書という意味ではない．数という基本的な概念が人間の思考においてどのような役割を果たしているかという意味であって，この Science という単語は，単に「科学」というよりももっと幅広く，「学問」または「知」と解釈したほうが内容的には近いかもしれない．科学者のみならず誰もが身につけるべき概念や考え方を説いた本，と言っていいだろう．

原書が古いだけに，本文では現在と若干異なる言い回しが使われていたり，最近の研究成果が反映されていなかったりする箇所もあるが，編者注で適宜補足されているし，そもそも綴られているテーマ自体は時代に左右されない普遍的なものである．数学がほかの科学と違うのは，ひとたび確立した事柄が未来永劫にわたって通用しつづける点だ．初版の出版当初から高い評価を受けていた本書は，いまなおまったく色褪せていない古典と言えるだろう．

著者のトビアス・ダンツィクは，1884年に現在のラトビア共和国（当時はロシア帝国の一部）で生まれた．若いときに帝政に反対してフランスへ亡命，パリで大物数学者アンリ・ポアンカレから数学を学んだ．そして1910年にアメリカへ移住したが，英語が不得意だったために，オレゴン州で木こりや道路工事作業員やペンキ職人の仕事を転々とした．しかし，数学者フランク・グリフィンに勧められてインディアナ大学へ入学し，1917年に数学の博士号を取得．その後，ジョンズ・ホプキンス大学，コロンビア大学，メリーランド大学で教鞭を執り，1956年に72歳で世を去った．ちなみに息子のジョージ・ダンツィク（1914-2005）は，工業や経済など数多くの分野に欠かせない線形計画法の開発において重要な貢献を果たした．

編者のジョセフ・メイザーは，1942年ニューヨーク・ブロンクス生まれ．ニューヨークにある私立美術大学プラット・インスティテュートで建築学を学び，1972年にマサチューセッツ工科大学で数学の博士号を取得した．数学のさ

まざまな分野を教えるとともに，教育プログラムの開発や一般向けの数学書の執筆に取り組んでおり，現在はヴァーモント州にあるマールボロ・カレッジの名誉教授．邦訳のある著書としては，『数学と論理をめぐる不思議な冒険』（日経 BP 社），『ゼノンのパラドックス』（白揚社），『ギャンブラーの数学』（日本評論社），『数学記号の誕生』（河出書房新社）がある．

まえがきを書いたバリー・メイザーは，編者ジョセフの兄．1937 年に生まれ，1959 年にプリンストン大学で博士号を取得．幾何学的トポロジーの研究に取り組んだのちに，グロタンディークの代数幾何学の影響を受けてディオファントス幾何学に鞍替え，フェルマーの最終定理の証明において鍵となった定理を証明するなど，数々の重要な貢献を果たしている．現在はハーヴァード大学の教授を務めている．一般向けの著書として『黄色いチューリップの数式』（アーティストハウスパブリッシャーズ）がある．

2016 年 4 月

訳　　者

索 引

ア 行

アインシュタイン 315
アウグスティヌス 76
アキレス 70
アダマール 365
アティヤ 10
アブラハム 70
アーベル 157-159, 218, 220-221
アポロニオス 162, 181, 260
アラブ人 124-126, 156
アリストテレス 74, 101, 172, 176, 442
アルガン 253, 263, 269
アルキメデス 98-99, 162, 165, 181, 213, 259, 331-332
アルゴリズム 62, 67
アルファベット 51-52, 380
アル＝フワーリズミー 62, 116
e 167, 204, 207, 251
1対1対応 31
因数定理 252
インド人 122-123, 156
ヴァイエルシュトラス 140, 182, 211, 255, 313
ヴァンツェル 426
ヴィエト 127-129, 132, 166, 259, 262, 370, 382
ウィグナー 14
ヴィノグラードフ 430-431
ウィルソン 84
　——の定理 347-348, 357-361, 363

ウェアリング 357
ヴェッセル 263, 268-269
ウォリス 183, 339, 397, 402
ヴォルフスケール 88
　——の定理 84
エウクレイデス 11, 77, 79-80, 148, 180, 390, 395, 401-403, 428, 440
　——数 84
エウドクソス 390
エジプト人 86, 116
エラトステネス 78-79, 363
エリエゼル 70
エルデシュ 365
エルミート 167
演繹 102-104
円錐曲線 260
円積問題 99, 161-167, 216, 260, 390, 409, 426
オイラー 83, 85, 87-88, 106, 183, 214, 253, 256, 259, 339, 352, 358, 364, 366-368, 372, 375-377, 389, 398
　——の恒等式 251
オウィディウス 24

カ 行

解析幾何学 153, 181, 185, 240-241, 259, 264-266
『解析者』 184, 189
ガウス 253-254, 256-257, 263, 268-269, 282, 309, 341, 358, 361, 364, 368-369, 400-401

カウンティング・ボード 55-60, 64, 260
角の三等分問題 161-164, 260, 409, 426
賭け事 106
可算 287-290, 410-411, 447
過剰数 76
ガリレオ 184, 278
カルダーノ 247, 306, 388, 445
ガロア 157-159
完全帰納法 408
完全数 76-77, 377-379
カント 14, 100, 315
カントル 12, 100, 160, 182, 197, 205-206, 211, 221, 227, 231-241, 246, 266, 276, 281-303
完備 227
幾何学 73, 112-113, 144-151, 194, 241, 266, 390-394, 409-410
 有界── 412-413
『幾何学』 129, 185, 262-263
基数 33-35, 48, 52, 284, 291, 299
帰納 66, 102-104
級数 197-198, 201-203, 217, 220
共役複素数 248
極限 165, 181, 196, 201-210, 227, 237
虚数 247, 309-310
くさび形文字 48
クセルクセス1世 330
位取り記数法 52, 55, 57-59, 62, 260, 267, 332-334, 381
位取り記数法主義者 62-63
グラスマン 272
グラフ 149, 259
クロネッカー 168, 311

群, 群論 157-158
クンマー 88-89, 271
形式主義 100, 141-143, 300
形式不易の原理 136-140, 158, 207-208
ケイリー 306
結合性 92-93, 107, 112, 208, 219, 236
ケーニッヒ 299
ケプラー 184, 335
ゲマトリア 69-71, 75, 380
『原論』 11, 77, 180, 390, 395, 428
広延論 272
交換性 92-93, 112, 208, 219, 236
合同 341, 362
公理論 102
コーエン 450
コーシー 218, 221, 255
5次方程式 158, 387-390
互除法 395-398, 401-403
ゴールドバッハ予想 85, 426, 430-432, 438

サ 行

座標幾何学 267
三角数 73
算術 66-67, 266
サン族 28
算板 55-57
算板主義者 62-63
四角数 73
四元数 272, 294
自己漸近性 205-206
自然数 92, 96, 132, 287
10進法 38-45, 337
実数 208-211, 225-228, 410-411
実無限 277, 281-282

射影幾何学 263, 271
シャール 260
収束 201-209, 227, 237
　絶対収束と条件収束 219
シューマッハ 282
シュメール人 116
循環小数 203-204, 339
順序型 291
小数点 334-335
序数 33-35, 52, 291
ジラール 252
シルヴェスター 306
『新科学対話』 276
推移性 413-416
数学的帰納法 104, 108, 111, 113, 351
数感覚 24-28, 36
数三角形 349-352
数多性 34, 275-277
数列 197-210
数論 66-67
『数論』 156, 441
ステヴィン 334-335
『砂粒を数える者』 98, 331
整関数 255
整数 92, 134, 168
整列 225
ゼータ関数 429, 433
セルバーグ 365
切断 → 「分割」を見よ
ゼノン 91, 100, 171-177, 187, 190, 196, 201-202, 441
0（ゼロ） 60-62, 65, 122, 268
相対性の原理 307
素数 78-85, 338, 354-357, 362-369, 377-379
　フェルマー―― 369, 401

メルセンヌ―― 338, 369
双子―― 81, 133, 427
ソフィスト 170-171

タ 行

対角線論法 410-411
代数学 115-143, 181, 265
　記号的―― 117
　文章的―― 117, 124, 143, 260
　略記的―― 117, 122, 124
　――の基本定理 253, 268, 367, 383
『代数学完全入門』 256
代数的数 158-159
代数的ペアリング 137
高さ 291-292
多項定理 352-354
ダビデ 98
ダランベール 179, 183, 191, 218, 253-254
タルタリア 247
ダレイオス 69
単生スズメバチ 25, 330
タンヌリ 174
チェビシェフ 81, 365
稠密 152, 226, 288
チューリング 429
超越数 160, 167, 208, 215, 276, 293-294
超限算術 284-285
超限数 284-288, 293, 296, 298-299
直観主義 100, 168, 301
通約可能／不可能 416, 416-417, 440
ツェルメロ 300
テアイテトス 440

ディオファントス 86, 120-121, 129, 156, 181, 370, 375, 398, 441
ディクソン 82
ディケンズ 50
ティムシャン族 30
ディリクレ 219, 368, 407
テオン 149-150, 212
デカルト 10, 125, 127, 184-185, 240, 259-266, 309, 383
デザルグ 263
デデキント 12, 196, 231-241, 246, 266, 286, 408
テンソル 271, 294
ド・モアヴル 251, 446
ド・ラ・ヴァレー=プーサン 365
取り尽くしの方法 165, 181-182

ナ 行

2項展開 124, 350
ニコマコス 66, 74-75-77
2進法 41-42, 336
ニーチェ 325
ニューカム 166
ニュートン 124, 182, 184-187, 259
ネイピア 334
ネモラリウス 60-61
濃度 → 「パワー」を見よ

ハ 行

π 161-162, 165-167, 182, 213, 216, 251
ハイヤーム 124, 156, 262, 391
背理法 148
バークリー 184, 187-190
バースカラ 246, 286

パスカル 82, 106, 184, 339, 342-344, 349-352, 408
発散 200
パッポス 121
ハーディー 90
パトロクロス 70
ハミルトン 136-137, 272
パラドックス 100
ハリオット 252, 382-385
——の原理 382-384
『パルメニデス』 171
パワー 281, 284-288
ハンケル 136
ヒエログリフ 48
微積分学 181-185
ピタゴラス学派 8, 69, 71-75, 89, 144-147, 150, 349, 417
ピタゴラス数 86-87, 145, 369-375
非ユークリッド幾何学 263, 271
ビュフォン 43, 336
ヒルベルト 102, 300-301, 313
ピロラオス 74
フィボナッチ 126-127, 129, 346, 349-350, 370, 382
フェッロ 247
フェニキア人 51
フェラーリ 157, 252
フェルマー 82-83, 85-89, 105-106, 185, 240, 259, 262-266, 369-373, 408
——数 82-83, 369
——の小定理 354-357, 363
——予想 346, 398
フォン・シュタウト 269
不可分者 183, 189
複素数 248-274, 294, 310-311,

373
不足数 76
不定方程式 398-400
ブラウワー 301
プラトン 74, 170, 260, 442
ブラリ=フォルティ 299
ブリッグス 335
ブリュン 81
『プリンキピア・マテマティカ』 141-142
フレニクル 355
プロクロス 147
分割 234-236, 246, 408
ブングス 70
分配原理 407-409
分配性 93-94, 208, 236
ペアノ 102, 141
ベクトル 70
ベクトル解析 272
ベーダ 437
ベルクソン 174
ベルトラン 81
ベルヌーイ（ヤコブ） 218, 353
ベルヌーイ（ヨハン） 218, 259, 339, 353
ヘルムホルツ 318-319
ヘロドトス 56
ヘロン 149, 212
ポアンカレ 14, 69, 108-111, 301, 306, 318-319
ホイヘンス 398-399, 402
ボノリス 81
ボヤイ 263, 271
ポリュビオス 56
ボルツァーノ 281
ホルンボエ 220
ボレル 301

ホワイトヘッド 141
ポンスレー 64, 271
ボンベリ 213, 247-251, 273

マ 行

マクローリン 218
マッハ 318-319
マルファッティ 390
無限 97, 99-100, 165, 168, 237
——降下法 372, 408
無限小 189
——解析 181-182, 196, 352
『無限点集合について』 281
『無限のパラドックス』 281
無理数 147-151, 154-156, 158, 276
メナイクモス 390-391
モーセ 68, 98
モンテスキュー 68

ヤ・ラ・ワ行

ヤコビ 125
友愛数 75
有理数 124, 137-139, 151-153, 194, 206-211, 224-227, 233-238, 275, 288-291, 311, 416-418
ライプニッツ 9, 41-42, 83-84, 182, 184, 217, 259, 273, 336, 352-353, 355-356
ラエリウス 171
ラグランジュ 43, 82, 88, 157, 213, 253, 358, 361-363, 388-389, 398
ラッセル 30, 102, 105, 141, 299-300
ラプラス 42, 46, 190

ラマヌジャン 347
ランベルト 166, 215, 339
リー 271
リウヴィル 160-161, 215, 293-294
リシャール 299
理想数 89, 271
リッチモンド 346
立方体倍積問題 161, 260, 409, 426
リーマン 88, 255, 271, 306
── 予想 429, 433
流率 186
『リーラーヴァティ』 122
リンデマン 167
リンド・パピルス 116
ルイ 14 世 9, 211
累乗根 132, 154, 156-159, 212-213, 247, 253
ルジャンドル 160, 166, 364-365, 368
ルター 70
『ルバイヤート』 124
ルフィニ 157
レイリー卿 382
『連続性と無理数』 196, 231
連続体 196, 228, 238-239, 276, 293-298, 321, 419-421
── 仮説 450
連分数 149, 213, 395, 440
ロバチェフスキー 263, 271
ロベルヴァル 185, 372
ロト 70
ワイル 301-302
ワイルズ 426-427
割符 48-51

本書は二〇〇七年二月十九日、日経BP社より刊行された。
文庫化にあたり改訳した。

数学序説	吉田洋一 赤攝也	数学は嫌いだ、苦手だという人のために。幅広いトピックを示しつつ、歴史に沿って解説。反例から半世紀以上にわたり読み継がれてきた数学入門のロングセラー。
ルベグ積分入門	吉田洋一	リーマン積分ではなぜいけないのか。ルベグ積分誕生の経緯と基礎理論を丁寧に解説。いまだに古びない往年の名教科書。(赤攝也)
私の微分積分法	吉田耕作	ニュートン流の考え方にならうと微分積分はどのように展開される？ 対数・指数関数、三角関数から微分方程式、数値計算の話題まで。(俣野博)
力学・場の理論	E・L・ランダウ/水戸巌ほか訳	圧倒的に名高い「理論物理学教程」に、ランダウ自身が構想した入門篇があった！ 幻の名著「小教程」がいまよみがえる。(山本義隆)
量子力学	E・M・D・ランダウ/E・L・リフシッツ 好村滋洋/井上健男訳	非相対論的量子力学から相対論的理論までを、簡潔で美しい教程構成で登る入門教科書。大教程2巻をもとに新構想の別版。(江沢洋)
統計学とは何か	C・R・ラオ 藤越康祝/柳井晴夫 田栗正章訳	さまざまな現象に潜んでみえる向こう新しい学問＝統計学。他分野への応用を視野に入れつつ、史・数理・哲学など幅広い話題をやさしく解説。「不確実性」に立ち向かう名教師による
ラング線形代数学(上)	サージ・ラング 芹沢正三訳	学生向けの教科書を多数執筆している名教師による線形代数入門。他分野への応用を視野に入れつつ、具体的かつ平易に基礎・基本を解説。
ラング線形代数学(下)	サージ・ラング 芹沢正三訳	『解析入門』でも知られる著者はアルティンの高弟だった。下巻では環・体の代数的構造を俯瞰する抽象の高みへと学習者を誘う。
数と図形	H・ラーデマッヘル/O・テープリッツ 山崎三郎/鹿野健訳	ピタゴラスの定理、四色問題から素数にまつわる未解決問題まで、身近な「数」と「図形」の織りなす世界へ誘う読み切り22篇。(藤田宏)

エレガントな解答	矢野健太郎	ファン参加型のコラムはどのように誕生したか。師アインシュタインとの相対性理論、パスカルの定理のどやさしい数学入門エッセイ。(一松信)
思想の中の数学的構造	山下正男	レヴィ=ストロースと群論? ニーチェやオルテガの遠近法主義、ヘーゲルと解析学、孟子と関数概念……数学的アプローチによる比較思想史。
熱学思想の史的展開1	山本義隆	熱の正体は? その物理的特質とは? 『磁力と重力の発見』の著者による壮大な科学史。全面改稿。
熱学思想の史的展開2	山本義隆	熱力学はカルノーの一篇の論文に始まり骨格が完成としての評価も高い。『磁力と重力の発見』熱力学入門書としての評価も高い。
熱学思想の史的展開3	山本義隆	熱力学はカルノーの一篇の論文に始まり骨格が完成していた。熱素説に立ちつつも、時代に半世紀も先行していた。理論へのヒントは水車だったのか?
数学がわかるということ	山口昌哉	隠された因子、エントロピーがついにその姿を現わす。そして重要な概念が加速的に連結し熱力学が体系化されていく。格好の入門篇。全3巻完結。
カオスとフラクタル	山口昌哉	非線形数学の第一線で活躍した著者が〈数学とは〉をしみじみと、〈私の数学〉を楽しげに語る異色の数学入門書。
数学文章作法 基礎編	結城浩	ブラジルで蝶が羽ばたけば、テキサスで竜巻が起こる? カオスやフラクタルの不思議をさぐる本格的入門書。非線形数学の不思議を(野﨑昭弘)
数学文章作法 推敲編	結城浩	レポート・論文・プリント・教科書など、数式まじりの文章を正確で読みやすいものにするには?『数学ガール』の著者がそのノウハウを伝授! ただ何となく推敲していませんか? 語句の吟味・全体のバランス・レビューなど、文章をより良くするために効果的な方法を、具体的に学びましょう。

| ファインマンさん 最後の授業 | レナード・ムロディナウ 安平文子訳 | 科学の魅力とは何か？ 創造とは、そして死とは？ 老境を迎えた大物理学者との会話をもとに書かれた、珠玉のノンフィクション。(山本貴光) |

| 生物学のすすめ | ジョン・メイナード゠スミス 木村武二訳 | 現代生物学では何が問題になるのか。20世紀生物学に多大な影響を与えた大家が、複雑な生命現象を理解するためのキー・ポイントを易しく解説。 |

| 現代の古典解析 | 森毅 | おなじみ一刀斎の秘伝公開！ 極限と連続に始まり、指数関数と三角関数を経て、偏微分方程式に至る。見晴らしのきく読み切り22講義。 |

| 数の現象学 | 森毅 | 4×5と5×4はどう違うの？ きまりごとの算数からその深みへ誘う認識論的数学エッセイ。日常の中の数を歴史文化に探る。(三宅なほみ) |

| ベクトル解析 | 森毅 | 1次元線形代数から多次元へ、1変数の微積分から多変数へ。応用面とは異なる、教育的重要性を軸に展開するユニークなベクトル解析のココロ。 |

| 対談 数学大明神 | 森毅 安野光雅 | 数楽的センスの大饗宴！ 読み巧者の数学ファンと数学ファンの画家が、とめどなく繰り広げる興趣つきぬ数学談義。(河合雅雄・亀井哲治郎) |

| 応用数学夜話 | 森口繁一 | 俳句は何兆までも作れるのか？ 安売りをしてももっとも効率的に利益を得るには？ 世の中の現象と数学をむすぶ読み切り18話。(伊理正夫) |

| フィールズ賞で見る現代数学 | マイケル・モナスティルスキー 眞野元訳 | 「数学のノーベル賞」とも称されるフィールズ賞。その誕生の歴史、および第一回から二〇〇六年までの歴代受賞者の業績を概説。 |

| 角の三等分 | 矢野健太郎 一松信解説 | コンパスと定規だけで角の三等分は「不可能」！ なぜ？ 古代ギリシアの作図問題の核心を平明懇切に解説し、「ガロア理論入門」の高みへと誘う。 |

フンボルト 自然の諸相
アレクサンダー・フォン・フンボルト
木村直司編訳

中南米オリノコ川で見たものとは？ 植生と気候、緯度と地磁気などの関係を初めて認識した、ゲーテ自然学を継ぐ博物・地理学者の探検紀行。

新・自然科学としての言語学
福井直樹

気鋭の文法学者によるチョムスキーの生成文法解説書。文庫化にあたり旧著を大幅に増補改訂し、付録として黒田成幸の論考「数学と生成文法」を収録。

電気にかけた生涯
藤宗寛治

実験・観察にすぐれたファラデー、電磁気学にまとめたマクスウェル、ほかにクーロンやオームなど科学者十二人の列伝を通じて電気の歴史をひもとく。

π の歴史
ペートル・ベックマン
田尾陽一／清水韶光訳

円周率だけでなく意外なところに顔をだすπ。ユークリッドやアルキメデスによる探究の歴史に始まり、オイラーの発見したπの不思議さにいたる。

やさしい微積分
L・S・ポントリャーギン
坂本實訳

微積分の基本概念・計算法を全盲の数学者がイメージ豊かに解説。版を重ねて読み継がれる定番の入門教科書。練習問題・解答付きで独習にも最適。

フラクタル幾何学（上）
B・マンデルブロ
広中平祐監訳

フラクタル幾何学（下）
B・マンデルブロ
広中平祐監訳

「フラクタルの父」マンデルブロの主著。膨大な資料を基に、地理・天文・生物などあらゆる分野から事例を収集・報告したフラクタル研究の金字塔。「自己相似」が織りなす複雑で美しい構造とは。その数理とフラクタル発見までの歴史を豊富な図版とともに紹介。

工学の歴史
三輪修三

オイラー、モンジュ、フーリエ、コーシーらは数学者であり、同時に工学の課題に方策を授けていた。「ものつくりの科学」の歴史をひもとく。

ユークリッドの窓
レナード・ムロディナウ
青木薫訳

平面、球面、歪んだ空間、そして……。幾何学的世界像は今なお変化し続ける。『スタートレック』の脚本家が誘う三千年のタイムトラベルへようこそ。

幾何学基礎論	D・ヒルベルト 中村幸四郎訳	20世紀数学全般の公理化への出発点となった記念碑的著作。ユークリッド幾何学を根源にまで遡り、斬新な観点から厳密に基礎づける。(佐々木力)
和算の歴史	平山諦	関孝和や建部賢弘らのすごさと弱点とは。そして和算がたどった歴史とは。和算研究の第一人者による簡潔にして充実の入門書。(鈴木武雄)
素粒子と物理法則	S・ワインバーグ R・P・ファインマン／小林澈郎訳	量子論と相対論を結びつけるディラックのテーマを対照的に展開したノーベル賞学者による追悼記念講演。現代物理学の本質を堪能させる三重奏。
ゲームの理論と経済行動Ⅰ（全3巻）	ノイマン／モルゲンシュテルン 銀林／橋本／宮本監訳 阿部／橋本訳	今やさまざまな分野への応用いちじるしい「ゲーム理論」の嚆矢とされる記念碑的著作。第Ⅰ巻はゲームの形式的記述とゼロ和2人ゲームについて。
ゲームの理論と経済行動Ⅱ	ノイマン／モルゲンシュテルン 銀林／橋本／宮本監訳 銀林／橋本／宮本／下島訳	第Ⅰ巻でのゼロ和2人ゲームの考察を踏まえ、第Ⅱ巻ではプレイヤーが3人以上の場合のゼロ和ゲーム、およびゲームの合成分解について論じる。
ゲームの理論と経済行動Ⅲ	ノイマン／モルゲンシュテルン 銀林／橋本／宮本監訳 銀林／宮本訳	第Ⅲ巻では非ゼロ和ゲームにまで理論を拡張。これまでの数学的結果をもとにいよいよ経済学的解釈を試みる。全3巻完結。
計算機と脳	J・フォン・ノイマン 柴田裕之訳	脳の振る舞いを数学で記述することは可能か？ 現代のコンピュータの生みの親でもあるフォン・ノイマン最晩年の考察。新訳。(中山幹夫)
数理物理学の方法	J・フォン・ノイマン 伊東恵一編訳	多岐にわたるノイマンの業績を展望するための文庫オリジナル編集。本巻は量子力学・統計力学など物理学の重要論文四篇を収録。全篇新訳。(野崎昭弘)
作用素環の数理	J・フォン・ノイマン 長田まりゑ編訳	終戦直後に行われた講演「数学者」と、「作用素環について」Ⅰ〜Ⅳの計五篇を収録。一分野としての作用素環論を確立した記念碑的業績を網羅する。

書名	著者/訳者	内容
トポロジーの世界	野口 廣	ものごとを大づかみに捉える！ その極意を、数式に不慣れな読者との対話形式で、図を多用し平易・直感的に解き明かす入門書。(松本幸夫)
エキゾチックな球面	野口 廣	7次元球面には相異なる28通りの微分構造が可能！ フィールズ賞受賞者を輩出したトポロジー最前線を臨場感ゆたかに解説。(竹内薫)
数学の楽しみ	テオニ・パパス 安原和見訳	ここにも数学があった！ 石鹼の泡、くもの巣、雪片曲線、一筆書きパズル、魔方陣、DNAらせん……。イラストも楽しい数学入門150篇。(細谷暁夫)
相対性理論（下）	W・パウリ 内山龍雄訳	アインシュタインが絶賛して、物理学者内山龍雄をして「研究を抛いてでも訳したかった」と言わしめた、相対論三大名著の一冊。
物理学に生きて	W・ハイゼンベルクほか 青木薫訳	「わたしの物理学は……」ハイゼンベルク、ディラック、ウィグナーら六人の巨人たちが集い、それぞれの歩んだ現代物理学の軌跡や展望を語る。
調査の科学	林 知己夫	消費者の嗜好や政治意識を測定するとは？ 集団特性の数量的表現の解析手法を開発した統計学者による社会調査の論理と方法の入門書。(吉野諒三)
ポール・ディラック	アブラハム・パイスほか 藤井昭彦訳	「反物質」なるアイディアはいかに生まれたか、そしてその存在はいかに発見されたのか。天才の生涯と業績を三人の物理学者が紹介した講演録。
近世の数学	原 亨吉	ケプラーの無限小幾何学からニュートン、ライプニッツの微積分学誕生に至る過程を、原典資料を駆使して考証した世界水準の作品。(三浦伸夫)
パスカル 数学論文集	ブレーズ・パスカル 原 亨吉訳	『パスカルの三角形』で有名な「数三角形論」ほか、「円錐曲線論」「幾何学的精神について」など十数篇の論考を収録。世界的権威による翻訳。(佐々木力)

現代数学入門	遠山 啓	現代数学、恐るるに足らず！ 学校数学より日常の感覚の中に集合や構造、関数や群、位相の考え方を探る大人のための入門書。（エッセイ 亀井哲治郎）
現代数学への道	中野茂男	抽象的・論理的な思考法はいかに生まれ、何を生む？ 入門者の疑問やとまどいにも目を配りつつ、数学の基礎を軽妙にレクチャー。（一松 信）
生物学の歴史	中村禎里	進化論や遺伝の法則は、どのような論争を経て決着したのだろう。生物学とその歴史を高い水準でまとめあげた壮大な通史。
不完全性定理	野﨑昭弘	事実・推論・証明……。理屈っぽいとケムたがられる話題を、なるほどと納得させながら、ユーモアたっぷりにひもといたゲーデルへの超入門書。
数学的センス	野﨑昭弘	美しい数学とは詩なのです。いまさら数学者にはなれないけれどそれを楽しめたら……。そんな期待に応えてくれる心やさしいエッセイ風数学再入門。
高等学校の確率・統計	黒田孝郎／森 毅／小島順／野﨑昭弘ほか	成績の平均や偏差値はおなじみでも、実務の水準とは隔たりが！ 基礎からやり直したい人のために伝説の検定教科書を指導書付きで復活。
高等学校の基礎解析	黒田孝郎／森 毅／小島順／野﨑昭弘ほか	わかってしまえば日常感覚に近いものながら、数学挫折のきっかけの微分・積分。その基礎を丁寧にひもといた再入門のための検定教科書第2弾。
高等学校の微分・積分	黒田孝郎／森 毅／小島順／野﨑昭弘ほか	高校数学のハイライト「微分・積分」！ その入門コース『基礎解析』に続く本格コース。公式暗記の学習からほど遠い、特色ある教科書の文庫化第3弾。
トポロジー	野口 廣	現代数学に必須のトポロジー的な考え方とは？ 集合・写像・関係・位相などの基礎から、ていねいに図説した定評ある入門者向け学習書。

高橋秀俊の物理学講義

物理学入門
藤村　靖

ロゲルギストを主宰した研究者の物理的センスとは。力学、変換、変分原理などの汎論四〇講。科学とはどんなものか。ギリシャの力学から惑星の運動解明まで、理論変革の跡をひも解いた科学論。三段階論で知られる著者の入門書。（上條隆志）

一般相対性理論
Ｐ・Ａ・Ｍ・ディラック
江沢　洋訳

一般相対性理論の核心に最短距離で到達すべく、卓抜した数学的記述で簡明直截に書かれた天才ディラックによる入門書。詳細な解説を付す。

ディラック現代物理学講義
Ｐ・Ａ・Ｍ・ディラック
岡村浩訳

永久に膨張し続ける宇宙像とは？ 想像力と予言に満ちたディラック晩年の名講義が新訳で甦る。付録＝荒船次郎在するか？ モノポールは実

幾何学
ルネ・デカルト
原　亨吉訳

哲学のみならず数学においても不朽の功績を遺したデカルト。『方法序説』の本論として発表された『幾何学』、初の文庫化！

不変量と対称性
今井淳／寺尾宏明／中村博昭

変えても変わらない不変量とは？ そしてその意味や用途とは？ ガロア理論と結び目の現代数学に現われる、上級の数学センスをさぐる7講義。

物理の歴史
朝永振一郎編

リヒャルト・デデキント
渕野昌訳・解説

「数とは何かそして何であるべきか？」「連続性と無理数」の二論文を収録。現代の視点から数学の基礎付けを試みた充実の訳者解説を付す。新訳。湯川秀樹のノーベル賞受賞。日本の素粒子論を支えてきた第一線の学者たちによる平明な解説書。のだろう。その中間子論とは何な（江沢洋）

数とは何かそして何であるべきか

代数的構造
遠山　啓

群・環・体など代数の基本概念の構造を、構造主義の歴史をおりまぜつつ、卓抜な比喩とていねいな計算で確かめていく抽象代数学入門。（銀林浩）

ちくま学芸文庫

数は科学の言葉

二〇一六年六月十日　第一刷発行

著　者　トビアス・ダンツィク
訳　者　水谷　淳（みずたに・じゅん）
発行者　山野浩一
発行所　株式会社　筑摩書房
　　　　東京都台東区蔵前二-五-三　〒一一一-八七五五
　　　　振替〇〇一六〇-八-四一二三
装幀者　安野光雅
印刷所　株式会社精興社
製本所　株式会社積信堂

乱丁・落丁本の場合は、左記宛に御送付下さい。
送料小社負担でお取り替えいたします。
ご注文・お問い合わせも左記へお願いします。
筑摩書房サービスセンター
埼玉県さいたま市北区櫛引町二-二六〇四　〒三三一-八五〇七
電話番号　〇四八-六五一-〇〇五三
©JUN MIZUTANI 2016 Printed in Japan
ISBN978-4-480-09728-6 C0141